FLEURUS
LA GRANDE ENCYCLOPÉDIE

ESPACE

Cité de l'espace

Remerciements

L'éditeur remercie tout particulièrement la Cité de l'espace et le Centre National d'Études Spatiales (CNES) pour l'aide apportée lors de l'élaboration de cet ouvrage.

Et, pour leur précieuse collaboration, Patrick Baudry, Maryline Corre-Desjours et Christophe Chaffardon (Cité de l'espace), Monserrat Alvarez et Stéphane Corvaja (ESA), Arianespace, NASA, Marie-Claire Fontebasso et Orianne Arnould (Espace diffusion), Patrick Bufacchi (ANSTJ - Sciences Techniques Jeunesse), Florence Bazenet (Programme KEO), Llennel Evangelista (Intelsat), Aurélie Boutin (Alcatel Espace), EADS Launch Vehicles, Serge Gracieux, Tina Gade Nielsen et Louise Mayntz (Thrane & Thrane), Stéphanie Salinas et Stéphane Aubin (Ciel & Espace), Alexandra Missonnier (Hoa-Qui), Elena Oryekhova, Henri Rème, Bernard Comet, Maud Djendoyan, Fabienne Guevara et Charlotte Le Tarnec.

© Septembre 2002, Groupe Fleurus
Dépôt légal : septembre 2002
ISBN : 2-215-05187-6
2ᵉ édition - n° 92375

Photogravure : Goustard, Clamart
Achevé d'imprimer par Partenaires-Livres® en France en février 2004.
Loi n° 49-956 du 16 juillet 1949 sur les publications destinées à la jeunesse.

Coordination éditoriale
Pascal Desjours : responsable éditorial de l'Association française des Petits Débrouillards
Laure Salès : médiatrice scientifique

Auteurs
Christophe Chaffardon, Service éducatif, Cité de l'espace
Pascal Desjours, Association française des Petits Débrouillards
Denis Fel, Service animation, Cité de l'espace
Nicolas La Florencie, doctorant en sciences physiques
Aude Lesty, Service muséologie, Cité de l'espace
Jean Matricon, Université Paris 7 - Denis Diderot
Xavier Penot, Service animation, Cité de l'espace
Ines Prieto, Service éducatif, Cité de l'espace
Marie Révillion, journaliste scientifique
Laure Salès, médiatrice scientifique
Nadine San Geroteo, Service muséologie, Cité de l'espace
Anne Willemez, Planétarium, Cité de l'espace

Et pour les pages 254-255, *The Home Planet* de Kevin W. Kelley, avec l'aimable autorisation de Perseus Books Publishers, © 1988, Kevin W. Kelley.

Relecteurs scientifiques
Noël Dolez, Centre National de la Recherche Scientifique (CNRS), Observatoire Midi-Pyrénées
Lionel Duston, Centre d'Étude Spatiale des Rayonnements (CESR)
Jean-Pierre Penot, Centre National d'Études Spatiales (CNES)
Alain Perret, Centre National d'Études Spatiales (CNES)
Lionel Suchet, Centre National d'Études Spatiales (CNES)
Georges Vallet, Centre National d'Études Spatiales (CNES)

Directrice de collection : Hélène Dutilleul

Direction éditoriale : Christophe Savouré

Édition : Françoise Ancey, Servane Bayle, Mathilde Kressmann, Danielle Védrinelle

Direction artistique : Danielle Capellazzi, Armelle Riva, Emmanuelle Croiset

Conception et réalisation graphique : Killiwatch

Fabrication : Caroline Dubois de Cambourg, Annie-Laurie Clément

Recherche iconographique
Catherine Claudot, Cécile Malfray, Raphaël Rougeron

Contribution rédactionnelle
Véronique Danis, Dominique Patte

Index
Isabelle Macé

Avec la créativité, la curiosité est le moteur le plus puissant de notre évolution et de nos connaissances. Qui sommes-nous ? Où vivons-nous ? Où allons-nous ? Ces interrogations, qui nous obsèdent et nous obséderont toujours, demeurent. Autrement dit, nous cherchons à comprendre l'univers dans lequel nous voyageons tous, à bord du plus étonnant des vaisseaux spatiaux : la Terre. Mais si beaucoup de questions peuvent déjà trouver leurs réponses dans cette magnifique encyclopédie, d'autres sont encore à découvrir car nous ne sommes qu'à l'aube de la conquête de notre Univers.

Et l'être humain dans tout cela ? Si quelques spationautes parcourent aujourd'hui l'espace qui entoure notre Terre, l'Homme volera bien plus loin demain : vers Mars et les confins de notre galaxie. La technique ne nous imposant que des limites momentanées et frustrantes, les seules vraies frontières sont celles de notre imagination et de nos rêves…

Aller dans l'espace, c'est trouver une réalité plus magique encore que tout ce qu'on pouvait concevoir. Le spectacle en orbite est majestueux. Perdue au milieu du noir absolu, la Terre resplendit d'une puissance émotionnelle intense. Contempler sa beauté fascinante et fragile est un perpétuel enchantement. Là-haut, mes rêves de jeunesse ont été transcendés et j'ai retrouvé mon âme d'enfant !

Je souhaite à tous les lecteurs de cette encyclopédie d'y trouver mille sources de rêves et, plus tard, de les réaliser.

Bien spatialement vôtre,

Patrick Baudry

Les mots suivis d'un astérisque (*) dans l'ouvrage sont expliqués dans le lexique.

Sommaire

Préface   5

Histoires d'Univers   10

Les premiers astronomes   12

Des Égyptiens peu curieux des astres   14

Des astronomes indiens mathématiciens   16

Les précurseurs chinois   18

L'Amérique précolombienne   20

Les Grecs, premiers vrais astronomes   22

Les commentateurs arabes   24

L'Europe, des Romains à la Renaissance   26

Observateurs amateurs   28

À vos instruments d'observation…   30

Observer l'astre du jour   32

Des rayons de toutes les couleurs   34

Soleil d'hiver, Soleil d'été   36

Qui éclipse qui ?   38

Chasseur de Lune   40

Lune montante, Lune descendante   42

Nuit blanche   44

Grande Ourse ou Chariot ?   46

Lire les cartes du ciel   48

Des objets qui bougent sans cesse   52

Les comètes, des astres filants   54

Pluies d'étoiles   56

Imagerie CCD   58

L'univers des observatoires   60

Un vaisseau à 3 000 mètres   62

Le Soleil sous l'œil du télescope   64

Qu'est-ce qui fait briller notre Soleil   66

En route pour Hawaii !   68

Lire la lumière des étoiles   70

La saga des étoiles   72

Le silence éternel des espaces infinis   76

Écouter le ciel   78

Des fusées et des hommes 80

Tout a commencé un soir de fête en Chine…	82
Une réaction étonnante	84
Des bricoleurs de génie	86
V 2 : un ancêtre funeste	88
Les moteurs-fusées	90
Un gigantesque réservoir	92
Construis ta fusée	94
Lanceur ou fusée ?	96
Fusées de guerre	98
Les fusées habitées	100
Le marché des lanceurs	102
D'où envoyer les fusées ?	106
Puissances et agences	108
Ariane : une famille à succès	110
Ariane 5 : 20 ans de travail !	112
En direct de Kourou	114
Rêves de voyage	118
Propulsions du futur	120
Le transport spatial du futur	122

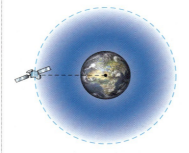

En orbite toute 124

Le premier s'appelait *Spoutnik*…	126
Chutes, projectiles et satellites	128
Atmosphère et frottements	130
Les trajectoires des objets spatiaux	132
Vitesses, distances et satellisation	134
Un puits dans l'espace	136
En route autour de la Terre	138
À chaque mission son orbite	140
Chronologie d'une mise à poste	142
Satellites sous surveillance	144
Drôle d'endroit pour une rencontre	146
Une trajectoire très particulière	148
Une satellisation à l'envers	150
Le droit de l'espace	152

Au pays des satellites 154

Le magnétisme de la Terre	156
Une bobine pour ne pas perdre le nord	158
Le vide nous entoure	160
Les dangers du vide	162
Rayonnement et particules	164
Les aurores polaires	166
Des milliers de débris artificiels	168
Collisions dans l'espace	170
Comment fonctionne un satellite ?	172
Les différents types de satellites	174
La construction d'un satellite	176

Des satellites pour communiquer 204

Petite histoire
de la communication **206**

Par la voie des ondes **208**

En direct du monde **210**

Simple comme
un coup de fil **212**

Recevoir
toutes les télévisions **214**

Ce qui se cache
derrière l'écran **216**

Les télécommunications
du futur **218**

Surveiller à distance **220**

Satellite, dis-moi où je suis **222**

Objectif Terre 178

Prendre du recul **180**

Des images venues du ciel **182**

Mesurer la Terre **186**

La planète en colère **188**

Observer la grande bleue **190**

Suivre El Niño **192**

Quel temps fera-t-il demain ? **194**

Avis de cyclone tropical **196**

SPOT, un chasseur d'images **198**

Forêts en danger ! **200**

Des satellites-espions **202**

Les aventuriers de l'espace 224

Renversante impesanteur **226**

La science-fiction **228**

Préparez-vous au départ… **230**

Entraînez-vous ! **232**

Profession :
médecin de l'espace **234**

Partir aujourd'hui **236**

En détresse à 400 000 km
de la Terre **238**

Apollo-Soyouz, une rencontre
symbolique **240**

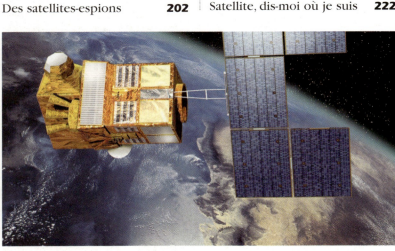

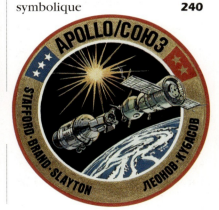

Les mécanos de l'espace 242
Des Américains à bord de *Mir* 244
24 heures dans l'espace 246
Mission à haut risque 248
L'espace, formidable laboratoire 250
La parole est aux spationautes 254
2006, l'odyssée de l'espace 256
Retrouver la Terre 258
Erreurs et rigueurs du cinéma 260

Des sondes… et des hommes 280
Enquête au pays des astéroïdes 282
Voyager, à l'assaut des géantes 284
De Galilée à *Galileo* 286
Cassini-Huygens : à la conquête de Saturne 288
Aux confins du système solaire 290
À la rencontre des vagabondes aux longs cheveux 292
Résumé d'une longue enquête… 294

Guetteurs de lumière 296

Voir la lumière invisible 298
L'astronomie en ballon 300
Les missions ballons 302
Détecter la chaleur céleste 304
Poussières d'étoiles 306
Un télescope dans l'espace 308
Chasseurs d'UV 312
Le ciel en X 316
La dernière lumière 318
Big Bang : où, quand, comment, pourquoi ? 320

Lexique 322
Index 326
Crédits iconographiques 332

Destination système solaire 262

Explorer le système solaire : pourquoi et comment ? 264
Le flipper interplanétaire 266
Au chevet du Soleil 268
De Mercure à Vénus 270
KEO, mémoire des Hommes 272
Un petit pas pour l'Homme… 274
Succès et déboires sur la planète rouge 276
Un été sur Mars 278

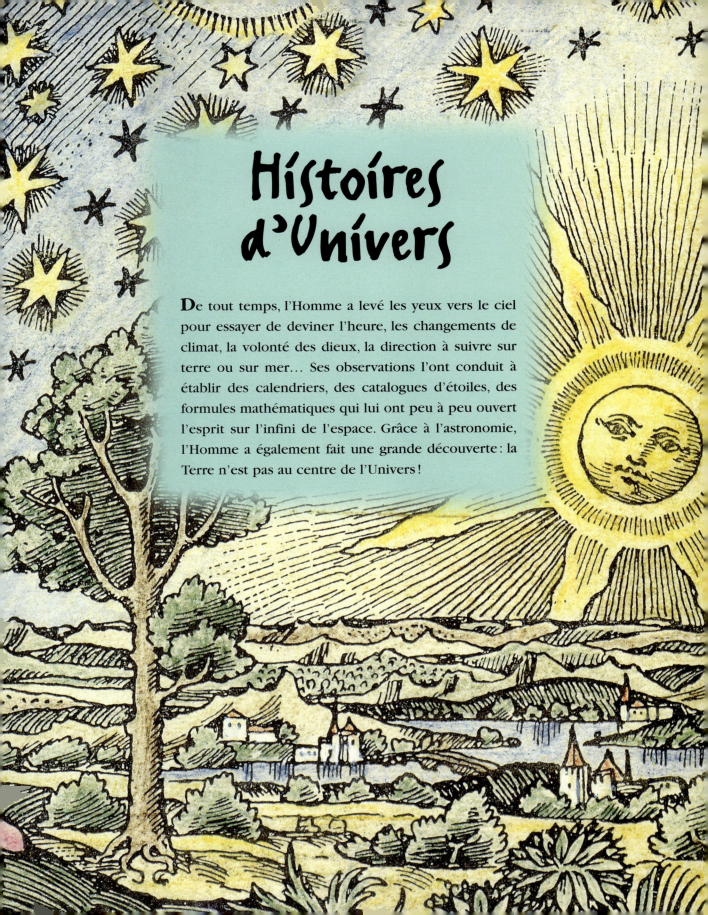

Histoires d'Univers

De tout temps, l'Homme a levé les yeux vers le ciel pour essayer de deviner l'heure, les changements de climat, la volonté des dieux, la direction à suivre sur terre ou sur mer… Ses observations l'ont conduit à établir des calendriers, des catalogues d'étoiles, des formules mathématiques qui lui ont peu à peu ouvert l'esprit sur l'infini de l'espace. Grâce à l'astronomie, l'Homme a également fait une grande découverte : la Terre n'est pas au centre de l'Univers !

Les premiers astronomes

Il y a 5 500 ans, au cœur du Proche-Orient, apparaît la première civilisation connue, celle des Mésopotamiens. Ce peuple développe une agriculture irriguée, construit des villes et invente un système d'écriture. Il est aussi le premier à tenter d'expliquer la création de l'Univers et à décrire le monde dans lequel il vit.

Dès l'aube des temps, l'Homme a constaté la course du Soleil dans le ciel, le rythme des saisons, les phases de la Lune… Et sa vie s'est organisée autour de ces mouvements réguliers qu'il a tenté de transcrire dans des calendriers dont les premiers connus datent de 3000 av. J.-C. Les hommes se sont également questionnés sur l'origine de leur monde.

Pour les Mésopotamiens, l'Univers est l'œuvre des dieux.

La création du monde

Dans les mythes babyloniens, deux divinités existaient avant la création : le dieu Apsû, l'eau douce, et la déesse Tiamat, l'eau salée, qui ont engendré tous les autres dieux dont Mardouk, le plus intelligent. Apsû s'étant fait tuer par un de ses enfants, Tiamat projette de venger son mari en éliminant tous les dieux. Ces derniers confient alors à Mardouk la tâche de combattre leur mère. Le jeune dieu réussit à l'anéantir et crée le monde à partir de son cadavre fendu en deux : une partie du corps devient la Terre, et l'autre la voûte céleste. Sur celle-ci, Mardouk fixe les étoiles et installe le Soleil, la Lune et les planètes.

LE SAVAIS-TU ?

Les plus vieux dictons
On a retrouvé à Ninive, dans la bibliothèque du roi Assourbanipal, 70 tablettes d'argile gravées vers 900 av. J.-C. Elles décrivent 36 constellations, traitent des phases de la Lune, donnent une liste des éclipses de Soleil et rassemblent environ 7 000 présages relatifs aux récoltes, aux guerres ou aux souverains. « Si Vénus éclaire de sa lumière flamboyante la poitrine du Scorpion dont la queue est sombre et les cornes claires, la pluie et les inondations dévasteront le pays et les sauterelles le ravageront », présage l'un des dictons.

Pour les Babyloniens, *le Soleil est incarné par Shamash, dieu barbu caractérisé par des flammes s'élevant au-dessus de ses épaules.*

HISTOIRES D'UNIVERS

Naissance de l'astronomie

Les Mésopotamiens pensent que planètes et étoiles sont associées aux divinités ou sont elles-mêmes des dieux. Il leur est donc nécessaire de les étudier afin d'y lire les volontés ou les avertissements divins. Les premières observations des astres sont attestées en Mésopotamie dès le IIIe millénaire av. J.-C., mais on suppose qu'elles étaient pratiquées depuis longtemps déjà. À ses débuts, l'astronomie consiste surtout à calculer les cycles de la Lune et à repérer les phénomènes célestes inhabituels. Puis, grâce à un véritable réseau de stations d'astronomie, les Mésopotamiens entreprennent une observation systématique du ciel afin d'y découvrir des mouvements réguliers. Les astronomes

Tablette astronomique de la fin du Ier millénaire av. J.-C.

– des prêtres – sont chargés par le roi d'établir le calendrier des travaux agricoles et des fêtes religieuses. Dès le début du IIe millénaire av. J.-C., les écrits astronomiques gravés sur des tablettes d'argile se multiplient.

Le zodiaque

Les astronomes babyloniens repèrent dans le ciel, parmi les étoiles fixes en apparence et hormis la Lune, cinq astres qui bougent différemment des étoiles : Mercure, Vénus, Mars, Jupiter et Saturne, les cinq planètes visibles à l'œil nu. Ils répertorient également les constellations du futur zodiaque. Enfin, entre le VIIe et le Ve siècle av. J.-C., ils découpent le ciel en douze parties égales pour mesurer le déplacement des planètes au cours de l'année : c'est la naissance du zodiaque et de ses douze signes.

LA MÉSOPOTAMIE

La Mésopotamie (région de l'Irak actuel située entre les fleuves Tigre et Euphrate) est partagée au IIIe millénaire av. J.-C. entre les Sumériens au sud et les Akkadiens au nord. Vers 2300 av. J.-C., ces derniers envahissent le pays de Sumer. Babylone est fondée vers 1894 av. J.-C. et, après plusieurs siècles de divisions et de nouvelles invasions, devient le centre de l'empire babylonien du XVIIIe au XIe siècle av. J.-C. L'empire connaît ensuite une longue période de confusion, puis la domination successive des Assyriens (au VIIIe siècle av. J.-C.), des Perses (au VIe siècle av. J.-C.) et des Grecs (en 331 av. J.-C.). La civilisation mésopotamienne disparaît alors peu à peu.

L'ÉCRITURE CUNÉIFORME

Vers 3300 av. J.-C., les Sumériens inventent le plus ancien système d'écriture connu, le cunéiforme, composé de signes en forme de clou (*cuneus* signifie "clou" en latin). Avec ces divers symboles gravés sur des tablettes en argile, les scribes peuvent également écrire les nombres entiers ainsi que les fractions. Cette invention a largement favorisé la diffusion des connaissances du ciel accumulées par les peuples mésopotamiens.

Les astronomes babyloniens travaillaient dans des ziggourats, temples dont le sommet était occupé par un sanctuaire qui servait d'observatoire des astres.

Des Égyptiens peu curieux des astres

Malgré la présence du ciel éblouissant du désert au-dessus d'eux, les anciens Égyptiens ne sont pas des astronomes. Pour eux, le retour périodique de certains événements célestes prouve seulement que le monde est éternel. Et ils n'utilisent les astres que comme des horloges qui ne leur feront jamais défaut durant les quelque 3 000 ans de leur civilisation.

L'ORDRE DU MONDE

Au commencement, il n'y avait qu'un océan infini, le Noun. Une butte de terre a soudain surgi, sur laquelle est apparu Atoum, incarnation du Soleil. Il a craché le premier couple de dieux : Shou, l'air, et Tefnout, l'humidité, qui ont engendré Geb, la Terre, et Nout, le ciel. À leur tour, Geb et Nout ont donné naissance à tous les autres dieux, dont Khnoum qui a créé les hommes. Mais le Noun n'a pas disparu pour autant et il menace d'engloutir à nouveau l'univers tout entier. Pour éviter le retour au chaos, le pharaon, considéré comme le fils de Rê, le Soleil, est chargé de maintenir la justice dans le monde, de combattre les ennemis et de rendre un culte aux dieux dans les temples qu'il leur fait construire.

De sa barque, Shou sépare Geb de Nout, au corps arc-bouté.

La longue histoire de l'Égypte antique se déroule au rythme annuel de la crue du Nil, et à celui quotidien de la naissance de Rê – le dieu du Soleil – à l'est, suivie chaque soir de sa mort, à l'ouest. La grande majorité des Égyptiens sont des paysans. L'intérêt qu'ils portent au monde, et au ciel en particulier, s'arrête à ce qui leur est nécessaire pour être en règle avec les dieux et les morts, et pour organiser au mieux leur vie quotidienne.

L'ancêtre de notre calendrier

Vers 2770 av. J.-C., les Égyptiens inventent le premier calendrier de 365 jours divisés en 12 mois de 30 jours, auxquels s'ajoutent 5 jours complémentaires.

HISTOIRES D'UNIVERS

Extrait du calendrier des fêtes de Karnak

L'année débute le jour du lever héliaque de Sothis, c'est-à-dire le jour où l'étoile Sirius, la plus brillante du ciel, se lève juste avant l'aube et disparaît donc presque immédiatement dans la clarté du Soleil levant. En Égypte, cet événement se déroule le 19 juillet, au moment du début de la crue du Nil. L'inconvénient de ce calendrier est qu'il ne tient pas compte de la longueur exacte de l'année solaire : 365 jours et quart. Il se décale donc lentement (un jour tous les quatre ans) par rapport à elle. Le calendrier égyptien ne coïncide ainsi avec l'année solaire que tous les 1 460 ans ! Mais cela ne gêne personne… Et les paysans, qui utilisent peut-être un calendrier lunaire, continuent de travailler au rythme de la crue du Nil.

La course des astres

Si le cadran solaire peut donner l'heure pendant le jour, il faut se fier aux étoiles la nuit, ce qui n'est pas simple. Comme tous les peuples du désert, les anciens Égyptiens connaissent parfaitement la course nocturne des astres, et ils distinguent sans ambiguïté les astres fixes (les étoiles) de ceux errants (les planètes). Ils savent également que chaque nuit, une étoile donnée se lève quatre minutes plus tôt que la nuit précédente, à cause du déplacement de la Terre autour du Soleil.

Les étoiles pour montre

Les prêtres égyptiens dressent une liste de 36 étoiles, une par décan (période de 10 jours). Le premier jour du décan, le lever de l'étoile coïncide avec celui du Soleil et marque la première heure. La nuit débutera douze heures plus tard car les Égyptiens ont décidé qu'il y avait douze heures de nuit et douze heures de jour tout au long de l'année. Pendant les neuf jours suivants, le lever de l'étoile s'avance,

Constellations peintes sur la tombe du roi Séthi Ier

mais continue à fixer le début du jour. La onzième heure de la nuit est alors marquée par le lever de l'étoile précédente dans la liste, et ainsi de suite. De subtiles tables indiquent exactement quelle étoile doit servir de repère, durant chaque décan, pour donner l'heure.

LES MILLE VISAGES DU SOLEIL

En ancienne Égypte, le Soleil est divinisé et même représenté par plusieurs dieux. Le principal est Rê. Il naît chaque matin du ventre de Nout, la déesse du ciel dont le corps arc-bouté au-dessus de la Terre s'étire d'ouest en est. Sa tête étant à l'ouest, elle peut manger chaque soir Rê et le restituer le lendemain matin. Plus tard, Rê est assimilé à d'autres dieux en fonction du moment de la journée. Le matin il est le scarabée Khépri, à midi il devient Rê-Horakhty, un homme à tête de faucon surmonté du disque solaire, et le soir il se transforme en Atoum, le dieu créateur de l'Univers.

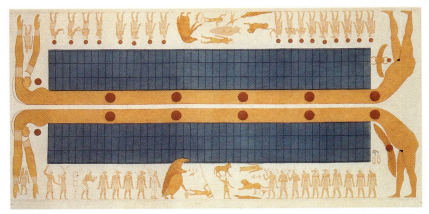

Reproduction du tableau astronomique dressé par les prêtres égyptiens (extrait de la Description de l'Égypte *publiée à la suite de l'expédition de Bonaparte entre 1798 et 1801)*

Des astronomes indiens mathématiciens

Les Indiens commencent à observer le ciel vers 1500 av. J.-C. Comme pour la plupart des civilisations antiques, les données astronomiques leur servent alors à établir un calendrier. Mais, curieusement, l'intérêt de ce peuple pour l'observation s'arrête à cette utilisation, et leurs astronomes se révèlent être surtout de grands mathématiciens.

Observatoire astronomique de Jaipur

La religion par-dessus tout

La culture indienne, dès ses origines, se caractérise par la primauté de la religion hindoue qui règle la vie des hommes. Cette primauté est telle que toutes les sciences, de l'astronomie à la médecine, sont mises à son service pour contribuer au maintien de l'ordre du monde. Ainsi, l'observation des astres – qui permet de faire le décompte du temps – a pour objectif principal de fixer un calendrier des festivités religieuses.

Non des observateurs...

Mis à part le Soleil et la Lune, étudiés pour établir le calendrier, les astronomes indiens ne s'intéressent ni aux planètes ni aux étoiles. Seules les éclipses les intriguent. Mais ils les expliquent de manière non scientifique en inventant deux corps célestes : Râhu et Kétu (*voir encadré*).

HISTOIRES D'UNIVERS

Ils adoptent les données astronomiques des Mésopotamiens (transmises par les Perses qui contrôlent le Nord-Ouest de l'Inde à partir du VIe siècle av. J.-C.), puis celles des Grecs (lorsqu'ils s'installent en Inde vers le IIe siècle ap. J.-C.). Quant aux instruments d'observation, ils utilisent ceux de l'Antiquité – gnomon, cercle ou demi-cercle, sphère armillaire… – sans en inventer d'autres. Beaucoup plus tard, au XVIIIe siècle, ils bâtissent de nombreux observatoires astronomiques et imaginent de nouveaux instruments en pierre et marbre, mais qui, ailleurs, sont déjà obsolètes depuis trois cents ans.

Observatoire de Delhi

LA VENGEANCE DE RÂHU ET KÉTU

Après la création du monde, un démon décide de dérober l'élixir d'immortalité des dieux, mais le Soleil et la Lune le surprennent et le dénoncent à Vishnu, le protecteur du monde, qui décapite le voleur. Ce dernier a cependant le temps d'avaler quelques gouttes de l'élixir et de devenir ainsi immortel. Sa tête, nommée Râhu, et son corps, baptisé Kétu (également associé aux objets célestes inhabituels comme les comètes ou les météores), poursuivent depuis lors le Soleil et la Lune pour les dévorer. Heureusement, lorsque Râhû avale l'un d'eux, celui-ci ressort à chaque fois par sa gorge tranchée. Et Kétu, privé de bouche, reste impuissant…

… mais des mathématiciens

Les Indiens s'intéressent plutôt aux mathématiques et à leur application pour l'étude du ciel. Certains de leurs calculs sont cités dans les œuvres d'Héraclite et de Bérose, un prêtre babylonien du IIIe siècle av. J.-C. Par des méthodes numériques et algébriques, les astronomes indiens poursuivent également les travaux sur la théorie grecque des planètes. Ils tentent de mesurer les dimensions du Soleil et de la Lune et leurs distances par rapport à la Terre. Cela les conduit à utiliser et améliorer la trigonométrie imaginée par les Grecs, qu'ils transmettront aux Arabes à partir du IXe siècle. Pensant que de grands événements, telles la naissance et la destruction de l'univers, sont cycliques, ils s'intéressent aussi au calcul des cycles de temps en astronomie, comme la révolution de la Terre autour du Soleil ou les conjonctions* des planètes. Cette approche mathématique se développe surtout à partir du VIe siècle, grâce notamment à l'astronome-mathématicien Aryabhata (476-550). Celui-ci prouve que la Terre est une sphère qui tourne sur elle-même, il démontre que les éclipses sont des phénomènes naturels, il utilise le zéro, la racine carrée, les chiffres avec décimales et calcule la valeur de π.

LE SAVAIS-TU ?

Nos chiffres sont indiens
Les chiffres sanscrits – la langue indienne ancienne – sont à l'origine de l'écriture de nos nombres. Contrairement aux idées reçues, les Arabes ne les ont pas inventés, mais les ont repris aux Hindous et introduits en Europe au XIIe siècle.

Les précurseurs chinois

Coupée du monde par l'océan et les montagnes, la Chine évolue de manière indépendante jusqu'à l'arrivée à Pékin du jésuite et savant italien Matteo Ricci au début du XVIIᵉ siècle. D'abord considérée comme en retard, l'astronomie chinoise se révèle aujourd'hui innovante et bien plus proche des conceptions modernes que ne l'étaient alors les recherches occidentales.

Les hommes unis à l'Univers

Comme pour toutes les civilisations antiques, la nécessité d'établir un calendrier et l'envie de deviner les événements terrestres grâce aux étoiles sont les motivations qui ont poussé les administrations chinoises à construire des observatoires. Les Chinois pensent que le ciel est affecté par le comportement des hommes et plus spécifiquement par celui des dirigeants, considérés comme une partie de l'Univers. Aussi, dès 1400 av. J.-C., ils observent consciencieusement le ciel, étudiant les mouvements du Soleil, de la Lune, des planètes et des étoiles. Ils examinent les événements comme les éclipses et, ce qui est précieux pour les astronomes d'aujourd'hui, les novæ et supernovæ, sans en connaître cependant la nature réelle.

En avance sur leur temps

Le système chinois de repère des astres dans le ciel, perçu comme un retard scientifique par Matteo Ricci, se révèle être en fait une avance considérable en astronomie. Contrairement aux Grecs qui se réfèrent à la course apparente du Soleil et des planètes dans le ciel, les Chinois utilisent l'équateur céleste, c'est-à-dire le prolongement dans le ciel de l'équateur terrestre. Aujourd'hui, les astronomes travaillent dans ce même système. Ce dernier a suscité des inventions extraordinaires comme celle, au XIIIᵉ siècle, de la monture équatoriale. Celle-ci permet de suivre les astres en ne bougeant l'instrument que sur un seul axe dirigé vers l'étoile Polaire. Cette monture n'est apparue en Occident qu'à la fin du XVIᵉ siècle. Les Chinois ont également établi des catalogues d'étoiles dès le IVᵉ siècle av. J.-C, deux cents ans avant les Grecs. Ils ont inventé la méthode "des points et des traits" pour dessiner les constellations, méthode universellement utilisée actuellement.

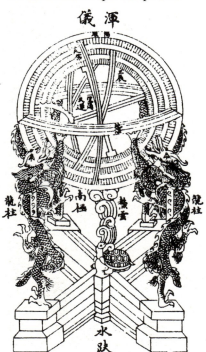

Sphère armillaire *du IIᵉ siècle*

HISTOIRES D'UNIVERS

LE SAVAIS-TU ?

Très inventifs, ces astronomes !
Une des inventions chinoises les plus avant-gardistes est la projection Mercator, du nom du cartographe flamand (1512-1594) qui l'a redécouverte. L'astronome Qian Luo-zhi l'utilisa dès le Vᵉ siècle pour établir une carte détaillée des étoiles. Cette projection permet de lire à plat la carte d'un espace sphérique. Beaucoup de cartes marines et terrestres sont aujourd'hui établies selon ce principe. De même, ce sont des astronomes chinois qui ont inventé au VIIIᵉ siècle l'horloge mécanique pour étalonner le temps… cinq cents ans avant les Européens !

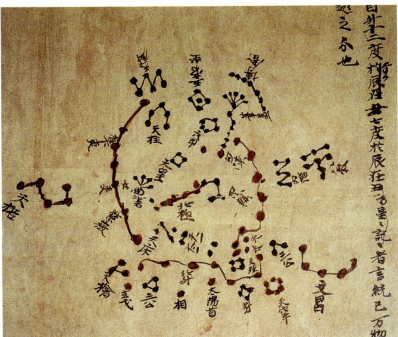

Carte céleste de la dynastie Tang (618-907)

Une obsession des cycles

Les observations du Soleil et de la Lune ont permis d'établir un calendrier luni-solaire précis et de définir notamment la coïncidence entre les calendriers solaire et lunaire tous les 19 ans. Les mouvements des planètes sont également suivis et archivés, mais sans recherche de lois les régissant. Les Chinois s'intéressent particulièrement à Jupiter, car sa période de révolution autour du Soleil est de presque douze ans, ce qui leur semble correspondre aux douze lunaisons de l'année. Ils définissent enfin un cycle global dit de "la Grande origine suprême et ultime", incluant les différentes variations périodiques des astres répertoriés. À la fin de ce cycle, calculé à 23 639 040 années, toutes les planètes ont repris la même position qu'à son début.

Des données très modernes

En plus des planètes, les divers phénomènes astronomiques sont relevés. Les données qui concernent les taches solaires, les novæ et supernovæ, les comètes et tout autre objet d'apparition cyclique sont toujours consultées aujourd'hui par les astronomes, car ce sont les seules dont on dispose jusqu'au XVIᵉ siècle. En Europe, il n'était pas concevable que le Soleil soit taché ou encore que le ciel soit perturbé momentanément par des objets lumineux comme les supernovæ. D'ailleurs, les comètes et les météores étaient perçus en Occident comme des mauvais présages, alors qu'en Chine ils étaient examinés et décrits de manière scientifique.

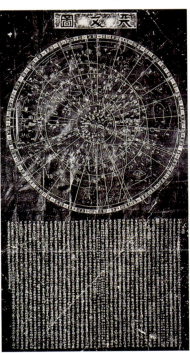

Carte céleste répertoriant 1 440 étoiles (XIIIᵉ siècle)

L'Amérique précolombienne

Le continent américain, peuplé depuis environ 20 000 ans, a vu fleurir des civilisations originales dont les plus avancées ont développé une astronomie bien particulière. Des Olmèques, en Amérique centrale, aux Incas d'Amérique du Sud, peu de documents nous restent, mais ils attestent d'une véritable connaissance des astres.

Les Olmèques s'établissent en Amérique centrale au moins en 1200 av. J.-C. Aucune preuve de leurs travaux scientifiques n'est parvenue jusqu'à nous, mais l'on pense qu'ils ont été les précurseurs de l'astronomie dans la région.

Un siècle de 52 ans

Que ce soient les Olmèques ou leurs successeurs mayas qui l'aient inventé, le calendrier de l'Amérique centrale varie peu entre 800 av. J.-C. et l'arrivée des Espagnols au XVIe siècle. En fait, deux calendriers existent.

LE SAVAIS-TU ?

Un jeu cosmique
Le jeu de balle maya consistait à utiliser les hanches, les jambes et la tête pour faire passer une balle au-dessus d'une ligne ou à travers un cercle. Les archéologues pensent que la balle symbolisait le Soleil et que le jeu consistait à reconstituer son orbite apparente autour de la Terre. Les joueurs se sentaient alors à l'égal du dieu Soleil.

La Pierre du Soleil, *souvent appelée "calendrier aztèque", représente le dieu solaire entouré des symboles du* tzolkin, *de l'année solaire, du cycle de 52 ans et des dieux aztèques.*

L'un, religieux, appelé *tzolkin*, comprend une période de 260 jours (13 mois de 20 jours) basée peut-être sur les phases de la planète Vénus dans le ciel, ou sur la périodicité du déplacement de la Lune. Le second, solaire, utilisé pour l'agriculture, est d'une durée de 365 jours répartis en 18 mois de 20 jours et 1 mois de 5 jours (dates de mauvais augure pour les Mayas, de malchance pour les Aztèques). Un cycle de 73 *tzolkin* ou de 52 ans fait également coïncider les deux calendriers : il correspond à nos siècles actuels.

HISTOIRES D'UNIVERS

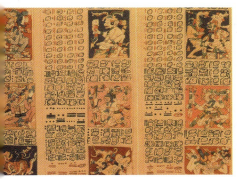

Calculs astronomiques mayas
(copie du codex de Dresde)

Étonnante précision

Les Mayas, comme les Aztèques et les Incas plus tard, ont une connaissance approfondie des déplacements de la Lune, du Soleil et des astres errants, les planètes. Ainsi, malgré des systèmes de calcul peu évolués dont les fractions sont par exemple absentes, ils prévoient les éclipses et les alignements des planètes (Mars, Vénus, Mercure ou Jupiter) avec la Terre et le Soleil, sur de longues périodes et avec peu d'erreurs. On pense aussi que les Aztèques avaient calculé le cycle de 26 000 ans correspondant à la précession* des équinoxes ! Mais bien que leurs observations soient précises, ils conservent une vision archaïque de l'Univers qui, pour eux, est constitué d'une Terre plate et d'une voûte céleste supportée par des dieux.

En l'honneur du ciel

Les archéologues trouvent aujourd'hui encore des vestiges d'impressionnants observatoires précolombiens ainsi que des inscriptions, comme des calendriers perpétuels. Ces découvertes viennent compléter les informations recueillies depuis l'arrivée des Européens au XVIe siècle. Les chercheurs ont ainsi pu établir que des monuments religieux ont souvent été érigés en l'honneur d'événements astronomiques notables, tels le passage du Soleil au zénith, la disparition de Vénus derrière le Soleil ou une place bien précise de Jupiter dans le ciel (quand la planète semble repartir en arrière, par exemple). Leur édification pouvait être également liée au début ou à la fin d'un cycle (*tzolkin*, année ou "siècle" de 52 ans).

AVANT CHRISTOPHE COLOMB...

L'Amérique précolombienne a vu s'épanouir de nombreuses civilisations. Une des premières, celle des Olmèques, se développe au Mexique au cours du Ier millénaire av. J.-C. Elle influence l'essor des Mayas qui dominent l'Amérique centrale du IIIe au IXe siècle environ. Ce peuple laisse derrière lui un savoir très poussé en astronomie et en mathématiques. Au XVe siècle, les Aztèques édifient au Mexique un des empires les plus puissants de l'Amérique précolombienne avant de disparaître lors de la conquête espagnole. Les Incas, au Pérou, soumettent leurs voisins au XIIIe siècle et constituent un vaste empire très organisé. Ce dernier ne survivra cependant pas à l'arrivée des conquistadores espagnols au XVIe siècle.

Observatoire maya
El Caracol de Chichén Itzá au Mexique

Les Grecs, premiers vrais astronomes

Alors que dans toutes les autres civilisations anciennes l'observation du ciel est assujettie à des impératifs religieux, astrologiques ou calendaires, elle répond chez les Grecs à une véritable recherche scientifique. Malgré tout, certains résultats aboutissent à des vérités trop difficiles à accepter: ils seront alors oubliés pendant plus de quinze siècles.

L'école d'Athènes

L'éclatante civilisation athénienne du IVe siècle av. J.-C. donne naissance aux premières tentatives d'explication du cosmos. Fondées sur l'observation et la description aussi précise que possible du ciel et des astres, elles sont cependant basées sur l'idée que la Terre, immobile, est au centre de tous les mouvements circulaires des astres. Cette description fonctionne pour les étoiles fixes, mais devient de plus en plus ardue à utiliser pour les mouvements du Soleil, de la Lune et des planètes. Platon et Eudoxe sont les premiers à construire de façon rationnelle un emboîtement de vingt-sept sphères concentriques. La plus externe est celle qui porte les étoiles, puis viennent celles des objets errants comme les planètes. Aristote reprend le modèle : au-dessus de la Terre, la sphère de la Lune, celle du Soleil, celles des planètes, et enfin la sphère des étoiles fixes dont font partie les signes du zodiaque. La description aristotélicienne du monde restera inébranlable jusqu'à la Renaissance.

Système *d'Aristote (384-322)*

L'école d'Alexandrie

Au cours du IIIe siècle av. J.-C., le savoir grec franchit la Méditerranée et gagne l'Égypte où les conditions d'observation du ciel sont sensiblement meilleures. Bien qu'utilisant des instruments rudimentaires, les astronomes effectuent alors des observations d'une remarquable précision. Ils ébranlent temporairement l'édifice idéologique athénien et ouvrent la voie à une description du système solaire plus proche de la réalité. Mais les modèles qui détrônent l'homme du centre du monde ne sont pas encore acceptables. L'ordre aristotélicien finit donc par l'emporter.

Papyrus astronomique *d'Eudoxe (408-355)*

HISTOIRES D'UNIVERS

La Terre tourne autour du Soleil !

Vers 270 av. J.-C., Aristarque de Samos calcule les diamètres de la Lune et du Soleil, et leur distance par rapport à la Terre. Les résultats de ses mesures sont très loin de la réalité, mais ils lui permettent néanmoins de ranger la Lune, la Terre et le Soleil dans une hiérarchie de taille correcte. Aristarque formule alors l'hypothèse que l'Univers possède une structure héliocentrique* : pour la première fois, un astronome énonce que le Soleil est fixe et que les planètes, Terre comprise, tournent autour de lui.

La Terre est une sphère !

En 240 av. J.-C., Ératosthène note qu'à la même heure, la lumière du Soleil éclaire le fond d'un puits à Syène (voisine de l'actuelle Assouan en Égypte) et projette à Alexandrie une courte ombre au pied d'un obélisque. Il en déduit que, si au même instant le Soleil est à la verticale à Syène, mais légèrement oblique à Alexandrie, c'est que la Terre est ronde. Connaissant la distance nord-sud entre Alexandrie et Syène, ainsi que la hauteur de l'obélisque et la longueur de son ombre, il donne une estimation tout à fait correcte de la circonférence terrestre.

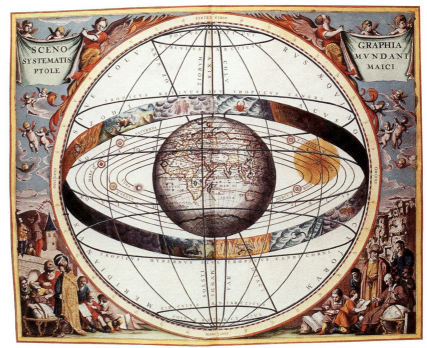

Système de Ptolémée

Ptolémée

La bible de l'astronomie

L'école d'Alexandrie trouve son achèvement dans le travail de Ptolémée (100-168) qui réunit les données de ses prédécesseurs et les siennes dans un traité d'astronomie, l'*Almageste*. Pour sauver l'idée géocentrique tout en respectant les observations, il construit un système très ingénieux de cercles concentriques hérités d'Aristote. Il démontre ainsi que la Terre, sphérique et immobile, est au centre du monde, et que la Lune, le Soleil et les planètes tournent autour d'elle selon des trajectoires circulaires. L'*Almageste* sera considéré en Occident comme la bible de l'astronomie jusqu'aux travaux de Copernic au XVIe siècle (*voir p. 26-27*).

CE N'EST PAS SI SIMPLE…

Un siècle après Ératosthène, Hipparque se livre, avec méthode, à des observations des mouvements des astres. Ses résultats, d'une extraordinaire précision, compliquent alors singulièrement toute tentative d'explication simple du cosmos ! Il montre que la sphère des étoiles se décale d'année en année, et découvre que ce phénomène est dû à ce que l'on appelle aujourd'hui la précession* des équinoxes. Il met enfin en évidence l'inégalité de durée des saisons terrestres et étudie attentivement les périodes de révolution de la Lune, dont il donne une mesure très précise.

Les commentateurs arabes

Entre le VIIᵉ et le XIIᵉ siècle, les Arabes conquièrent un territoire qui s'étend de l'Espagne et l'Afrique du Nord jusqu'à l'Inde et la Perse. Grâce à ces deux dernières, les astronomes arabes découvrent des tables d'éphémérides dont certaines remontent à l'époque hellénistique. Ils s'intéressent alors à l'astronomie grecque, dans le but principal de déterminer les heures de prière et la direction de la Mecque.

Des exigences religieuses

Les premières prières des musulmans doivent être récitées entre le crépuscule et la nuit ; les suivantes entre l'aube et le lever du Soleil ; celles de midi lorsque le Soleil est au méridien ; enfin, celles de l'après-midi quand l'ombre est égale à l'ombre de midi plus la longueur de l'objet concerné.
Les pratiquants doivent également se tourner vers la Mecque pendant leur recueillement. Ces rituels demandent donc une bonne connaissance en astronomie concernant les mouvements de la Lune et du Soleil, afin de définir les heures des prières. Ils exigent aussi un solide savoir en mathématiques pour déterminer la direction de la Mecque. Ces questions pratiques motivent alors sérieusement l'étude de l'unique référence antique en astronomie : l'*Almageste* de Ptolémée (*voir p. 22-23*).

La bible astronomique, revue et corrigée

Une des principales contributions des musulmans est la traduction en arabe, vers 827, de l'*Almageste*. Innombrables sont les commentaires et les corrections que suscite cette œuvre au fil des ans dans le monde arabe. Au IXᵉ siècle, Thabit ibn Qurra rédige de nombreux traités sur l'aspect mathématique des théories de l'*Almageste*. Au XIᵉ siècle, le savant al-Biruni effectue une synthèse de l'astronomie à partir de travaux rédigés en grec et en sanscrit. Quant à son contemporain Ibn al-Haytham, connu en Occident sous le nom d'Alhazen, il critique dans

Observatoire d'Istanbul *(miniature du XVIᵉ siècle)*

son traité *De la configuration du monde* la conception de l'Univers de Ptolémée. Modifiant sans cesse ce modèle grâce à leur connaissance de la trigonométrie indienne et aux améliorations qu'ils y apportent, les astronomes arabes ne le remettent cependant pas en cause : ils pensent aussi que le Soleil et les planètes tournent autour de la Terre.

LE SAVAIS-TU ?

Des étoiles... arabes ?!
Au Xᵉ siècle, alors que tous les astronomes étudient les mouvements des planètes, l'Iranien al-Sufi fait exception en observant les étoiles. Il corrige le catalogue de Ptolémée et donne pour chaque astre sa position, sa description ainsi que son nom arabe. Depuis, certaines étoiles ont gardé leur appellation orientale : c'est le cas notamment d'Aldébaran, Altaïr, Bételgeuse ou encore Rigel.

HISTOIRES D'UNIVERS

Astronome observant un météore avec un quadrant

De fins observateurs

À partir du VIIIe siècle, des observatoires voient le jour à Bagdad, Damas et Ispahan. Tous sont équipés d'instruments hérités de l'Antiquité : sphères armillaires, quadrants et astrolabes permettant de se repérer dans le ciel, le jour ou la nuit. Les savants arabes ont amélioré ces outils et les ont miniaturisés afin de pouvoir les utiliser lors de leurs nombreux voyages. De grands programmes d'observation sont menés pour établir des tables astronomiques très techniques, les *zij* (regroupant des informations sur les événements célestes classés chronologiquement). Des tables pour le calcul de la position du Soleil et de la Lune, et des catalogues d'étoiles sont aussi constitués.

Ces études sont si précises que celles effectuées par le plus célèbre observateur de l'époque, al-Battani (858-929), seront utilisées bien plus tard par les grands noms de l'astronomie occidentale, tels que Copernic, Kepler ou Galilée. L'âge d'or de l'astronomie islamique se termine au XVIIe siècle, lorsque les astronomes et physiciens occidentaux adoptent un système dont la Terre n'est plus le centre. Mais, jusqu'au XXe siècle, le monde musulman gardera ses instruments de calcul des positions des astres, tel l'astrolabe, pour un usage religieux.

Astrolabe persan (XVe siècle)

L'Europe, des Romains à la Renaissance

Les Romains ont préservé la pensée grecque en l'enseignant et en la considérant comme le modèle idéal. De même, les Arabes l'ont transmise en Europe via leur territoire islamique occidental, l'Espagne.

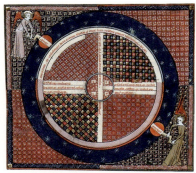

Les anges faisant tourner le moteur du monde (enluminure du XIVᵉ siècle)

Le Moyen Âge religieux

Après Ptolémée (*voir p. 23*), l'astronomie connaît en Europe un déclin progressif. L'émergence du christianisme et les "invasions barbares" entraînent dans l'empire romain d'importants bouleversements sociaux, politiques et économiques. Pendant près de mille ans, la vision du cosmos devient purement théologique : le ciel est symbolisé par des sphères qui marquent les étapes vers le paradis. Ces sphères, centrées sur la Terre et sous contrôle de Dieu, sont entraînées par les anges, qui manifestent ainsi leur influence sur les hommes… Mais au XIIᵉ siècle, grâce aux traductions arabes puis latines des œuvres grecques, l'Europe redécouvre la représentation du monde issue d'Aristote : la Terre est de nouveau ronde ! L'Église intègre alors peu à peu les conclusions de la science grecque, grâce notamment aux travaux du théologien italien Thomas d'Aquin (1227-1274).

La révolution copernicienne

Le chanoine polonais Nicolas Copernic (1473-1543) révolutionne l'astronomie avec son œuvre *De revolutionibus orbium coelestium*. Il est en effet le premier, après Aristarque (*voir p. 23*), à expliquer l'Univers par un modèle héliocentrique*, ce qui signifie que toutes les planètes tournent autour du Soleil. Il rejette par conséquent l'idée que la Terre est au centre de tout et qu'elle est immobile. Il montre que sa rotation sur elle-même est à l'origine de l'alternance du jour et de la nuit, et que sa révolution autour du Soleil explique le cycle des saisons. Copernic devient ainsi le père de la conception moderne de l'Univers.

Système de Copernic

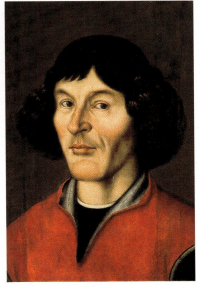

Nicolas Copernic

Tycho Brahe avec ses différents instruments d'astronomie

Irréfutable Copernic

Cependant, les connaissances en astronomie ne permettent pas encore de prouver formellement que la Terre tourne autour du Soleil. Pendant plus d'un siècle, le modèle copernicien est remis en question. Tycho Brahe (1546-1601), par exemple, rejette les modèles géocentrique et héliocentrique de l'Univers, contraires à ses convictions religieuses et à ses observations. Il imagine alors un système intermédiaire où la Terre est immobile tandis que les autres planètes tournent autour du Soleil. Tycho Brahe s'avère pourtant être un brillant astronome, parvenant notamment à démontrer l'inexactitude du dogme aristotélicien qui prétend que le ciel étoilé est immuable. Ses études précises sur Mars permettent également à Kepler (1571-1630) d'énoncer les lois du mouvement des planètes autour du Soleil. Après ces découvertes, et grâce aux observations réalisées avec sa lunette, Galilée (1564-1642) peut enfin apporter la preuve irréfutable du système héliocentrique.

Pas facile d'être un génie

Copernic, conscient que le résultat de ses recherches entraînerait de très fortes contestations, repoussa la publication de son ouvrage qui ne fut diffusé qu'après sa mort. Ainsi que l'astronome l'avait pressenti, son œuvre ne fut pas acceptée par les instances scientifiques et religieuses. Celles-ci firent pression pour que la préface de *De revolutionibus orbium coelestium* alerte le lecteur de la teneur hypothétique des propos de Copernic. L'ouvrage fut donc présenté non comme une description réelle de l'Univers, mais simplement comme une somme « de calculs compatibles avec les observations ».

Observateurs amateurs

Le ciel te fascine? Alors, n'hésite pas! Installe-toi confortablement et observe, de jour comme de nuit, la course des astres. Elle te fera approcher les mystères de la ronde du monde et, qui sait, peut-être auras-tu la chance d'observer un spectacle plus étonnant encore, comme une pluie d'étoiles filantes ou une éblouissante comète…

À vos instruments d'observation...

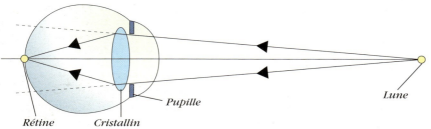

Lever les yeux vers le ciel est à la portée de tous. Le jour, rien de plus facile que de suivre la course du Soleil au-dessus de l'horizon. La nuit, il faut d'abord s'éloigner des lumières de la ville et attendre que nos yeux s'habituent à l'obscurité... pour découvrir un magnifique paysage stellaire. De l'œil nu au télescope, parcourons à grands pas les richesses de l'observation amateur.

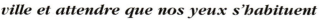

Rétine   Cristallin   Pupille   Lune

À l'œil nu...

Sans instrument, nous voyons le Soleil se déplacer, marquant la succession des jours et des nuits et le rythme des saisons. Une fois notre étoile couchée, nombre d'objets célestes se dévoilent à nos yeux, révélant en partie les secrets de la nuit. La Lune nous présente ses plages grises : les mers. Les planètes Vénus, Mars, Jupiter ou Saturne, se détachent sur le fond du ciel : elles apparaissent comme des points plus brillants que les étoiles les plus lumineuses. On distingue aussi la Voie Lactée, longue traînée laiteuse qui semble couper la voûte céleste. Enfin, d'étranges objets peuplant le ciel sont repérables pour un amateur éclairé : petits flocons diffus, ce sont des nébuleuses ou des galaxies, qu'il sera difficile de distinguer plus précisément sans autre appareil... L'œil constitue déjà un instrument optique très sophistiqué !

Notre pupille agit à la manière d'un diaphragme : elle se ferme à la lumière et se dilate dans l'obscurité, laissant s'emmagasiner une grande quantité de lumière. Sur l'écran de la rétine, elle reforme l'image de ce que nous observons. Ce principe de capture des faisceaux lumineux, qui permettent ensuite de recomposer l'image, est le même lorsqu'on utilise des instruments optiques plus élaborés tels que jumelles ou télescopes...

Avec une paire de jumelles

Une simple paire de jumelles nous montre les mers et quelques-uns des plus gros cratères de la Lune. On distingue aisément les planètes des étoiles : ces dernières, trop éloignées, gardent leur aspect de point, tandis que les planètes apparaissent sous la forme d'un disque. En laissant glisser les jumelles le long de la Voie Lactée, on y repère diverses nuances de teinte : des zones sombres, d'autres plus claires, et un drôle d'aspect diffus. Enfin les taches floues, si difficilement perceptibles à l'œil nu, nous paraissent plus

OBSERVATEURS AMATEURS

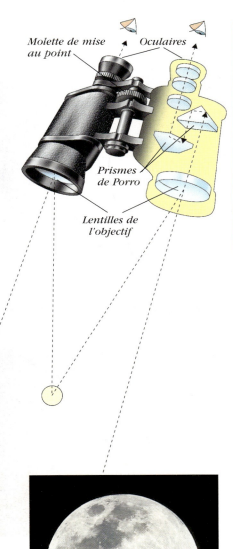

Molette de mise au point
Oculaires
Prismes de Porro
Lentilles de l'objectif

GALILÉE : DE LA LENTILLE À LA LUNETTE

Astronome florentin du début du XVIIᵉ siècle, Galileo Galilei est un sacré copieur ! Lors d'un voyage en Hollande, il apprend que deux lentilles correctement alignées permettent de voir en plus gros des objets éloignés – le procédé viendrait d'ailleurs de Chine… De retour chez lui, Galilée construit sur ce modèle la première lunette astronomique, en juxtaposant deux lentilles dans un tube. Il observe alors cratères lunaires, taches solaires et satellites de Jupiter !

Lunettes et télescopes

Leur principal intérêt, c'est qu'ils laissent passer beaucoup plus de lumière. Dotés de lentilles, ils grossissent l'image par un jeu de réflexion sur des miroirs. Ainsi, de multiples détails peuvent apparaître à l'observateur. Par exemple, les portions de Lune pointées par le télescope sont criblées de cratères de tailles diverses. De Jupiter, nous découvrons les bandes nuageuses et les quatre satellites galiléens et de Saturne, l'anneau. De la Voie Lactée, nous distinguons les étoiles qui la constituent, car cette traînée blanchâtre n'est autre qu'un fantastique regroupement d'étoiles, notre galaxie vue de l'intérieur…

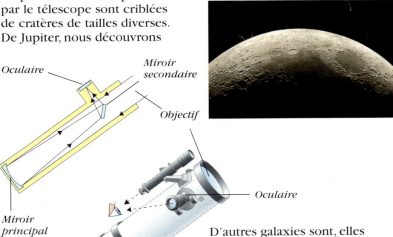

Oculaire
Miroir secondaire
Objectif
Miroir principal
Oculaire

définies et nous pouvons déjà esquisser les contours des galaxies et des nébuleuses. En astronomie, un amateur préférera les jumelles 7 x 50 : elles grossissent les objets sept fois, et leur objectif a un diamètre de 50 mm. Le rendu est donc relativement bon pour une taille d'agrandissement assez modeste.

D'autres galaxies sont, elles aussi, discernables avec un simple télescope. Nous identifions clairement leur forme et pouvons aisément les différencier des nébuleuses, gigantesques nuages de gaz d'aspect très diffus dans un télescope amateur.
Ainsi, de l'œil au télescope, toutes les randonnées célestes sont permises !

OBSERVER L'ASTRE DU JOUR

Chaque jour, le Soleil reprend inlassablement sa promenade de l'Orient à l'Occident, étincelant en milieu de journée, énorme et rougeâtre près de l'horizon. Cette boule de feu éblouissante demande quelques efforts pour se laisser regarder, mais quel plaisir de découvrir les taches dont elle est parsemée et de déchiffrer les secrets de la lumière qu'elle nous envoie !

Le cadran solaire

Même si l'ombre d'un simple bâton planté en terre permet de suivre la course du Soleil, mieux vaut se donner un peu de mal pour construire un véritable cadran solaire.

Il te faut :
- une surface plane, plaque de bois ou carton rigide de 1 m sur 1 m,
- une tige rigide d'environ 45 cm de long (aiguille à tricoter, par exemple),
- une carte du lieu où tu te trouves,
- une boussole,
- un feutre.

Repère sur la carte la latitude du lieu où tu te trouves (43° pour Toulouse, 49° pour Paris) et situe le Nord avec la boussole. Tu peux maintenant orienter ton "gnomon" selon l'axe de la Terre. Pose la planche à plat sur le sol, puis plante la tige au 2/3, de façon qu'elle fasse avec l'horizontale un angle égal à la latitude du lieu, et qu'elle pointe vers le Nord géographique. Sur le cadran, marque la ligne orientée Nord-Sud qui passe par la base du gnomon : c'est la méridienne et il est midi à l'heure solaire locale lorsque l'ombre du gnomon s'aligne sur elle. À partir de cet outil rudimentaire, tu peux suivre la trajectoire du Soleil dans le ciel pendant toute la journée, en notant régulièrement la position de l'extrémité de l'ombre du gnomon. Complète le cadran en traçant des lignes horaires, qui partent de la base du gnomon, en particulier la ligne perpendiculaire à la méridienne, qui correspond à 6 heures du matin et du soir. Avec un peu de persévérance, tu pourras comparer les trajectoires tracées au cours de l'année. En particulier, celles relevées au solstice d'été où dans l'hémisphère nord le Soleil est au plus haut dans le ciel, au solstice d'hiver où il est au plus bas, et aux équinoxes.

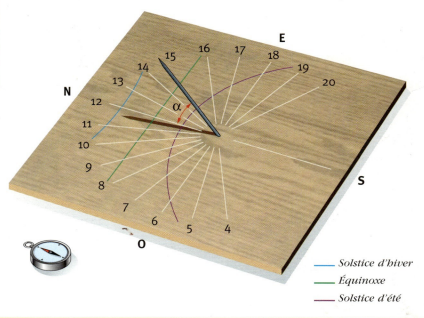

— Solstice d'hiver
— Équinoxe
— Solstice d'été

OBSERVATEURS AMATEURS

LE SAVAIS-TU ?

Décalage solaire
Avec un cadran solaire, tu mesures l'heure qu'il est au Soleil. Mais, selon l'endroit où tu es, cette heure varie puisque le Soleil ne se lève ni ne se couche partout à la même heure. Quand le Soleil indique 19 h à Strasbourg, il n'est que 18 h 10 à Brest… La Chine a souhaité conserver une heure légale unique sur tout son territoire : quand il est midi à Shangaï, le Soleil est au zénith ; à Lhassa, au Tibet, il est aussi midi, mais le Soleil se lève à peine… Les Tibétains se lèvent donc toujours à midi !

Projeter l'image du disque solaire

N'observe jamais directement le Soleil : ni à l'œil nu, ni à travers une lunette ou des jumelles. Munis-toi toujours d'un filtre spécial (en mylar) qui réduit considérablement l'intensité lumineuse et évite ainsi un éblouissement pouvant créer des lésions définitives à la rétine.
Pour obtenir de bien meilleures conditions d'observation, projette sur un écran une image du Soleil.

> **Il te faut :**
> - une lunette astronomique ou un télescope (de préférence muni d'un oculaire latéral).
> Tu peux aussi te servir de jumelles en obturant un des deux oculaires.
> - un écran (ou un drap blanc).

Oriente l'instrument vers le Soleil et dispose un écran vers l'oculaire. En réglant la mise au point de l'instrument, tu obtiendras une image très nette et de grande dimension du disque solaire. Malheureusement, cette image se déplace et sort du champ rapidement.

Le sténopé

Le sténopé consiste à former une image du Soleil sur un mur. Ce mur doit faire face à une fenêtre que l'on a entièrement occultée, à l'exception d'un trou de très petit diamètre (moins d'un millimètre). Si la distance de la fenêtre au mur est de 5 m, l'image du Soleil a 5 cm de diamètre. Quelle que soit

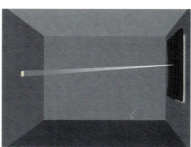

la méthode employée, le disque solaire apparaît comme un cercle brillant homogène, portant quelques petites taches sombres. Ce sont les taches solaires connues depuis l'Antiquité.

Observer la couronne solaire

Si tu n'as pas accès à un coronographe, instrument qui reproduit

> **Il te faut :**
> - des lunettes spéciales (en mylar),
> - un instrument d'observation, lunette ou télescope, muni lui aussi d'un filtre spécifique !

artificiellement une éclipse à l'aide d'un cache, il te faut attendre une éclipse naturelle pour observer la couronne.

Attention, il est essentiel de te protéger les yeux pendant l'arrivée de l'éclipse et dès que le Soleil réapparaît ! Lorsque le disque solaire est totalement occulté (tu peux alors ôter les filtres), la zone qui l'entoure, la couronne solaire, devient parfaitement visible. Cela permet d'observer les phénomènes lumineux qui s'y produisent, comme les jets coronaux et les protubérances, éjections de matière chaude hors du Soleil.

Des rayons de toutes les couleurs

Existe-t-il spectacle plus extraordinaire que l'apparition subite, dans un ciel d'orage, d'un superbe arc-en-ciel, impeccablement circulaire, chatoyant de ses sept célèbres couleurs, parfois doublé d'un compagnon plus pâle, à la fois immensément loin et dont les pieds semblent dans le jardin ? Ce n'est pourtant qu'un des avatars de la riche lumière que le Soleil nous envoie en permanence, et sans laquelle la vie n'aurait jamais existé.

DÉCOMPOSE LA LUMIÈRE DU SOLEIL

Il te faut :
- un prisme de verre,
- un rayon de Soleil (limité par une fente étroite),
- un écran (drap blanc).

Oriente ton prisme de façon à capter la lumière du Soleil et à envoyer la lumière décomposée sur l'écran. Observe l'étalement des couleurs qui en résulte.

LE SAVAIS-TU ?

Arrosage en couleurs
Il est facile de réaliser son propre arc-en-ciel, en absence de toute pluie, avec un jet d'eau qu'on dirige devant soi en ayant le Soleil dans le dos.

Isaac Newton (1642-1727) fut le premier à utiliser un prisme pour séparer les différentes composantes de la lumière solaire. Cette expérience met en évidence le fait que la lumière du Soleil est un mélange de radiations, caractérisées à nos yeux par leurs couleurs et, pour le physicien, par leur longueur d'onde. La lumière visible n'est qu'une toute petite partie de l'ensemble de ces rayonnements. Tu peux enrichir l'expérience en déplaçant le réservoir d'un thermomètre le long du spectre, de part et d'autre de la région colorée. Tu constateras alors qu'au-delà du rouge, le thermomètre accuse un léger échauffement, montrant ainsi la présence d'une certaine fraction d'infrarouge dans le rayonnement solaire. Celui-ci contient également une part d'ultraviolet — difficile à mettre en évidence avec le prisme car le verre en absorbe la majeure partie — très présente dans la lumière solaire directe. Ses effets sont à l'origine du bronzage de notre peau (et de ses coups de Soleil !) ; aussi faut-il s'en protéger car ils peuvent être nuisibles.

L'arc-en-ciel

Dans le ciel humide de pluie, les gouttes d'eau séparent les différentes couleurs de la lumière du Soleil, les unes des autres, comme le prisme de Newton. Dans chaque goutte, le rayonnement solaire subit une série de réfractions et de réflexions qui fait que la lumière qui en ressort se trouve décomposée, chaque couleur repartant dans une direction. La goutte étant sphérique, c'est un véritable parapluie de lumière qui en jaillit, dont le manche est dirigé droit vers le Soleil. De chaque goutte, notre œil ne reçoit que "le" rayon d'une couleur donnée qui est dirigé vers lui.
Comme il existe plusieurs trajets possibles pour la lumière dans la goutte d'eau, on peut dans de bonnes conditions observer un second arc, intérieur au premier, où les couleurs sont dans l'ordre inverse.

Le bleu du ciel

La lumière que nous envoie le Soleil est blanche. Comme nous l'avons vu, ce blanc est dû au mélange d'un grand nombre d'ondes lumineuses différentes donnant chacune une couleur propre. Quand la lumière solaire passe dans l'atmosphère, elle croise les molécules d'air. Celles-ci fonctionnent comme des réémetteurs : elles renvoient ce rayonnement solaire dans toutes les directions, mais en émettant plus de lumière de courtes longueurs d'ondes (c'est-à-dire dans le domaine du violet et du bleu) que de grandes longueurs d'ondes (de rouge). Cette lumière diffusée par les molécules est alors plus riche en bleu qu'en rouge. C'est donc le passage de la lumière solaire dans l'atmosphère qui provoque cette couleur bleue du ciel, alors que la lumière directe du Soleil, appauvrie en bleu, nous le fait paraître jaune. En revanche, le matin ou le soir, la lumière du Soleil traverse en biais une tranche d'atmosphère qui, de fait, est plus épaisse. Une plus grande proportion de bleu est alors déviée, la tranche d'air ne laissant plus passer que l'orange et le rouge. C'est pourquoi le Soleil paraît rouge lorsqu'il est près de l'horizon.

Le rayon vert

Le rayon vert se manifeste à la tombée du jour, lorsque le disque solaire a presque complètement disparu derrière l'horizon marin. Si l'air est très pur, l'ultime rayon apparaît d'une belle couleur verte. Ce phénomène relativement rare est dû au fait que la couche d'air à la surface de l'eau se comporte comme une sorte de prisme et décompose la lumière. La partie rouge du spectre est déviée vers le haut, et l'œil ne reçoit que des rayons qui, déjà appauvris en violet et en bleu par leur traversée oblique de l'atmosphère, contiennent essentiellement du vert.

LE SAVAIS-TU ?

À la poursuite du rayon vert
Des chercheurs américains ont utilisé un avion de la NASA pour suivre le rayon vert au-dessus du Pacifique et pour pouvoir ainsi le photographier à leur aise.

Soleil d'hiver, Soleil d'été

Est-ce bien le même Soleil qui nous inonde de lumière et de chaleur au mois de juillet et qui nous éclaire à peine, bas sur l'horizon et glacial, en janvier ? Y a-t-il vraiment des lieux du globe qui connaissent six mois de jour et six de nuit, et d'autres sans été ni hiver ? Et tout ça à cause d'un petit défaut d'orientation de l'axe de la toupie terrestre !

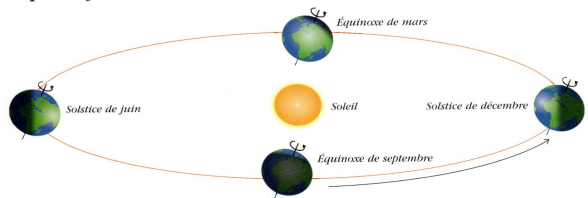

La Terre et le Soleil

La Terre fait un tour complet autour du Soleil en 365 jours un quart, définissant dans l'espace un plan contenant le cercle presque parfait de sa trajectoire et passant par le Soleil : l'écliptique. Au cours de cette révolution se déroule notre année avec ses saisons, la Terre passant par quatre positions remarquables : les équinoxes quand le jour et la nuit sont égaux et les solstices correspondant au jour le plus long (dans un des hémisphères) et à la nuit la plus longue (dans l'autre). Elle effectue un tour complet sur elle-même en 23 h 56 mn autour de l'axe des pôles, qui est incliné de 23°26' par rapport à l'axe de son mouvement annuel. C'est à ce petit défaut d'orientation que nous devons la diversité des saisons d'un point à l'autre de la Terre. Si cet angle était nul, il n'y aurait pas de saisons, le flux solaire reçu en un lieu donné resterait le même tout au long de l'année, les jours et les nuits dureraient chacun douze heures en tout point du globe et tout au long de l'année. Ce qui ne veut pas dire que le climat serait le même partout, car la quantité d'énergie reçue au mètre carré varie considérablement de l'équateur au pôle.

Sous le soleil des tropiques

La zone tropicale correspond aux latitudes où le Soleil peut atteindre la verticale. Ce phénomène se produit au solstice d'été (21 juin) pour le tropique du Cancer, et au solstice d'hiver (22 décembre) pour le tropique du Capricorne. Entre les deux s'étend une région où le Soleil passe à la verticale deux fois par an. Au niveau de l'équateur, ceci se passe aux équinoxes. Quelle que soit la saison, la trajectoire du Soleil varie peu, ainsi que la longueur du jour, environ douze heures tout au long de l'année.

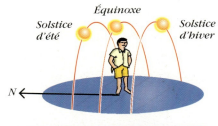

OBSERVATEURS AMATEURS

Sous les latitudes tempérées

Entre le 30ᵉ et le 60ᵉ parallèle, la différence entre été et hiver est sensible. Ceci est dû à la combinaison de deux phénomènes, le Soleil étant beaucoup plus haut dans le ciel à la saison où les jours durent plus longtemps : en été pour l'hémisphère nord (hiver dans l'hémisphère sud).

RAYONS FRAPPEURS

Le flux solaire atteint et irrigue en permanence la surface de la Terre à raison de 350 W par m² en moyenne, soit pour l'ensemble du globe environ $2,5.10^{16}$ W, l'équivalent de ce que nous fourniraient 25 millions d'unités de centrales nucléaires de 1 Gigawatt ! Mais, selon l'angle avec lequel nous recevons ce rayonnement, il nous réchauffe plus ou moins. En effet, si le rayonnement solaire nous frappe de plein fouet, il est beaucoup plus efficace que si les rayons nous atteignent en oblique, voire ne font que nous effleurer tangentiellement ! Si vous n'êtes pas convaincus, remplacez la Terre par votre figure et le flux solaire par le poing d'un copain !

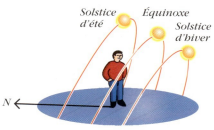

Les saisons extrêmes

Au-delà des cercles polaires arctique au nord (+ 66°34') et antarctique au sud (- 66°34'), jours et saisons se confondent ! Lorsque le pôle est orienté vers le Soleil, il est éclairé 24 heures sur 24, pendant six mois, c'est le fameux Soleil de minuit ! Mais les six autres mois de l'année, le rayonnement solaire ne peut atteindre le pôle : c'est la nuit polaire.

37

Qui éclipse qui ?

Bien qu'il s'en produise presque chaque année, une éclipse reste pour tous un événement remarquable, signalé et annoncé, et donnant lieu à une puissante mise en scène. Il s'agit bien sûr des éclipses de Soleil, car les éclipses de Lune, elles, sont à peine mentionnées et encore moins observées.

Des éclipses : où, quand et pourquoi ?

Une éclipse est visible quand l'ombre de la Terre ou de la Lune cache le Soleil à la vue de l'autre. Ce phénomène se produit chaque fois que le Soleil, la Lune et la Terre sont alignés. Si l'orbite de la Lune coïncidait avec l'écliptique, cela se produirait tous les mois lunaires ; mais l'orbite lunaire est inclinée d'environ 5°, ce qui diminue le nombre d'alignements à environ un par an en moyenne. Si l'ombre de la Lune atteint la Terre, l'éclipse est "de Soleil". Si c'est l'ombre de la Terre qui couvre la Lune, l'éclipse est "de Lune". Comme l'orbite lunaire est elliptique, la distance Terre/Lune varie légèrement, et le diamètre apparent de la Lune peut être soit inférieur, soit supérieur à celui du Soleil. Lorsqu'il est supérieur, l'éclipse est totale, et sa durée peut atteindre 7 minutes. Lorsqu'il est inférieur, la Lune n'occulte pas toute la surface solaire et une couronne subsiste : l'éclipse est annulaire.

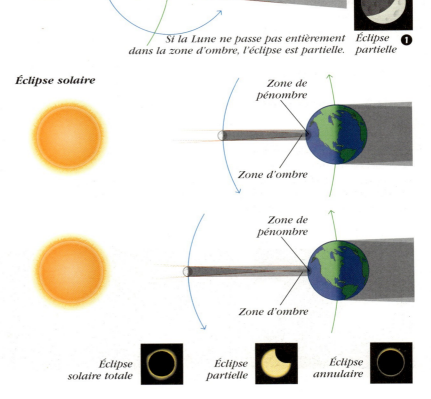

Éclipse lunaire

Si la Lune ne passe pas entièrement dans la zone d'ombre, l'éclipse est partielle.

Éclipse totale ❷

Éclipse partielle ❶

Éclipse solaire

Zone de pénombre

Zone d'ombre

Éclipse solaire totale

Éclipse partielle

Éclipse annulaire

OBSERVATEURS AMATEURS

Éclipse de Lune (29.11.1993), photomontage

Observer une éclipse de Lune

Une éclipse de Lune a toujours lieu pendant la pleine Lune. On peut l'observer depuis tous les points de la face du globe terrestre plongée dans la nuit. Dans le cas d'une éclipse totale, l'ensemble de l'occultation dure environ cinq heures. Pendant la première heure, l'ombre de la Terre progresse jusqu'à couvrir la totalité du disque. On distingue la courbure du bord de l'ombre qui témoigne de la rotondité de la Terre. Si l'atmosphère est très limpide, on distingue, même lors de l'occultation complète, le disque rougeâtre de la Lune. Cet éclat rouge est dû à la lumière diffusée par l'atmosphère terrestre.

Observer une éclipse de Soleil

La zone où l'on peut observer une éclipse totale de Soleil ne représente qu'une étroite bande (maximum 300 km) à la surface du globe. Il faut donc s'y rendre, ce qui n'est pas toujours pratique, y prendre position et se munir de tous les instruments : lunettes filtrantes de bonne qualité, filtres solaires pour appareil photo et même, si possible, lunettes avec filtres. L'occultation du disque solaire commence environ une heure avant la totalité. Durant cette heure, l'intensité de la lumière solaire baisse progressivement. Si l'on observe les taches de lumière que projette le Soleil à travers le feuillage d'un arbre, on constate qu'elles ne sont plus rondes, mais en forme de croissant. Attention : jusqu'à la dernière minute, il faut impérativement utiliser les filtres pour regarder le Soleil. L'arrivée de la phase de totalité est extrêmement rapide. Si la vue est dégagée, on voit la ligne d'ombre s'approcher à très grande vitesse et on entre brutalement dans l'obscurité. On ressent une nette sensation de fraîcheur ; les animaux se taisent, se couchent. Au fur et à mesure de l'adaptation à l'obscurité, le spectacle céleste se révèle, noir autour du Soleil, crépusculaire à l'horizon.

LE SAVAIS-TU ?

Sauvé par l'éclipse
Les éclipses se reproduisent périodiquement, suivant un cycle de 18 ans et 10 (ou 11) jours appelé "saros". Néanmoins, les régions de la Terre concernées par l'éclipse ne sont pas tout à fait identiques, car le saros ne contient pas un nombre entier de jours. Les Incas connaissaient sans doute le saros, mais il est probable que Tintin, dans *Le Temple du Soleil*, en savait plus qu'eux quant à l'exactitude du passage de l'éclipse qui lui a sauvé la vie.

Des astres apparaissent, Vénus bien sûr, puis les étoiles les plus brillantes. Le spectacle le plus impressionnant est donné par la couronne solaire, nettement visible sans filtre, formant un anneau irrégulier de couleur rose violacée qui semble rayonner dans toutes les directions.
Juste avant la fin de la totalité, les "grains de Baily" apparaissent sur le bord du disque, traduisant le passage des rayons solaires à travers le relief lunaire.
Il faut reprendre les filtres pour observer la sortie progressive de l'éclipse et le déroulement inverse de la phase d'entrée.

Éclipse totale solaire (21.06.2001), en Zambie

CHASSEUR DE LUNE

Pleine Lune, nouvelle Lune, premier ou dernier quartier, Lune la nuit, mais aussi Lune le jour… Énorme et rougeâtre à l'horizon, mince et distinguée là-haut, disque étincelant plaqué sur un ciel d'encre ou tache laiteuse et blafarde jouant derrière des nuages pressés… Sous tant d'aspect, n'y a-t-il vraiment qu'une seule Lune ?

Observer pendant un mois

Il te faut :
- un carnet,
- un crayon,
- une montre.

Mieux vaut t'y mettre en été, mais tu peux aussi chasser la Lune par de belles nuits d'hiver. Arme-toi d'un peu de patience, car souvent l'astre est caché par les nuages.
Repère sur un calendrier la date du premier quartier. Ce jour-là, à 9 h, cherche où est la Lune. Sur ton carnet, note en haut de la page la date et l'heure, et prépare trois colonnes.
Dans la première, inscris l'endroit où elle se trouve par rapport aux éléments du paysage, et aussi par rapport aux étoiles que tu connais. Dans la deuxième, décris-la en tentant d'apprécier sa forme, par exemple en la comparant avec une lettre (le D ou le C).
Dans la dernière colonne, réalise un croquis de l'aspect de la Lune, avec les dessins qu'on devine à sa surface. Une heure plus tard, observe ce qui a bougé par rapport aux repères terrestres. Consigne alors le sens et un ordre de grandeur de l'angle suivant lequel tout s'est déplacé.
Le lendemain matin, à 9 h, même si la Lune n'est plus là, recommence l'opération. Et ainsi de suite pendant un mois, tous les soirs et tous les matins, toujours à la même heure…
Lors de la pleine Lune, il peut être intéressant – si tu as l'autorisation de tes parents – de passer la nuit dehors, pour observer et consigner heure par heure la trajectoire de la Lune.
En regroupant l'ensemble de tes observations, tu suivras l'évolution de l'aspect de la Lune au cours de son cycle.

Chaque jour, c'est différent…

À la fin du mois, en reprenant le carnet page par page, tu constates que la Lune a bougé dans le ciel, qu'elle est passée progressivement de l'Ouest à l'Est, en étant chaque jour un peu plus ronde pendant deux semaines. Après ça, finies les observations du soir, c'est le matin que tu la voyais voyager, toujours d'Ouest en Est, en se dégonflant pour devenir un croissant tout fin.

OBSERVATEURS AMATEURS

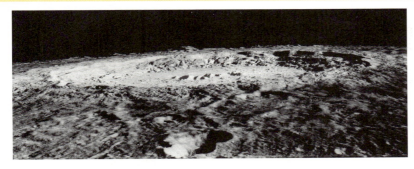

LE SAVAIS-TU ?

Bombardement spatial
Les cratères que l'on voit sur la Lune sont immenses : ils peuvent avoir plus de 100 km de diamètre et leur paroi s'élève à plus de 8 km. Ils ont été produits par la chute d'énormes météorites sur la Lune, il y a environ 4 milliards d'années.

... chaque jour, c'est pareil !

En regardant attentivement les parties éclairées, tu as remarqué que la Lune présente toutes sortes de dessins (des ronds plus ou moins gros, des traînées et des taches grises) et que ces graffitis sont là tous les jours, les mêmes aux mêmes endroits. La Lune tourne autour de la Terre (en 27 jours, 7 heures et 43 minutes) et, en même temps, elle tourne sur elle-même exactement à la même vitesse : du coup, elle montre toujours la même face, avec les mêmes dessins. On ne connaît l'autre face que depuis que des sondes spatiales sont allées la photographier, en 1959 !

Des reliefs en lumière rasante

Il te faut :
- une feuille de papier de quelques centimètres de haut,
- une paire de ciseaux,
- du scotch,
- une lampe de bureau.

Découpe l'un des côtés de la bande de papier en forme de chaîne de montagnes. Colle avec du scotch la bande que tu auras préalablement pliée pour qu'elle tienne verticalement sur la table. Éclaire alors en lumière rasante avec une lampe de bureau placée au niveau de la table.

Observe les reliefs lunaires

Il te faut :
- une paire de jumelles.

Le sol lunaire, comme celui de la Terre, est jalonné de montagnes et de plaines. Les reliefs sont difficiles à observer, sauf lorsqu'ils projettent une grande ombre sur les plaines voisines. Voici donc un conseil pour faciliter ton observation : attache-toi à la limite entre la partie éclairée et la partie obscure, le long de la séparatrice. Des jumelles ordinaires permettent de très bien distinguer les ombres projetées sur le sol par les reliefs, ainsi que les lignes de crête, seules éclairées et qui se détachent sur un fond sombre. On découvre alors qu'il s'agit de cratères, en général bien ronds et réguliers, grands et petits, et que les zones plus sombres, qu'on prenait autrefois pour des mers, sont parfaitement plates.

La ligne que tu as découpée projette sur la table une ombre très grande qui reproduit en les amplifiant les sommets et les vallées de ta chaîne de montagnes. C'est exactement ce que tu vois dans tes jumelles, et ce que l'astronome italien Galilée a vu lorsqu'il a, en 1609 et pour la première fois de l'Histoire, étudié la Lune avec une lunette.

Lune montante, Lune descendante

Chaque mois, la Lune monte puis descend, révélant progressivement, puis cachant à nouveau, cette face immuable qu'elle nous présente. Ce rythme mensuel a constitué un repère majeur d'écoulement du temps dans toutes les civilisations.

La Lune, le Soleil et la Terre

La Lune tourne autour de la Terre, dans un plan très voisin de celui que parcourt la Terre autour du Soleil. L'année lunaire, ou "révolution sidérale", est le temps que met la Lune pour accomplir un tour complet autour de la Terre, et dure 27 j 7 h 43 min 11,5 s.

Révolution sidérale

Au bout de ce temps, la Terre a parcouru environ 1/13ᵉ de son périple autour du Soleil et les positions respectives de la Lune, du Soleil et de la Terre ne sont plus les mêmes qu'au début de la révolution.

Il faut attendre encore un peu plus de deux jours pour que ces positions se retrouvent identiques : la "révolution synodique", qui mesure le temps au bout duquel les trois corps sont dans des positions réciproques identiques, dure exactement 29 j 12 h 44 min 2,8 s.

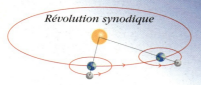
Révolution synodique

Les phases du calendrier lunaire

Suivant les positions respectives du Soleil, de la Lune et de l'observateur terrestre, l'aspect de la Lune change complètement, de la même façon que change l'aspect d'un objet suivant que nous le voyons éclairé de face ou à contre-jour. Chaque jour, la Lune se décale d'une douzaine de degrés par rapport au Soleil.

Le jour suivant la nouvelle Lune, c'est un très étroit croissant dont la concavité est vers la gauche que l'on aperçoit au moment du coucher du Soleil. Et la Lune se couche quelques minutes plus tard que la veille. Jour après jour, le croissant s'élargit

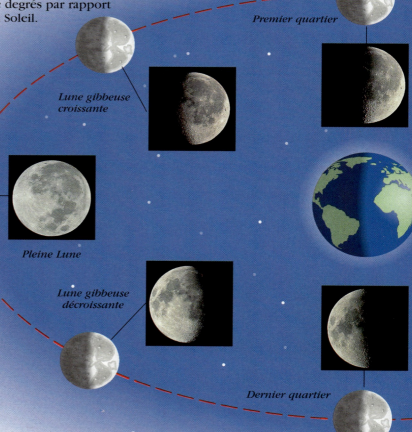

OBSERVATEURS AMATEURS

et l'heure de son coucher se décale dans la nuit. On l'aperçoit l'après-midi et il éclaire de plus en plus le ciel nocturne. Au premier quartier, la Lune culmine dans sa trajectoire au coucher du Soleil. Au-delà du premier quartier et jusqu'à la pleine Lune, la Lune est dite gibbeuse, c'est-à-dire bossue. Ce nom désigne également l'intervalle pleine Lune - dernier quartier. La pleine Lune se lève à l'horizon Est au coucher du Soleil et brille toute la nuit. En avançant vers le dernier quartier, la Lune se lève de plus en plus tard dans la nuit. Au dernier quartier, elle culmine au lever du Soleil et reste visible toute la matinée.

LES MARÉES

Le phénomène des marées résulte de l'attraction que la Lune et le Soleil exercent sur l'eau des océans, qui s'ajoute bien sûr à l'attraction terrestre. Au cours du cycle lunaire, les attractions de la Lune et du Soleil s'ajoutent (nouvelle Lune), se retranchent (pleine Lune) ou sont à angle droit l'une de l'autre (premier et dernier quartiers). Soumise à ces forces complexes, l'eau de la mer forme une sorte de bourrelet qui pointe vers la Lune et balaie la surface du globe en un peu moins de 25 h, ce qui décale l'heure de la marée de près d'une heure chaque jour. Le fait que l'attraction lunaire soit plus forte du côté de la Terre qui lui fait face que de l'autre engendre l'équivalent d'une force répulsive sur la zone opposée, créant un second bourrelet diamétralement opposé au premier et tournant à la même vitesse que lui. Cela explique qu'il y ait deux marées par jour.

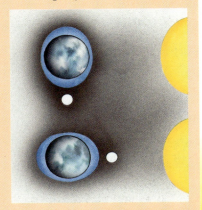

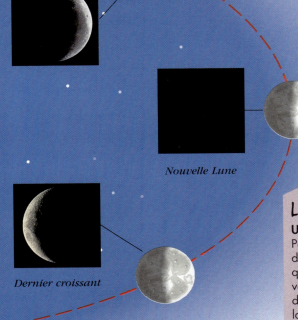

Premier croissant

Nouvelle Lune

Dernier croissant

Soleil

LE SAVAIS-TU ?

Un croissant décroissant
Pour savoir si la Lune est montante ou descendante, il suffit de retenir la formule "C DÉCROÎT - D CROÎT" qui signifie que lorsque la Lune ressemble à la lettre D avec sa concavité vers la gauche, on est pendant la phase croissante, de la nouvelle Lune vers la pleine Lune. En revanche, lorsqu'elle ressemble à la lettre C, concavité vers la droite, on est en phase décroissante. Ce moyen mnémotechnique n'est valable que dans l'hémisphère Nord.

Nuit blanche

L'observation des étoiles a certainement été l'une des occupations les plus intenses à laquelle se soient livrés les hommes depuis l'aube de l'Humanité. Le sentiment d'immensité et de pérennité qui se dégage d'un ciel étoilé a partout et toujours marqué les esprits.

Regarder les étoiles

L'image que nous percevons du ciel nocturne dépend énormément des conditions géographiques et météorologiques, et le nombre d'objets visibles à l'œil nu peut varier d'un facteur 100 entre un ciel urbain et un ciel de montagne. En effet, l'atmosphère d'une ville contient des fumées et des aérosols qui diffusent abondamment les éclairages des réverbères, des automobiles et des habitations. La luminosité moyenne du ciel qui en résulte empêche de distinguer les corps célestes peu brillants.
En montagne, la combinaison de l'altitude qui diminue l'épaisseur de l'atmosphère et de l'absence de lumières parasites crée les conditions idéales d'observation. De plus, un horizon bien dégagé permettra d'admirer l'intégralité de la voûte céleste.

Des points brillants...

Dès qu'on examine attentivement les étoiles, on constate de nettes différences entre les unes et les autres. Seuls deux éléments leur sont communs : l'absence de diamètre apparent et la scintillation. L'étoile la plus proche de nous, Proxima du Centaure, se trouve à environ 4 années-lumière. Si on lui suppose un diamètre comparable à celui du Soleil, cela signifie

Constellation d'Orion

qu'on la voit comme une pièce d'un Euro qui serait à 650 km de notre œil ! Il est donc impossible à l'œil nu, mais aussi avec les plus puissants télescopes, de voir les étoiles autrement que comme des points. La scintillation est un effet des turbulences thermiques de l'atmosphère. Cela produit des interférences qui renforcent ou atténuent l'intensité lumineuse perçue. Plus faible est l'épaisseur d'atmosphère traversée, moindre est la scintillation, comme en montagne ou pour les étoiles hautes dans le ciel.

OBSERVATEURS AMATEURS

... de toutes sortes

On mesure la luminosité des étoiles par un nombre appelé "magnitude". Celui-ci est d'autant plus faible que l'éclat est élevé. Tout au bout de l'échelle, le Soleil, très proche de nous, a une magnitude de – 28 ; Sirius, étoile la plus brillante du ciel nocturne, a une magnitude de – 1,44 et l'étoile Polaire une magnitude de + 1,97. +6 marque la limite de ce qui est visible à l'œil nu, tandis que les télescopes professionnels les plus performants permettent de voir des objets de magnitude + 28, donc de très faible éclat ! Même à l'œil nu, il est possible de percevoir la couleur de certaines étoiles.

Cette photo a été obtenue en deux heures de pose.

Rigel

Il est ainsi indéniable que Bételgeuse est rouge et que, non loin d'elle, Rigel est bleue. Ces couleurs de rayonnement nous renseignent sur la température de l'astre : une étoile très chaude paraît bleue, tandis qu'une étoile moins chaude paraît rouge.

Bételgeuse

Le ciel tourne !

Chaque nuit, les étoiles paraissent décrire dans le ciel de grands cercles centrés sur l'étoile Polaire qui, elle, semble immobile. La durée totale de ce parcours est de 23 h 56 min. Ce mouvement apparent résulte de la rotation de la Terre sur elle-même autour de l'axe des pôles, qui est dirigé presque exactement vers l'étoile Polaire. Il est d'autant plus rapide que l'étoile qu'on observe est basse sur l'horizon. Une étoile située face à l'équateur se déplace d'Est en Ouest à une vitesse telle qu'elle parcourt un trajet équivalent au diamètre apparent de la Lune en deux minutes.

LE SAVAIS-TU ?

Entre les étoiles, le ciel est noir
Cette observation qui nous semble évidente traduit un paradoxe signalé en 1822 par l'astronome allemand Heinrich Olbers : si l'Univers était infini et rempli d'étoiles de façon homogène, il devrait être brillant partout car, dans toutes les directions, notre regard rencontrerait une étoile. Le fait qu'il soit principalement noir prouve, entre autre, qu'il n'est pas infini.

LIS L'HEURE AUX ÉTOILES

Il te faut :
- un carnet,
- un crayon.

Un soir d'été, à différentes heures de la nuit que tu notes sur ton croquis, dessine la position de la Grande Ourse par rapport à l'étoile Polaire. Tu construis ainsi ta montre stellaire, dont l'aiguille est une ligne joignant l'étoile Polaire à Dubhe et Merak, les deux "gardes" de la Grande Ourse. Tu pourras aussi vérifier que cette montre se décale de 2 h par mois, du fait du déplacement de la Terre sur son orbite.

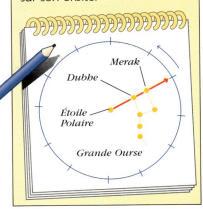

Grande Ourse ou Chariot ?

Regarderions-nous le ciel étoilé avec autant de plaisir si nous ne savions pas y trouver nos repères, la Lune, bien sûr, mais aussi les constellations, celles que nous connaissons, celle que nous reconnaissons sans pouvoir les nommer et toutes celles que nous aimerions connaître, et dont les noms nous font rêver ?

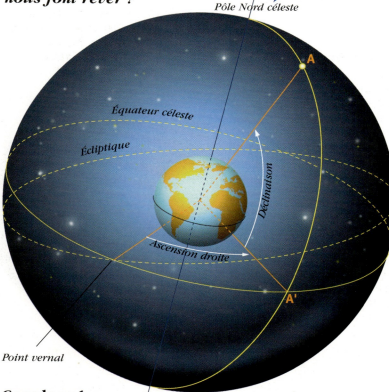

A : étoile
A' : projection de l'étoile A sur l'équateur céleste

Coordonnées bien ordonnées

Depuis la Terre, la voûte céleste nous apparaît comme une grande sphère qui nous enveloppe et sur laquelle on peut pointer les étoiles et les autres objets du ciel. De la même façon qu'on peut déterminer une position sur Terre en donnant la longitude et la latitude du lieu, on peut repérer une étoile sur la sphère céleste en précisant deux de ses coordonnées : l'ascension droite et la déclinaison. On mesure la déclinaison à partir de l'équateur céleste, et l'ascension droite à partir du point vernal, intersection de l'axe Terre-Soleil avec l'équateur céleste à l'équinoxe de printemps.
Un autre cercle remarquable est l'écliptique, trace sur la sphère du plan de l'orbite terrestre.

88 constellations

Connues et identifiées depuis l'Antiquité, les étoiles les plus brillantes ont été nommées et regroupées en constellations. Ces regroupements n'ont évidemment aucune signification cosmologique, car les étoiles qui les composent sont en réalité extrêmement éloignées les unes des autres. En 1927, sous l'égide de l'Union astronomique internationale, les astronomes ont découpé l'ensemble du ciel en 88 domaines, contenant chacun une constellation identifiable et la portion de ciel qui l'entoure. Ce découpage, effectué selon des lignes de déclinaison et d'ascension droite, permet un repérage rapide de la position d'un objet céleste. Parmi ces constellations, certaines sont faciles à reconnaître à leur forme ou aux étoiles remarquables qu'elles contiennent. Pour la commodité de la cartographie,

OBSERVATEURS AMATEURS

LE SAVAIS-TU ?

Au pays des sables
Dans le désert, là où l'ours ne court pas les dunes, les touaregs ont nommé notre Grande Ourse la Chamelle. La Petite Ourse est pour eux le Chamelon… et la légende raconte que la fin du monde arrivera lorsque le chamelon réussira à téter la chamelle. À suivre…

La bande équatoriale

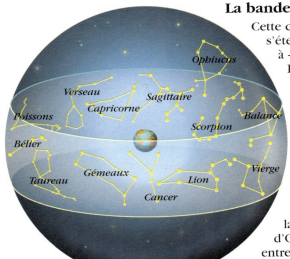

Cette carte couvre la zone s'étendant de + 50° à - 50° en déclinaison. Elle contient de très nombreuses constellations connues, dont les treize constellations de l'écliptique. En effet, aux douze constellations zodiacales s'ajoute la constellation d'Ophiucus, située entre le Scorpion et le Sagittaire. Parmi les constellations remarquables citons Orion, flanquée du Taureau et du Grand Chien, Pégase, le Bouvier, l'Aigle, le Cygne, la Lyre, le Poisson austral…

il est d'usage de répartir ces constellations sur trois cartes, l'une de la région circumpolaire nord, la seconde de la bande équatoriale et la troisième de la région circumpolaire sud.

Autour du pôle Sud

Peut-être pour des raisons historiques, le ciel austral – qui n'a été décrit qu'à partir du XVe siècle lorsque les explorateurs sillonnèrent les mers du Sud – contient peu de constellations remarquables, à l'exception de la Croix du Sud, de la Carène et du Triangle austral. Les deux Nuages de Magellan, le Petit et le Grand, ne sont pas des constellations mais des galaxies voisines de la nôtre, qui apparaissent comme des taches laiteuses aux alentours de la constellation de l'Hydre.

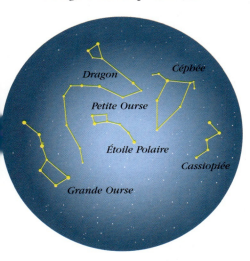

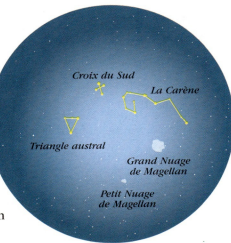

Autour du pôle Nord

Les cartes circumpolaires couvrent en général les déclinaisons comprises entre 50° et 90°. La carte du Nord est centrée sur l'étoile Polaire et les constellations importantes sont la Grande et la Petite Ourse, le Dragon et Cassiopée. Sous 45° de latitude Nord, ces constellations sont visibles en toute saison car elles ne disparaissent jamais en dessous de l'horizon.

ZODIAQUE ET MOIS ASTRAUX

En général, on pense que le découpage de l'année en mois astraux correspond aux périodes de l'année où le Soleil se trouve dans une constellation zodiacale précise. Du fait d'une lente rotation de l'axe des pôles, qui s'accomplit en 25 800 ans, les saisons et par conséquent l'année civile se décalent par rapport au mouvement (apparent) du Soleil le long de l'écliptique. Il n'y a donc actuellement aucun rapport entre le mois astral et le mois zodiacal. La prochaine coïncidence aura lieu dans 15 000 ans.

LIRE LES CARTES DU CIEL

La contemplation d'un beau ciel étoilé est un spectacle inépuisable, mais le plaisir est bien plus grand encore si l'on sait repérer les constellations, nommer les étoiles, traquer planètes et comètes. Comme l'indique leur nom, les astres errants se déplacent sans cesse, mais dans un décor qui, lui, est immuable, et qu'on peut donc représenter, au moins partiellement, sur une page de livre.

La cartographie du ciel pose les mêmes problèmes que la cartographie terrestre : représenter une sphère sur un plan. Le but d'une carte céleste étant de faciliter l'identification des étoiles, il faut trouver une représentation aussi peu déformante que possible. On a choisi de représenter des portions de ciel centrées sur l'équateur céleste suffisamment étroites pour que la projection plane n'altère pas trop les positions respectives des étoiles, et permette ainsi leur identification.
Cette méthode permet également de figurer sur une même carte le ciel de l'hémisphère Nord et celui de l'hémisphère Sud, et est utilisable en toute latitude si on la complète par une carte de chaque zone polaire. Du fait de l'angle entre l'écliptique et l'équateur céleste, les constellations de la bande équatoriale disparaissent à un moment ou à un autre sous la ligne d'horizon. Aussi est-il traditionnel de les répartir sur des cartes saisonnières, correspondant à ce qui est visible, pour chaque saison, juste après le coucher du Soleil. Assez de théorie, il s'agit maintenant d'aller voir…

Allez ouste, dehors !

Il te faut :
- des vêtements chauds, peut-être même un duvet pour t'envelopper dedans s'il fait froid,
- une carte du ciel,
- une lampe de poche dont tu auras remplacé l'ampoule traditionnelle par une ampoule rouge, pour ne pas t'éblouir et conserver ton accoutumance à l'obscurité,
- un carnet, un crayon et une montre pour noter tes observations,
- de bonnes jumelles seront amplement suffisantes pour tes premières observations,
- une chaise longue avec des accoudoirs peut t'aider à garder une position stable et confortable avec les jumelles, à moins que tu puisses les fixer sur un support (type pied photo).

Choisis bien le jour et le lieu de ta sortie nocturne, et le ciel s'offrira à toi ! Observe le paysage en insistant sur les points de repères terrestres : les arbres, les clochers, les sommets si tu es en montagne… À l'aide de la carte (notamment sa partie supérieure si tu es dans l'hémisphère Nord), repère d'abord quelques constellations bien visibles : la Grande Ourse et Cassiopée, mais aussi en hiver Orion… Dessine ces constellations sur ton carnet en prenant tes propres points de repère : Orion est ce soir au-dessus du grand sapin… et au cours de la nuit, il se déplace… De la même façon, soir après soir, il ne sera pas au même endroit ! Tu peux aussi inventer tes propres figures pour retrouver ton chemin dans les étoiles… L'essentiel est de bien regarder !

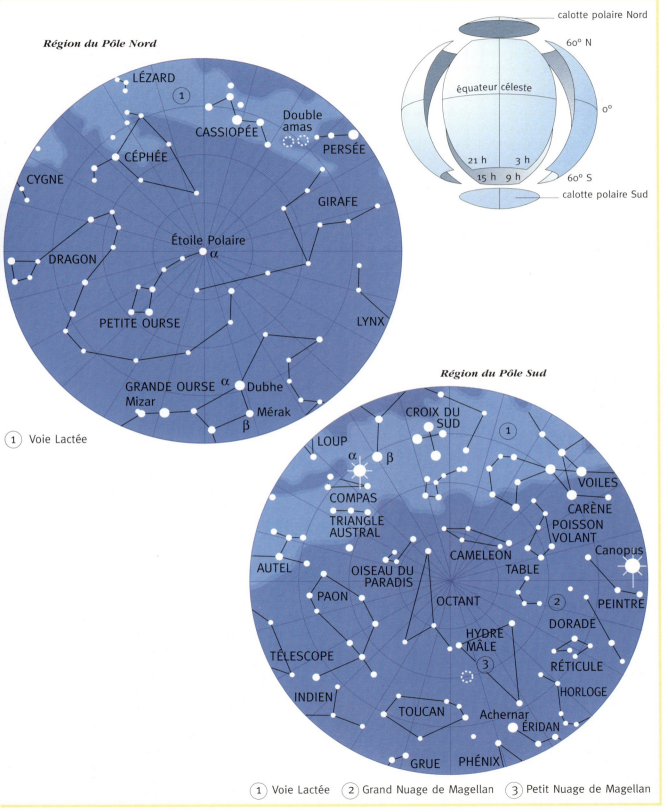

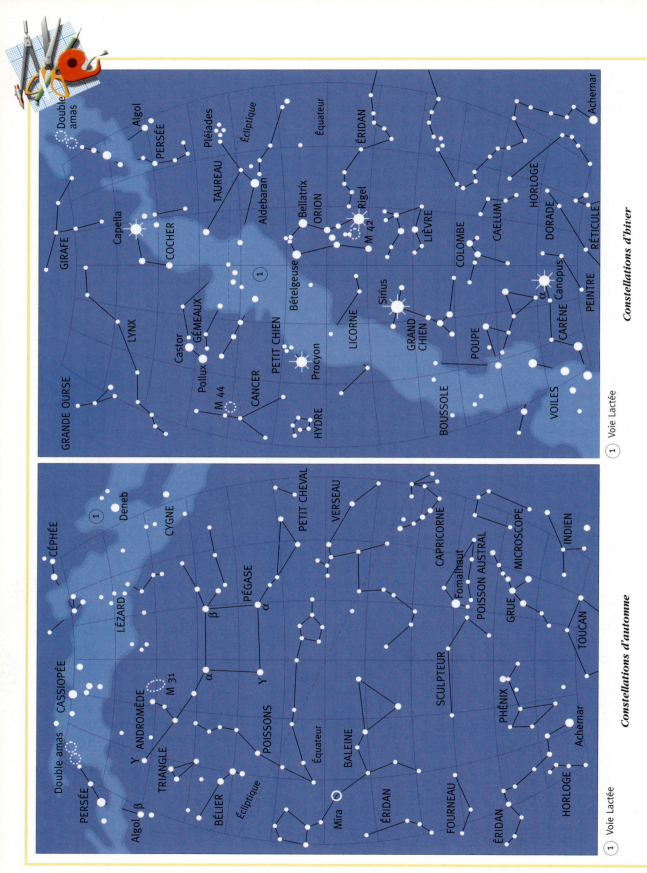

OBSERVATEURS AMATEURS

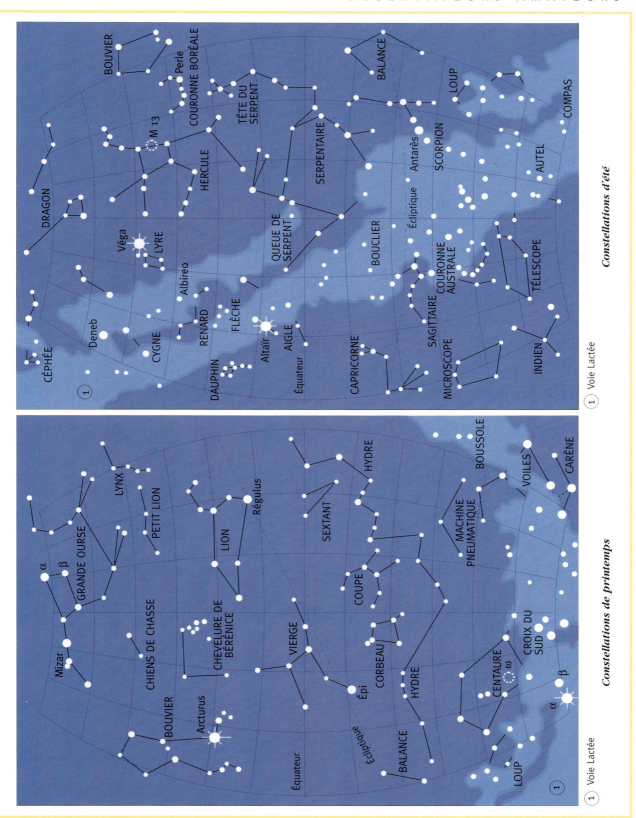

Constellations d'été

Constellations de printemps

Des objets qui bougent sans cesse

Infatigables voyageuses, les planètes errent le long de l'écliptique. Visibles sous tous les cieux, révérées dans la plupart des cultures et des religions, les planètes ont, dans leur mouvement incessant, posé aux hommes des énigmes qu'une observation attentive leur a permis de résoudre.

Contrairement aux étoiles qui restent des points de quelque façon qu'on les observe, les planètes apparaissent comme des objets ronds d'autant plus gros que l'instrument d'observation est puissant. Une autre caractéristique des planètes est qu'elles ne scintillent pratiquement jamais, ce qui permet de les identifier facilement.

Les arpenteurs du ciel

Cinq planètes sont visibles à l'œil nu : Mercure, Vénus, Mars, Jupiter et Saturne. Elles sont très faciles à identifier par leur aspect, mais très peu par leur position. En effet, les planètes se déplacent par rapport aux étoiles, mais restent cantonnées dans une bande étroite qui longe l'écliptique. Ce mouvement apparent résulte de la combinaison des révolutions autour du Soleil de la Terre et des planètes observées. Cependant, chaque planète parcourt une trajectoire différente de celle de la Terre : plus proche du Soleil pour Mercure et Vénus, légèrement plus éloignée pour Mars, considérablement plus lointaine pour Jupiter et Saturne.

Planètes inférieures et supérieures

On qualifie d'"inférieures" les planètes dont l'orbite est plus petite que celle de la Terre : Mercure et Vénus. Ces dernières s'écartent peu du Soleil, ce qui implique qu'elles se lèvent et se couchent peu avant ou après lui. Elles l'accompagnent tout au long de l'année et parcourent donc l'écliptique d'un mouvement tantôt direct, d'Ouest en Est, tantôt rétrograde, d'Est en Ouest. Les planètes "supérieures" ont des orbites plus grandes et des périodes plus longues que celles de la Terre. Elles se déplacent le long de l'écliptique à des vitesses très différentes et peuvent se trouver selon l'année dans n'importe quelle constellation. Cette catégorie regroupe Mars, Jupiter, Saturne observables avec une petite lunette, ainsi qu'Uranus et Neptune, ces dernières plus difficiles à observer, et Pluton, inobservable.

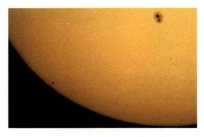

Mercure
C'est une petite planète peu brillante (magnitude entre 0 et 1), toujours très proche du Soleil, et qu'on ne peut apercevoir au mieux qu'une heure avant le lever ou après le coucher du Soleil. Ce n'est possible que lorsqu'on dispose d'un horizon très dégagé.

Vénus
Vénus, planète inférieure, reste au voisinage du Soleil. Elle est visible dix mois de suite comme planète du soir et dix mois de suite comme planète du matin. Nettement plus loin du Soleil que Mercure, elle est visible jusqu'à 3 heures après le crépuscule ou avant l'aube. C'est l'astre le plus brillant du ciel, à l'exception du Soleil et de la Lune. Du fait de leur voisinage avec le Soleil, Mercure et Vénus parcourent l'écliptique en un an. Tout comme la Lune, elles présentent des phases, ce qui fait que leur luminosité varie fortement au cours d'un cycle.

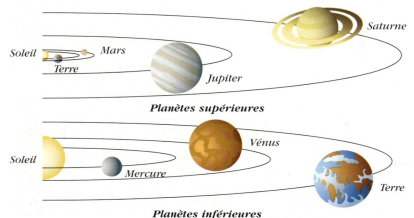

Mars
Mars la Rouge est une planète supérieure dont l'orbite, plus elliptique que celle de la Terre fait que la distance Terre / Mars varie entre 50 et 400 millions de km, ce qui entraîne de très grosses variations de luminosité apparente. Elle parcourt l'écliptique d'un mouvement compliqué, avec des rebroussements et des vitesses très variables.

Saturne et ses anneaux
Saturne est deux fois plus loin du Soleil que Jupiter et sa période est proche de 30 ans. Elle se déplace donc lentement le long de l'écliptique. Avec sa coloration blanc terne, elle est suffisamment brillante (avec une magnitude moyenne de 0,5) pour qu'on l'identifie facilement. Ses anneaux, qui constituent un spectacle extraordinaire, ne sont malheureusement observables qu'avec une bonne lunette ou un télescope.

Jupiter et ses lunes
Comparée à la Terre et à ses voisines, Jupiter, ainsi que Saturne, Uranus et Neptune, est une géante dont l'orbite est située très au-delà de celle de la Terre, toujours voisine de l'écliptique. Jupiter est aussi brillante que Sirius, l'étoile la plus brillante du ciel. Sa période de révolution étant voisine de 12 ans, elle parcourt l'écliptique à raison d'une constellation zodiacale par an. Même avec des jumelles ordinaires, il est possible de voir les quatre lunes qui l'entourent, dont les positions respectives changent de jour en jour. En revanche, il faut un télescope pour distinguer les dessins qui traduisent les turbulences de son atmosphère.

Les comètes, des astres filants

Une comète qui illumine le ciel de sa longue traînée est un événement qui frappe fortement l'imagination, d'autant plus que c'est assez rare, que ça ne dure qu'un temps et que ce peut être extrêmement spectaculaire. Comment rester indifférent devant ce messager qui vient de si loin dans le temps et dans l'espace nous faire cette brève visite.

Observer les comètes

Environ 900 comètes différentes ont été répertoriées par les astronomes, dont moins de la moitié, appelées périodiques, ont une orbite elliptique autour du Soleil. L'année d'une comète est le temps qu'elle met à faire un tour complet (une révolution). Leur connaissance permet d'établir des éphémérides qui donnent pour chaque période les observations possibles. On peut les consulter sur Internet, ou se les procurer auprès d'une association d'astronomie ou dans une librairie spécialisée.

LE SAVAIS-TU ?

Tête à queue
Contrairement à une idée reçue, la queue de la comète n'a rien à voir avec un sillage. Elle se forme toujours dans la direction opposée au Soleil. Si elle nous apparaît bien "derrière" la tête de la comète lorsque celle-ci se rapproche du Soleil, elle la précède lorsque la comète s'en éloigne.

Hale-Bopp une visite annoncée

C'est le 23 juillet 1995 que deux astronomes amateurs américains, Alan Hale et Thomas Bopp, découvrent une nouvelle comète. Ils calculent qu'elle deviendra visible à l'œil nu en mai 1996, qu'elle sera au plus près du Soleil le 1er avril 1997, et qu'elle cessera d'être visible en novembre 1997. Elle s'avère une des plus brillantes jamais observée et, grâce à elle, nos connaissances sur les comètes, mais aussi sur la constitution du nuage de poussières dont est issu le système solaire, ont considérablement avancé.

OBSERVATEURS AMATEURS

Sur les meilleures images, on distingue une boule brillante centrale appelée "coma" d'où s'échappent deux jets : l'un, bleuté, directement opposé au Soleil, formé de gaz issus du cœur et ionisés par le rayonnement ultraviolet du Soleil ; l'autre blanc, incurvé vers l'arrière de la trajectoire, formé de particules de poussière éjectées par l'échauffement du noyau. Des observations au télescope ont même permis d'observer pour la première fois une troisième queue rectiligne formée d'atomes de sodium. Le noyau, observé par le télescope spatial Hubble, a un diamètre compris entre 40 et 80 km.

Cette comète n'est pas à son premier passage dans notre voisinage, elle serait déjà passée il y a quelque 4 000 ans, mais déviée en 1986 par l'attraction de Jupiter elle devrait revenir dans seulement 2 380 ans.

Une visiteuse fidèle : la comète de Halley

C'est l'astronome anglais Edmund Halley qui montra que la comète vue en 1682 parcourait une orbite elliptique qui la ramenait au voisinage du Soleil tous les 76 ans. On fut alors à même d'identifier une vieille connaissance dont les passages antérieurs avaient laissé des traces dans les mémoires, par exemple sur la tapisserie de Bayeux qui célébrait le débarquement des Normands en Angleterre au XIe siècle. Son dernier passage en 1986 a été l'occasion de mettre en place un véritable ballet de sondes spatiales (*voir p. 292*).

D'OÙ VIENNENT LES COMÈTES ?

Les comètes sont des objets du système solaire, mais celles que nous voyons ne représentent qu'une infime fraction du stock, situé bien au-delà des plus lointaines planètes, dans un immense halo entourant le système solaire et appelé "nuage de Oort". Ce dernier contiendrait des centaines de milliards de noyaux cométaires. De temps en temps, au gré du passage d'une étoile dans le voisinage, un de ces noyaux change de trajectoire et se rapproche du Soleil.

C'est alors que ce noyau, chauffé par le Soleil, devient une comète. De telles comètes ont une période de révolution longue, supérieure à vingt ans, et le plan de leur trajectoire peut être très incliné sur l'écliptique. L'existence de comètes à courte période circulant dans le plan de l'écliptique a amené à faire l'hypothèse d'un second réservoir, la ceinture de Kuiper, située juste au-delà de Neptune. Dans tous les cas, ces noyaux cométaires se sont formés en même temps que le système solaire il y a 4,5 milliards d'années, et, n'ayant rien vécu depuis, ils constituent d'inestimables fossiles de notre passé lointain. L'intérêt de ces objets est tel, qu'il suscite un véritable ballet de sondes à la rencontre de ces "stars" de notre système.

Nuage de Oort

Ceinture de Kuiper

Pluies d'étoiles

Difficile, par une belle nuit du mois d'août, de résister à la fascination du ciel nocturne! Notamment lorsqu'au milieu des constellations s'inscrivent les fugitives et brillantes traînées des étoiles filantes. Qui songe alors qu'il s'agit d'un bombardement incessant de la Terre, qu'heureusement très peu de projectiles atteignent, malgré l'immense intérêt scientifique qu'ils représentent!

Regarder les étoiles filantes

Pour être sûr de voir des étoiles filantes, il est nécessaire de prendre quelques précautions. Il faut évidemment que la nuit soit bien noire et le ciel bien dégagé, et il est aussi souhaitable de choisir une période où l'activité est maximale, même si la probabilité d'observer une belle étoile filante n'est jamais nulle. En effet, il existe au cours de l'année des périodes bien identifiées et immuables dans le calendrier où la pluie de météorites est beaucoup plus intense que le reste du temps.

Ces essaims d'étoiles filantes portent des noms, en général liés à la constellation ou à l'étoile d'où ils semblent nous arriver. Les Perséides illuminent le ciel du 22 juillet au 18 août, avec un maximum le 12 ; alors que les Léonides sont visibles autour du 16 novembre. Chacune de ces pluies correspond à la traversée par la Terre d'une zone riche en météorites, en général laissées derrière elle par une comète. La combinaison de la vitesse propre de la Terre avec celle des météorites détermine la position du "point radian", point de la sphère céleste d'où elles semblent provenir. Ce point est situé dans la constellation de Persée pour les Perséides et dans celle du Lion pour les Léonides.

Les Léonides

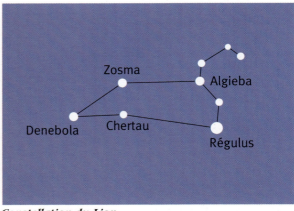

Constellation du Lion

OBSERVATEURS AMATEURS

Quelques essaims célèbres d'étoiles filantes

Nom	Période d'activité	Maximum	Ascension droite	Déclinaison
Quadrantides	1/01 au 4/01	3 janv.	15 h 28 mn	+ 50°
Lyrides	19/04 au 24/04	21 avr.	18 h 08 mn	+ 32°
Perséides	27/07 au 18/08	12 août	3 h 04 mn	+ 58°
Taurides	15/10 au 30/11	10 nov.	3 h 44 mn	+ 22°
Léonides	14/11 au 20/11	16 nov.	10 h 08 mn	+ 22°
Géminides	7/12 au 15/12	13 déc.	7 h 28 mn	+ 32°
Ursides	17/12 au 24/12	22 déc.	14 h 28 mn	+ 78°

Les archives du système solaire

Les fragments de météorites qu'on a pu recueillir et analyser ont révélé une composition chimique complexe et différente d'un échantillon à un autre. Certains contiennent surtout des métaux, fer et nickel, d'autres surtout des silicates, mais tous apparaissent comme extrêmement anciens. Des méthodes chimiques (isotopiques) de datation donnent un âge moyen de 4,55 milliards d'années, ce qui les rend contemporains de la naissance du système solaire. On pense donc qu'ils nous livrent des échantillons intacts de cette matière primitive à partir de laquelle se sont formés le Soleil et les planètes.

Meteor Crater, *Arizona*. *L'impact d'une météorite a provoqué ce cratère de 1 km de diamètre et de 200 m de profondeur.*

De quoi sont faites les étoiles filantes

Il n'y a pas que de grosses planètes bien visibles et connues qui tournent autour du Soleil, il y a aussi des objets de petite taille, des comètes, des cailloux de toutes dimensions et des particules de poussière. Chaque année, la Terre reçoit environ 200 000 météorites, représentant une masse totale d'environ 10 000 tonnes. Celles qui sont très petites, de taille inférieure à 0,1 mm, sont très vites ralenties par l'atmosphère et tombent jusqu'à la surface de la Terre. Si la taille est comprise entre 0,1 mm et quelques centimètres, elles se volatilisent par échauffement en traversant le haut de l'atmosphère : ce sont elles qui constituent les étoiles filantes. Les particules plus grosses atteignent la Terre. Ce sont elles que les chasseurs de météorites vont ramasser dans les déserts, car elles ont une valeur scientifique inestimable : on considère en effet qu'elles constituent des échantillons intacts de la matière à l'origine du système solaire. Les très grosses météorites explosent dans l'atmosphère, l'onde de choc engendrant au sol des dégâts plus ou moins importants pouvant aller jusqu'au creusement d'immenses cratères.

PÊCHEUR DE MÉTÉORITES

Il te faut :
- une cuvette,
- un aimant.

De tous petits fragments de météorites arrivent en permanence jusqu'à la surface de la Terre et il est même possible d'en récolter ! Recueille soigneusement l'eau de pluie qui a lavé un toit après une longue sécheresse. Laisse-la s'évaporer. Les particules qu'un aimant attire dans le résidu de l'évaporation ont de fortes chances d'être des fragments de météorites.

Imagerie CCD

D'abord utilisée par les astronomes professionnels sur les télescopes géants ou à bord des sondes spatiales, les caméras CCD sont depuis quelques années à la portée des amateurs. Finies les nuits glacées passées sous les étoiles à s'enrhumer ! Maintenant on peut profiter des merveilles du ciel tranquillement installé devant l'écran de son ordinateur.

Mise au point en 1970, cette nouvelle technique d'imagerie utilise l'électronique pour capter les photons, et l'informatique pour traiter les images prises. CCD sont les initiales anglaises de *Charge Coupled Device*, qui peut être traduit en français par "dispositif à transfert de charges".

Une histoire de lumière

Lorsqu'il observe un objet du ciel, que ce soit une planète, une nébuleuse ou une galaxie, l'astronome cherche toujours à en capturer le maximum de lumière. Grâce à Albert Einstein et à bien d'autres, on sait depuis 1905 que la lumière est constituée d'un nombre gigantesque de particules de lumière ou grains d'énergie, appelés photons. Pour avoir un aperçu, une ampoule de 100 watts émet en une seconde plus de 2×10^{20} photons, soit un nombre avec 20 zéros ! Mais la plupart des objets célestes sont trop éloignés pour que les photons qu'ils envoient soient visibles à l'œil nu. Les astronomes sont alors au défi de capter de mieux en mieux ces lointains photons.

Comment collecter cette faible lumière ?

D'abord, mieux vaut être muni d'un instrument optique comme une lunette astronomique ou un télescope. Ensuite, il faut placer à l'oculaire de l'instrument un capteur de lumière. Naturellement on pourrait y mettre le plus connu des capteurs, l'œil, mais il n'est pas assez sensible aux photons pour détecter les faibles détails. Choisissons alors la photographie traditionnelle : elle est assez efficace mais nécessite des temps de pose très longs pour que la pellicule réagisse à des éclairements très faibles. En effet, seulement 1 photon sur 20 est détecté par un appareil photo classique, alors qu'une caméra CCD peut en capter 1 sur 2. On dit que son rendement quantique est de 1/2.

Comment ça marche ?

Le récepteur CCD est une plaque de silicium (appelée aussi matrice) de quelques millimètres

Principe de l'imagerie CCD

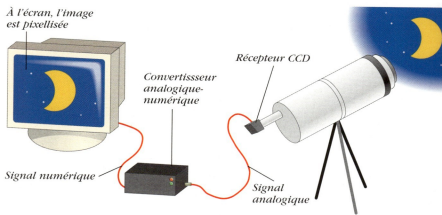

OBSERVATEURS AMATEURS

de côté, très sensible à la lumière. À l'aide d'un dispositif électronique branché sur la matrice, on peut compter combien de photons l'ont percutée. Pour savoir ensuite où sont arrivés ces photons sur la matrice, cette dernière – déjà très petite – est partagée en milliers de carrés microscopiques : les pixels*. On comptabilise alors le nombre de photons reçus par chaque pixel (plus il y en a, plus c'est brillant !). Cette information est traduite en langage numérique pour que l'ordinateur puisse traiter les données. Les pixels de la matrice sont ensuite reconstitués sur l'écran de l'ordinateur où apparaît l'image de l'objet visé. Contrairement

Mars : vue en CCD
Pic du Midi. Télescope 1 m

à la photo traditionnelle où la pellicule doit être développée, l'image prise par la caméra CCD apparaît quasi instantanément à l'écran, ce qui constitue un sacré avantage !

Le spectacle est encore plus beau quand il est partagé

Les caméras CCD, comme les télescopes puissants, sont certes à la portée des amateurs, mais ils restent encore des instruments assez coûteux. Heureusement, on pratique ces techniques gratuitement dans de nombreux clubs d'astronomie, ce qui permet en plus d'échanger ses connaissances et ses découvertes, et de partager ses émotions face au merveilleux spectacle du ciel ! Pour trouver un club d'astronomie près de chez toi, renseigne-toi sur Internet.

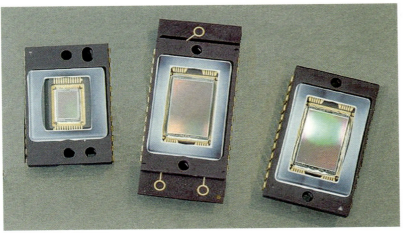

Plaques de *silicium*

L'EFFET PHOTOÉLECTRIQUE

Le silicium est un matériau semi-conducteur : il conduit l'électricité seulement si ses électrons ont suffisamment d'énergie pour franchir la barrière de conduction (la force qui les retient autour des atomes de silicium). Ce sont les photons qui, en rencontrant les électrons, leurs donnent cette énergie. Une fois la barrière franchie, les électrons se déplacent et conduisent l'électricité. En mesurant le courant électrique produit, on évalue alors le nombre de photons ayant percuté la plaque de silicium.

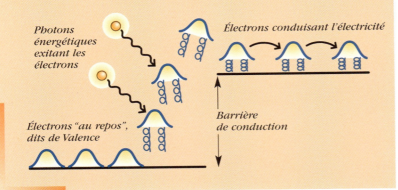

LE SAVAIS-TU ?

D'abord à la télévision
La télévision a été l'un des premiers objets du quotidien à utiliser le procédé de l'effet photoélectrique pour produire des images. Aujourd'hui, les caméras vidéo sont équipées de détecteur CCD.

L'univers des observatoires

Un premier voyage à travers la voûte céleste t'a convaincu ? N'en restons pas là, et partons à la découverte des observatoires où télescopes géants et astronomes professionnels nous aideront à percer le secret des étoiles, à commencer par notre Soleil…

Un vaisseau à 3 000 mètres

Loin des lumières de la ville, haut perché pour éviter les perturbations atmosphériques, l'observatoire du Pic du Midi de Bigorre offre plusieurs instruments aux astronomes professionnels et amateurs du monde entier. Ce vaisseau ouvert sur l'espace scrute le ciel jour et nuit. Bienvenue à bord...

Arriver en haut

L'accès à l'observatoire n'est pas des plus faciles, surtout en hiver. Le téléphérique est le moyen d'accès le plus courant mais, par mauvais temps, il arrive que les astronomes montent en hélicoptère. Une fois en haut du sommet pyrénéen, le moindre effort peut coûter et le mal des montagnes se ressent parfois : à près de 3 000 mètres d'altitude, l'oxygène s'est raréfié d'environ un tiers par rapport à la plaine. De plus, la température descend souvent en dessous de 0 °C et le rayonnement solaire est plus nocif car il y a moins d'atmosphère pour le filtrer. Les astronomes et le personnel du Pic ne restent guère plus de quelques semaines d'affilée ; la plupart font le trajet quotidiennement depuis la vallée.

L'OBSERVATOIRE DU PIC DU MIDI

À l'origine, l'Observatoire du Pic du Midi était une station météorologique. Au cours des ans, il est devenu un lieu de recherches dans bien d'autres domaines scientifiques : le magnétisme terrestre, la physique atmosphérique, la séismologie, la radioactivité naturelle, la glaciologie, les rayons cosmiques et, dans une moindre mesure, la radioactivité artificielle, la physiologie et la recherche médicale. Mais c'est par l'astronomie que cet observatoire a acquis sa renommée internationale. La construction de l'observatoire commence en 1878. Les travaux n'ont lieu que pendant les quelques mois où le sommet dépourvu de neige est aisément accessible à pied ou à mulet, entre la fin juillet et la mi-octobre. L'observatoire est inauguré au mois d'août 1882. Si sa grande époque débute en 1935 avec le coronographe, ses travaux contemporains avec la NASA assurent sa célébrité. Ainsi, ce sont des astronomes du Pic qui ont réalisé, en 1968, la carte au un millionième de la Lune pour l'alunissage de la cabine Apollo et les clichés de Jupiter pour le guidage final de la sonde *Galileo*.

L'UNIVERS DES OBSERVATOIRES

Instruments à l'abri

Pour les protéger des intempéries, les instruments sont installés dans des coupoles. De petites ouvertures dans le dôme permettent aux télescopes et aux lunettes de pointer un objet céleste. Instruments et coupole sont motorisés pour suivre la course de l'astre, du fait de la rotation de la Terre. La coupole n'est pas chauffée pour éviter tout écart de température entre l'intérieur et l'extérieur, et donc le givre ou les effets de buée sur les optiques. En revanche, l'astronome d'aujourd'hui observe depuis son écran d'ordinateur dans une salle climatisée. Finies les longues et froides nuits d'hiver, l'œil rivé au télescope !

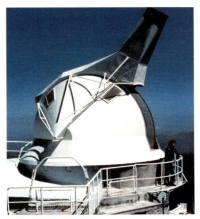

La coupole tourelle et la lunette solaire

Les instruments solaires

L'observatoire du Pic du Midi est en éveil 24 h sur 24. Le jour, deux instruments suivent l'évolution du Soleil : le coronographe et la lunette solaire. Le coronographe permet de voir l'atmosphère du Soleil grâce à un disque qui cache sa partie brillante ; il crée ainsi une éclipse artificielle, permettant d'observer la couronne solaire sans être ébloui. La lunette solaire, elle, fournit des images de la surface du Soleil, appelée photosphère avec une précision de 200 km. Sa coupole surprend par sa forme peu ordinaire : son "grand nez" protège la lunette des turbulences atmosphériques créées par les variations de température.

La nuit d'un astronome

Lorsque le Soleil se couche avec ses observateurs, les astronomes, ceux de la nuit, se mettent au travail. L'après-midi, ils ont déjà préparé la liste des astres à observer et vérifié le bon fonctionnement de leur instrument. Ils commencent par prendre des images de fond du ciel pour corriger les imperfections de leurs détecteurs, parfois aidés d'un opérateur qui pilote le télescope et la coupole. Une fois l'objet d'étude pointé, l'astronome définit comme un photographe le temps de pose. Toutes ces données sont consignées dans l'ordinateur, qui, une fois la durée d'observation écoulée, affiche l'image de l'astre étudié (ou une autre mesure spécifique à l'instrument). Ainsi, toute la nuit, l'astronome va enregistrer des données qu'il stockera ou qu'il enverra sur son propre ordinateur via un réseau de type Internet.

LE SAVAIS-TU ?

Les petits contre les grands
Il est difficile pour des sites comme le Pic du Midi de survivre financièrement face aux grands télescopes européens installés à l'étranger, tels celui d'Hawaii ou du Chili. L'observatoire a évité la fermeture grâce au développement d'une infrastructure touristique gérée par des investisseurs privés qui ouvre le site au grand public. Aujourd'hui, grâce au tourisme, les astronomes peuvent continuer à faire des recherches dans un site privilégié et bien équipé.

Mars et sa calotte polaire

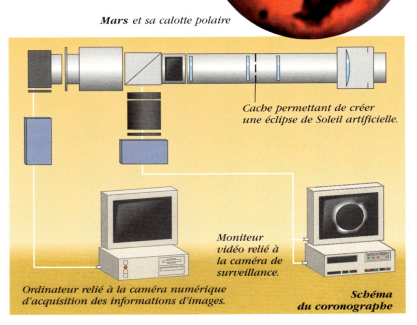

Schéma du coronographe

Le Soleil sous l'œil du télescope

Le Soleil semble une étoile sans humeur à l'œil nu. Pourtant, sous ses airs tranquilles, il dévoile au télescope une surface bouillonnante et tachetée, une atmosphère violente d'où la matière tente de s'échapper. Pour les astronomes, il est le plus proche, et donc le meilleur, laboratoire dédié aux étoiles.

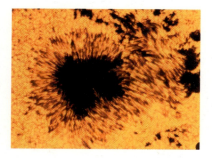

Un Soleil granuleux

La surface du Soleil, la photosphère, est facile à observer, alors que les autres étoiles apparaissent à nos télescopes comme des points sans dimension. Cette photosphère est granuleuse : ses granules ont en moyenne 1 500 km de diamètre, c'est-à-dire la largeur de la France. Elles se regroupent en super granules de 30 000 km de diamètre, soit près de trois fois la dimension de la Terre. Si on regarde longtemps cette surface, elle semble bouillonner, des granules ne cessant de naître et de mourir. Comme les remous d'une casserole d'eau bouillante nous permettent de deviner en surface les mouvements d'eau du fond de la casserole, cette activité nous renseigne sur ce qui se passe "en dessous", à savoir la zone convective du Soleil.

Des taches sombres

La surface solaire est aussi parsemée de taches sombres qui apparaissent et disparaissent après environ trois mois d'existence. Au maximum du cycle qui dure onze ans, il peut y avoir environ 150 taches, alors qu'au minimum, elles peuvent être totalement absentes. Elles apparaissent noires du fait de leur température plus "froide", 4 000 °C, par rapport à celle du reste de la photosphère, qui est de 5 800 °C. Si on pouvait isoler ces zones, elles seraient pourtant plus brillantes qu'une pleine Lune ! Ces taches coïncident avec des régions où le champ magnétique du Soleil est environ cinq cents fois plus intense qu'ailleurs dans la photosphère.

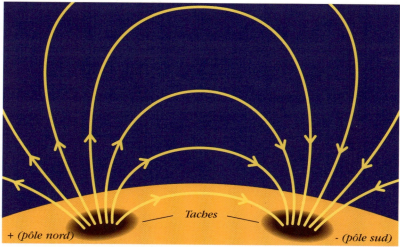

Schéma du champ magnétique solaire

L'UNIVERS DES OBSERVATOIRES

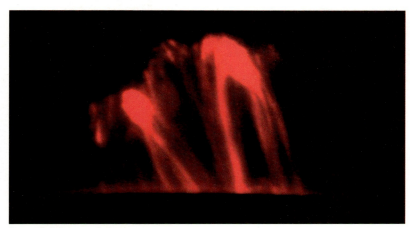

Protubérance solaire

Jets d'électrons

Ce champ magnétique, dont l'origine est aujourd'hui encore mal connue, permet à certaines particules de s'échapper du Soleil. Elles forment alors de spectaculaires boucles : les protubérances.
Ces protubérances projettent des électrons de haute énergie, lesquels suivent les lignes de champ magnétique solaire. En mouvement, ils produisent une grande quantité de rayons X (les rayons dont on se sert pour faire des radiographies), non visibles depuis le sol terrestre du fait du bouclier atmosphérique qui nous protège de ces rayonnements nocifs. Une grosse protubérance peut à elle seule multiplier par mille le rayonnement X du Soleil, alors qu'elle augmentera seulement environ de 1 % la lumière visible. Cette lumière visible issue des protubérances est détectée par nos télescopes au sol. Elle provient de particules d'hydrogène déstabilisées par le champ magnétique solaire qui sont alors dans un état dit "excité".

L'atmosphère

Comme toutes les étoiles, le Soleil est une boule de gaz. Pourtant, comme sur notre planète, on distingue une surface, la photosphère, et une atmosphère. La photosphère est la couche à partir de laquelle on ne voit plus l'intérieur trop opaque du Soleil (*voir p. 66*). La première couche de l'atmosphère solaire se nomme la chromosphère. Elle tire son nom de sa teinte à prédominance rouge, par rapport à la photosphère (le préfixe grec "chromo" signifie couleur). Elle est plutôt mince – quelques milliers de kilomètre soit 0,15 % du rayon solaire – avec une température de 10 000 °C. Elle présente des jets de gaz, les spicules, pouvant s'élever à 10 000 km et d'une durée de vie d'à peine 10 minutes. Au-dessus se trouve la couronne, caractérisée par des températures extrêmes, 1 000 000 °C. Elle est le siège de phénomènes physiques violents, ce qui en fait une source importante de rayons X. Elle n'a pas de limite précise : elle se fond dans le milieu interplanétaire en laissant échapper un flux de matière, le vent solaire.

LE SAVAIS-TU ?

Le Soleil perd du poids !
L'énergie interne du Soleil lui fait dégager de la masse sous forme d'énergie (4 millions de tonnes par seconde !). Et plus le Soleil est actif, c'est-à-dire au maximum du nombre des taches solaires, plus le vent solaire est intense. Il emporte alors encore plus de matière du Soleil. Ainsi, toute sa vie durant – à savoir 10 milliards d'années – notre étoile ne cessera de maigrir et perdra au total 0,1 % de sa masse, c'est-à-dire 330 fois la masse de la Terre !

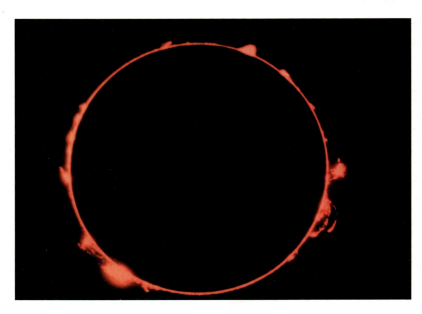

Qu'est-ce qui fait briller notre Soleil ?

Comprendre comment marche notre étoile, sans pouvoir observer ce qui se passe à l'intérieur... Le pari a été relevé par les scientifiques du début du siècle; ils ont découvert le mécanisme très efficace qui explique la quantité astronomique d'énergie émise depuis 4,5 milliards d'années par le Soleil: la fusion nucléaire.

LE SAVAIS-TU ?

Rayons dangereux
Lorsque naissent les précurseurs des photons de lumière qui partent du Soleil, ils sont très énergétiques. Ce sont des rayons γ, transportant mille fois plus d'énergie que les photons que nous recevons sur Terre. Heureusement qu'ils sont remplacés, au cours de leur voyage dans le Soleil, par des photons de moins en moins "brûlants" !

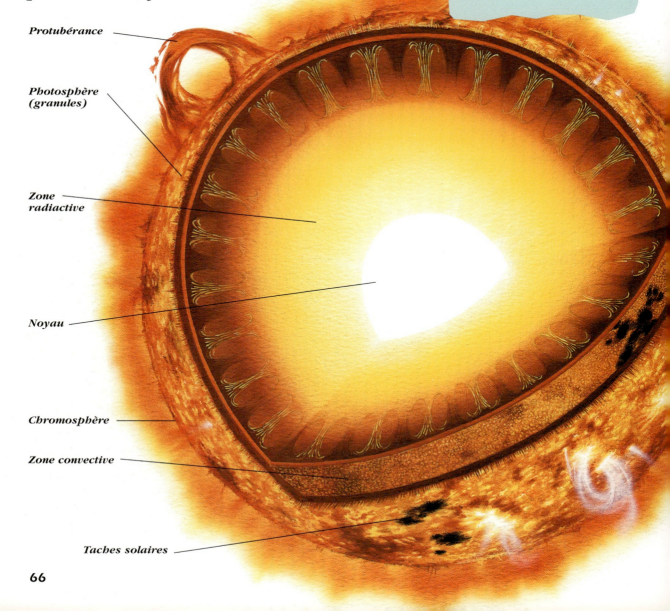

- Protubérance
- Photosphère (granules)
- Zone radiactive
- Noyau
- Chromosphère
- Zone convective
- Taches solaires

L'étoile, une usine d'atomes

Basé sur la découverte d'Albert Einstein (1879-1955), qui explique que toute masse est équivalente à une prodigieuse quantité d'énergie, le concept d'énergie nucléaire met en jeu les noyaux des atomes, particules élémentaires de la matière. Il existe deux manières d'obtenir de l'énergie nucléaire : casser un noyau pour en former plusieurs petits, c'est la "**réaction de fission**" de nos centrales terrestres, ou faire fusionner deux noyaux pour en obtenir un plus gros, c'est la "**réaction de fusion**". Si la masse finale est plus faible que la masse de départ, la différence a été transformée en énergie.
Dans le Soleil, l'énergie produite est créée par une réaction de fusion : 4 noyaux d'hydrogène fusionnent pour former 1 noyau d'hélium. Selon la masse et l'étape d'évolution de la vie des étoiles, d'autres réactions de fusion peuvent intervenir par la suite, créant des noyaux d'atomes de plus en plus gros : c'est la nucléosynthèse.

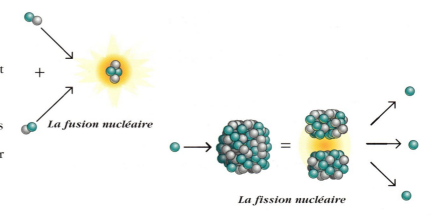

La fusion nucléaire

La fission nucléaire

La théorie explique la structure du Soleil

Les étoiles sont des machines simples caractérisées par quatre paramètres : la température, la pression, la densité et le taux de production d'énergie. Comme il n'est pas possible de les mesurer au sein de l'étoile, les scientifiques ont établi des théories sur la structure stellaire à partir de mesures extérieures et de paramètres globaux (par exemple, le volume et la masse), calculés grâce à des données observées. Ainsi, nous savons que le Soleil n'est pas une boule uniforme : sa densité au centre est égale à 160 fois celle de l'eau tandis qu'en périphérie elle est inférieure à celle de l'atmosphère terrestre. La température passe de 14 000 000 °C au centre à 5 800 °C à la surface.
Quant à la production d'énergie, elle est concentrée dans le noyau, qui occupe seulement 1,6 % du volume total ; la densité y est si grande que ce petit noyau contient 40 % de la masse totale du Soleil.

La soupape de sécurité

Le Soleil, comme les autres étoiles, est une immense marmite chauffée de l'intérieur dont la gravitation joue le rôle de couvercle. Si la production d'énergie dans le noyau ralentit, ce dernier se contracte sous l'effet de son propre poids ; la température et la densité augmentent alors, favorisant de nouvelles réactions nucléaires productrices d'énergie. Inversement, si "le réacteur" s'emballe, le surplus d'énergie fait gonfler le noyau, ce qui entraîne une baisse de la température et de la densité, freinant les réactions nucléaires. Ainsi s'équilibrent harmonieusement la pression des gaz solaires causée par la production d'énergie, et la gravitation.

LE VOYAGE D'UN PHOTON

L'énergie produite dans le noyau des étoiles agite la matière, qui crée alors de la lumière. Cette lumière est véhiculée par des particules appelées photons. Ces photons, transporteurs d'énergie, voyagent de la région la plus chaude vers la plus froide. Ainsi, il leur faut un million d'années pour traverser la zone radiative du Soleil, caractérisée par leurs collisions incessantes avec la matière, et deux mois de plus pour que leur énergie, emportée par les tourbillons

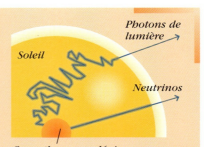

de matière de la zone convective, atteigne la surface du Soleil. Elle est ensuite émise sous la forme d'un photon de lumière visible qui voyage pendant huit minutes avant d'atteindre la Terre.

En route pour Hawaii !

Hawaii : ses plages, son soleil, ses surfeurs et... ses astronomes, leurs observatoires, leurs télescopes ! Une brochure touristique pourrait ainsi vanter les mérites de ces îles, car elles offrent des conditions exceptionnelles d'observation aux astronomes : avec près de trois cents nuits par an sans nuage, il était en effet tentant d'y installer des observatoires professionnels. Suivez le guide pour la visite de l'un d'eux : le télescope franco-canadien d'Hawaii, autrement dit le CFHT.

La visite débute à l'aéroport de Kailua-Kona, sur la grande île d'Hawaii. En 90 minutes environ, on rejoint par la route le sommet du Mauna Kea, un volcan de 4 204 m d'altitude sur lequel est installé le fameux observatoire... Gare au mal des montagnes ! Et attention au rhume : il ne fait pas chaud là-haut. L'hiver, le thermomètre ne monte pas au-dessus de 3 °C ; et l'été, il fait rarement plus de 10 °C !

Malgré ces conditions, nombreux sont les astronomes qui espèrent faire partie des privilégiés.
En effet, ce site est d'une qualité exceptionnelle : il y pleut très peu et la pollution lumineuse due à la lumière des villes est quasi inexistante... Les nuits sont donc très sombres et favorables à l'observation astronomique. Toutefois, seuls des professionnels aguerris, dont le projet scientifique est suffisamment cohérent, ont l'autorisation d'accéder au précieux télescope de 3,60 m de diamètre.

Pendant la journée, l'instrument, caché sous sa coupole, est livré aux opérations de maintenance.
La nuit, la coupole s'ouvre et le télescope entre alors véritablement en fonction.

L'UNIVERS DES OBSERVATOIRES

Les astronomes ont entré dans "l'ordinateur pilote" les noms et les coordonnées stellaires des objets qu'ils souhaitent observer et, automatiquement, les uns après les autres, le télescope les pointe, les photographie dans différentes longueurs d'onde du visible ou de l'infrarouge.

Nébuleuse IC 1396

Nébuleuse planétaire Hélix (NGC 7293)

Grâce à ce site, de nouvelles planètes en révolution autour d'étoiles autres que le Soleil ont été repérées ; soir après soir, on surveille aussi les galaxies pour mieux comprendre leur fuite, et retracer ainsi l'histoire de l'Univers ; on peut enfin obtenir des clichés de ce ciel si lointain, de ces corps célestes inabordables que sont galaxies et nébuleuses. Le CFHT dispose aussi d'un spectrographe. De la même manière que le prisme de Newton permet de décomposer la lumière solaire, ce dispositif analyse le rayonnement provenant d'un astre. Les astrophysiciens obtiennent ainsi ce que l'on appelle un spectre, duquel ils déduiront notamment la nature, la composition chimique ou le stade d'évolution de l'objet étudié…

Lire la lumière des étoiles

De quelque façon qu'on les regarde, les étoiles ne sont que des points lumineux, mais cette lumière contient de nombreuses d'informations. Grâce à la patience d'astronomes obstinés qui ont peu à peu déchiffré ces données, on sait aujourd'hui non seulement ce que nous montre une étoile, mais aussi ce qu'elle cache dans son cœur et ce qui va lui arriver dans les quelques milliards d'années à venir.

Comme celle de notre Soleil, la lumière des étoiles est constituée de diverses couleurs, dont l'analyse, appelée savamment spectroscopie, nous dévoile nombre de détails sur les corps célestes. C'est donc à un jeu de détective de la lumière que se livrent les astrophysiciens.

Le spectre continu

Observer un corps céleste à l'aide d'un spectrographe nous donne la décomposition de son rayonnement. Si les couleurs correspondant aux diverses longueurs d'ondes se succèdent sans interruption comme les couleurs de notre arc-en-ciel, on dit que le spectre est continu. Cette propriété est caractéristique de la température de la matière. Les corps les moins chauds émettent de l'infrarouge ; les plus chauds, de la lumière visible voire des rayonnements plus énergiques, comme les rayonnements gamma.

La couleur des étoiles

En regardant le ciel, on repère des étoiles de différentes couleurs. L'analyse spectrale nous confirme la couleur dominante du rayonnement, laquelle indique la température de surface de l'astre. Plus une étoile est bleue, plus elle est chaude. Or, plus elle est chaude, plus elle est massive. Les étoiles plus rouges sont plus froides, donc plus légères. Et les jaunes, comme notre Soleil ? La couleur jaune occupe le centre du spectre de la lumière visible. La température correspondante est entre les deux extrêmes… et les étoiles jaunes ont une masse intermédiaire.

Toutes sortes de spectres

Depuis la découverte par Fraunhofer de raies sombres dans le spectre des étoiles, raies qui furent attribuées à la présence de corps chimiques précis par Kirchhoff et Bunsen,

Spectre d'une étoile rouge

Spectre d'une étoile jaune, par exemple notre Soleil

Spectre d'une étoile bleue

Étoile rouge
environ 2 800 °C

Étoile jaune
environ 5 500 °C

Étoile bleue
environ 20 000 °C

L ' U N I V E R S   D E S   O B S E R V A T O I R E S

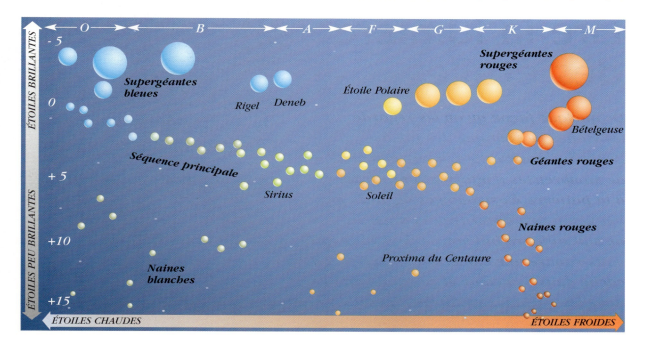

la spectroscopie stellaire est devenue l'outil d'exploration du cosmos le plus performant. Les raies sombres renseignent sur la composition chimique de l'atmosphère, les raies brillantes sur celle de la chromosphère. L'aspect des raies nous informe sur le mouvement de l'étoile : si les raies sont larges, l'étoile est en rotation sur elle-même, et cette rotation est d'autant plus rapide qu'elles sont larges. D'infimes oscillations des raies au cours du temps indiquent que l'étoile est couplée à un autre objet céleste, et que les deux objets tournent l'un autour de l'autre.

Type spectral et stade d'évolution : le diagramme Hertzsprung-Russel (H-R)

Le travail acharné réalisé à Harvard aux États-Unis au début du XXᵉ siècle aboutit à la classification des spectres de 225 300 étoiles, suivant le type spectral défini par la suite des lettres OBAFGKM. Chaque lettre correspond à la couleur dominante de l'étoile, du bleu pour les étoiles "O" au rouge sombre pour les étoiles "M".
Lorsqu'on trace un diagramme dans lequel on porte en abscisse le type spectral d'une étoile repéré dans la séquence de OBAFGKM, et en ordonnée sa magnitude propre (rapportée à la distance), on s'aperçoit que l'ensemble des étoiles se regroupe selon des familles qui occupent certaines zones du diagramme. Au cours de son évolution, une étoile occupe successivement différentes zones du diagramme.
Ce diagramme – qui porte le nom de ses inventeurs : Ejnar Hertzsprung et Henry Norris Russel – est universellement utilisé pour définir la catégorie à laquelle se rattache une étoile.

Expansion de l'Univers : la preuve par la spectroscopie

Si elle nous permet d'en savoir plus sur les astres qui nous entourent, la spectroscopie nous permet aussi de mesurer des distances et, par exemple, de prouver que l'Univers est en expansion depuis sa naissance, il y a environ 15 milliards d'années. En effet, en étudiant les spectres de galaxies, on s'aperçoit qu'ils présentent une curieuse anomalie : les raies spectrales des différents éléments chimiques sont décalées vers le rouge (phénomène appelé *redshift*).

Plus le spectre d'un objet est décalé vers le rouge, plus cet objet s'éloigne de nous ; à l'inverse, quand le spectre est décalé vers le bleu, c'est que l'objet se rapproche de nous. De ces deux constats, on a déduit que les galaxies se fuient les unes les autres, et que l'Univers est bien en expansion.

La saga des étoiles

Dans leurs observatoires, les astronomes en voient de toutes les couleurs. Observer un astre et analyser son rayonnement leur permet de reconstituer son histoire. Quels différents stades d'évolution a-t-il déjà parcouru ? Quelles étapes lui reste-t-il à franchir ? Laissons-nous entraîner par des étoiles de tout âge dans un plongeon au cœur de la voûte céleste…

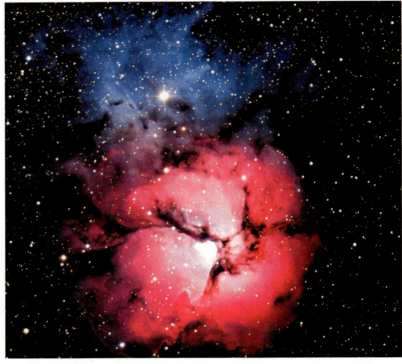

Nébuleuse Trifide (M 20)

Amas des Pléiades (M 45) photographié par un télescope, mais le spectacle est déjà fascinant avec des jumelles.

Au commencement était la nébuleuse…
L'épopée commence au sein d'une nébuleuse, gigantesque nuage de poussière et de gaz (hydrogène et hélium), comme on peut en observer dans les constellations du Sagittaire ou d'Orion. Les nébuleuses sont en effet des pouponnières d'étoiles : sous l'effet de la gravitation, ces régions s'effondrent sur elles-mêmes. La température augmente alors de telle façon que les noyaux d'hydrogène fusionnent pour donner naissance à des noyaux d'hélium : les réactions thermonucléaires démarrent, des étoiles naissent, le plus souvent, en amas. Leur destin est entièrement déterminé par leur taille à la naissance.
Si le groupe dont le Soleil est issu est relativement modeste, certains amas sont beaucoup plus riches : l'amas des Pléiades compte ainsi plusieurs centaines d'étoiles.

L'UNIVERS DES OBSERVATOIRES

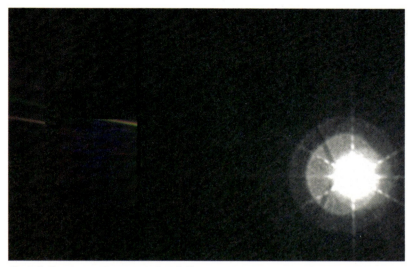

Le Soleil pris par Voyager 1, *le 14 février 1990*

La vie d'une étoile ordinaire : un marathon de 10 milliards d'années

Pour une étoile de la taille du Soleil, la vie est longue et sans histoire. Peu de temps après sa naissance, elle commence à produire de l'énergie par "combustion" de son hydrogène qui se transforme en hélium (*voir p. 66/67*). L'hélium s'accumule au cœur de l'étoile comme les cendres d'un feu de cheminée, ce qui va provoquer une contraction du noyau et une augmentation progressive de la production d'énergie. Cette phase de vie active, nommée séquence principale, va se prolonger pendant 10 milliards d'années au cours desquelles l'étoile va gonfler légèrement et devenir de plus en plus brillante.

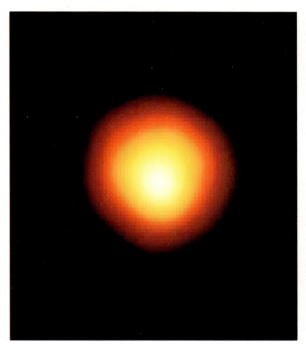

Bételgeuse : son diamètre est tel qu'il recouvrirait non seulement notre Soleil, mais aussi l'orbite de Mercure, Vénus, la Terre, Mars et même celle de Jupiter.

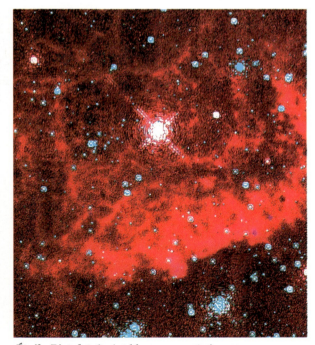

Étoile Pistolet (point blanc, au centre), une Supergéante rouge, photographiée en infrarouge par le télescope Hubble

Une retraite très active

Puis, tout s'accélère ! La majeure partie de l'hydrogène est consommée… Privé de carburant, le noyau de l'étoile se contracte. La température s'élève, l'hydrogène restant fusionne encore plus rapidement en hélium. Celui-ci s'accumule dans le noyau. Les couches externes de l'étoile se gonflent, la surface devient plus brillante et moins chaude. L'étoile est devenue une géante rouge. Certaines géantes rouges se détachent sur la voûte céleste : Bételgeuse ou Aldébaran. Au cœur de l'étoile, les noyaux d'hélium fusionnent très rapidement en noyaux de carbone. Ce dernier s'accumule au centre du noyau, qui se contracte encore. La température augmente toujours ; l'énergie produite est considérable : la Supergéante rouge brille alors 10 000 fois plus que notre Soleil actuel.

Decrescendo ou le Chant du cygne

Quand tout ce qui pouvait brûler est épuisé, les réactions nucléaires ne sont plus enclenchées. Les couches extérieures sont alors si éloignées du centre que la simple poussée de la lumière suffit à les expulser. L'étoile devient une nébuleuse planétaire, la couronne rouge s'étale et disparaît, son cœur poursuit sa contraction et il reste au centre une étoile naine et peu brillante, une naine blanche, qui va se refroidir lentement.

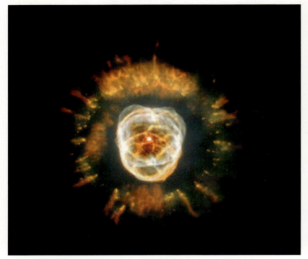

Nébuleuse planétaire Esquimau (NGC 2932), *photographiée par Hubble le 11 janvier 2000.*

Nébuleuse planétaire de la Lyre (M 57), *photo CFHT*

Les grosses étoiles : une course de vitesse

Lorsqu'une étoile naît avec une masse au moins triple de celle du Soleil, son destin devient très différent de celui des étoiles paisibles : sa vie n'excédera pas quelques dizaines de millions d'années et sera mouvementée. Elle commence comme une étoile ordinaire, mais brûle son hydrogène beaucoup plus rapidement. Au fur et à mesure de la combustion de ses réserves, elle chauffe de plus en plus, brûlant sa matière beaucoup plus efficacement que les étoiles moins massives. En fin de parcours, c'est une géante rouge qui évolue vers une Supergéante, tandis que la matière du cœur, qui ne peut plus engendrer d'énergie car elle a tout brûlé, s'effondre sur elle-même. L'onde de choc qui en résulte envoie autour de l'étoile une partie importante de la matière contenue dans sa périphérie, dans un gigantesque feu d'artifice qu'on appelle une Supernova.

Supernova SN 1987A dans le Grand Nuage de Magellan (photo Hubble)

Nébuleuse du Crabe (M 1), photographiée au VLT, un des plus grands télescopes avec ses 9 m de diamètre

Nébuleuse du Cygne par Hubble

De la Supernova au trou noir

Pendant quelques jours cette Supernova brille autant que tout le reste de la galaxie, puis elle finit par s'éteindre en ne laissant qu'un vaste nuage de matière qui s'étale dans l'espace. Au centre du nuage, se forme une étoile à neutrons, objet singulier et minuscule de matière extraordinairement comprimée, ou même un trou noir. Ces événements sont malheureusement assez rares, et aucune Supernova proche n'a été visible depuis le XVIe siècle. En revanche, les astronomes qui observent de lointaines galaxies en voient en permanence.

LE SAVAIS-TU ?

Crabe chinois ?
Ce qu'on appelle la Nébuleuse du Crabe est en fait le reste d'une Supernova dont l'explosion a été vue sur Terre en 1054 et mentionnée par des auteurs chinois. Il est étonnant qu'aucun texte chrétien ne la mentionne car elle fut certainement plus brillante que n'importe quel autre astre et probablement visible même en plein jour et ce pendant des semaines.

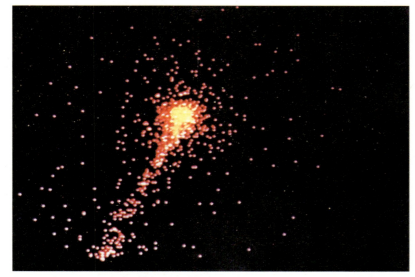
Image d'un trou noir dans la constellation du Cygne prise en 1980 par l'Observatoire Spatial Haute Énergie Einstein (HEAO)

Le silence éternel des espaces infinis

Lorsque le mathématicien Blaise Pascal exprimait ainsi son angoisse devant l'infinité du ciel, il n'imaginait certainement pas tout ce dont cet infini était rempli et combien ce qu'il appelait silence cachait de mouvement et de violence. Au cours du XXᵉ siècle, les limites de l'espace n'ont cessé de reculer grâce à des observations de plus en plus performantes, et de se remplir d'objets de plus en plus lointains et exotiques. Que nous réserve le siècle qui commence ?

La Voie Lactée

Jusque vers les années 1920, l'Univers concevable ne s'étendait guère au-delà de la Voie Lactée, et encore celle-ci était-elle bien mal connue. En effet, cette belle traînée de lumière qui s'étend à travers tout le ciel ne représente qu'une fraction de notre Galaxie, car une grande partie nous est cachée par des nuages de poussière opaques à la lumière visible. Ce n'est que depuis qu'on sait faire des observations dans d'autres longueurs d'onde (radio, infrarouge et rayons X), qu'on en sait davantage sur le centre de la Galaxie, ainsi que sur l'ensemble de sa structure. L'idée qu'on s'en fait actuellement est celle d'une assemblée de 200 milliards d'étoiles. On distingue une population d'étoiles âgées (population II) qui se situe surtout entre le bulbe central et les amas globulaires formés de millions d'étoiles et répartis dans un halo englobant la Galaxie. Ces étoiles, âgées de 10 à 15 milliards d'années, sont les plus vieilles de la Galaxie et leur composition est différente de celle du Soleil. Ce que nous voyons et appelons la Voie Lactée est un vaste disque dont le diamètre est d'environ 100 000 années-lumière et

Vue plongeante de la Voie Lactée

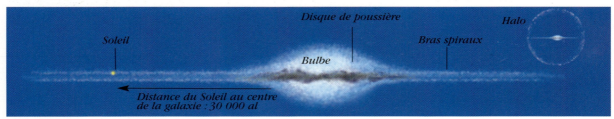

Vue de profil

l'épaisseur à peu près 100 fois plus faible (700 années-lumière au niveau du Soleil). Ce disque n'est pas uniformément rempli de matière. Celle-ci est surtout concentrée dans les bras, spiraux, où l'on trouve des nuages de matière diffuse (gaz et poussières), là se forment de nombreuses étoiles jeunes et très brillantes (appelées étoiles de population I). Âgé de 4,5 milliards d'années, le Soleil, qui se trouve dans un de ces bras, appartient à cette population d'étoiles jeunes. L'ensemble du disque est animé d'un mouvement de rotation autour du centre ; le Soleil accomplit ainsi un tour complet en 250 millions d'années.
Au cœur du bulbe, situé pour nous dans la direction du Sagittaire, se trouve le centre de la Galaxie, dont nous sommes éloignés de 27 000 années-lumière. Il est complètement caché par des poussières, mais l'observation de son rayonnement radio et infrarouge l'a révélé très actif ; il pourrait contenir un trou noir massif.

Toutes sortes de galaxies

Parmi les "objets diffus" que l'on voit à l'œil nu figurent trois galaxies, la galaxie d'Andromède M31 et les deux Nuages de Magellan, le Petit et le Grand. En 1923, l'astronome américain Edwin Hubble fut en mesure d'estimer correctement leur distance et de la comparer aux dimensions de notre Galaxie. On a pu alors affirmer qu'il s'agissait d'objets extérieurs à la Voie Lactée. À partir de là, toutes les "nébuleuses" dont le recensement avait commencé dès le XVIIIe siècle avec le catalogue de l'astronome français Charles Messier furent reconsidérées : certaines, nombreuses, se révélèrent des galaxies aux formes variées, dont on entreprit d'estimer les distances. En menant ce recensement, Hubble proposa une classification purement morphologique des galaxies en quatre grandes catégories :
- les **spirales**, dont la Voie Lactée et Andromède sont de bons exemples, mais dont la structure devient bien plus apparente sur d'autres galaxies qui, vues de face, montrent clairement leur bulbe rougeâtre plein de vielles étoiles et leurs bras où brillent vivement des étoiles bleues toutes jeunes qui illuminent des nuages de gaz. Ce groupe contient environ 60 % des galaxies recensées et se divise en plusieurs sous-groupes.

Galaxie d'Andromède

NGC 1300

- les **elliptiques** (15 %), qui ont une forme d'ellipsoïde plus ou moins allongé ne contiennent pas d'étoiles jeunes ni de gaz, seulement des étoiles rouges en fin d'évolution.

Galaxie du Sombrero

- les **lenticulaires** (20 %) ressemblent un peu à des spirales, avec un bulbe et un disque, mais sont dépourvues de bras.

Petit et Grand *nuages de Magellan*

- les **irrégulières** (3 %), dont les Nuages de Magellan sont des exemples, n'ont pas de formes précises, et contiennent essentiellement du gaz et des étoiles jeunes. Dans les années 1960, on a découvert, grâce à la mise en service de grands radiotélescopes, de nombreuses sources radio hors de notre galaxie, qu'on appela des radio-galaxies, et dont l'observation fait appel à une technique nouvelle, la radioastronomie.

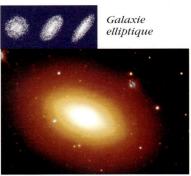

NGC 4697

Écouter le ciel

Tels des émetteurs radiophoniques ou de télévision, certains astres émettent des ondes radio qui traversent sans difficulté notre atmosphère. Des antennes en forme d'immenses soucoupes les captent depuis la Terre, nous dévoilant après décryptage l'identité de ces sources parfois lointaines.

Plus près du niveau de la mer que le Pic du Midi, moins exotique qu'Hawaii, pour poursuivre notre tour des observatoires, rendez-vous est donné à Nançay. Sur la carte, c'est un petit bourg au centre de la France. Sur place, ce village abrite un radiotélescope, gigantesque mur de grillage incurvé. Celui-ci permet d'écouter le rayonnement de l'Univers qu'on ne peut pas voir. Les radiotélescopes le collectent et donnent ainsi une image des astres qui les émettent.

Des objets redoutables, mais si anciens, si loin…

Dans les années 1960, la mise en service de grands radiotélescopes fit apparaître un grand nombre de sources radio-extragalactiques, qu'on appela des radiogalaxies. Parmi celles-ci, on en découvrit des extrêmement intenses que l'on put associer à des objets visibles, mais qui ressemblaient plus à de simples étoiles qu'à des galaxies, d'où leur nom de *quasar*, acronyme de *Quasi Stellar Radiosource*, c'est-à-dire "radiosource ressemblant à une étoile". Les astrophysiciens

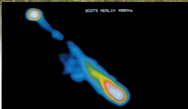

Quasar 3C273 *en radio*

furent extrêmement perplexes lorsqu'ils découvrirent que le décalage vers le rouge du spectre de ces quasars en faisait des objets situés à des distances immenses, supérieures à 10 milliards d'années-lumière. Comment des objets aussi lointains pouvaient-ils émettre avec une telle puissance ? Après quelques années d'âpres débats, ils se convainquirent qu'il s'agissait de galaxies très jeunes, au centre desquelles devait se trouver un trou noir supermassif qui aspirait la matière environnante de façon gloutonne. Cette matière traduisait la formidable accélération qui l'entraînait par une forte émission dans tout le spectre électromagnétique, en particulier dans le domaine radio.

Radiotélescope *de Nançay*

L'UNIVERS DES OBSERVATOIRES

LE SAVAIS-TU ?

Allô, j'écoute…
Les radiotélescopes ne sont pas seulement à l'écoute des galaxies. La radioastronomie étudie aussi la présence d'extraterrestres, comme le programme SETI qui recherche des signaux radio artificiels émis par une civilisation lointaine…
un programme ambitieux, sans réel résultat pour l'instant. Par ailleurs, un message radio a été envoyé par le radiotélescope d'Arecibo dans la direction de M13, un amas situé dans la constellation d'Hercule… On attend toujours la réponse, qui ne viendra – si elle vient un jour – que dans quelques milliers d'années vu son éloignement.

Les étoiles de type T Tauri
Ce sont de jeunes étoiles encore enfouies dans la nébuleuse où elles sont nées, et difficilement observables. Seules les mesures directes de leur rayonnement radio dévoilent leur structure.

Le Pulsar du Crabe
Un pulsar est un phare céleste : il clignote plusieurs fois par seconde, d'où son nom d'étoile à pulsations, de l'anglais *pulsating*. C'est en réalité une étoile à neutrons – cadavre d'une étoile très massive – qui tourne très vite sur elle-même et qui rayonne seulement en deux faisceaux radio, comme un phare.
Ce phénomène provient de son champ magnétique intense.

L'hydrogène, traceur de galaxie

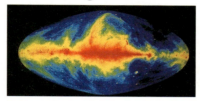

Voie Lactée en radio

L'hydrogène est l'élément chimique le plus abondant de l'Univers. Il est notamment présent dans le milieu interstellaire des galaxies. À l'état stable, c'est-à-dire non excité par les étoiles chaudes, il émet un rayonnement radio caractéristique. Le détecter revient à tracer la structure des galaxies et à révéler leurs vitesses de rotation. Ainsi, il est possible de voir la forme spiralée de notre propre galaxie qui est composée de cinq bras principaux.

La radiogalaxie Centaurus A
La galaxie Centaurus A est de type elliptique. Elle est traversée par une bande de poussière qui absorbe la lumière visible, d'où son aspect noir. En lumière radio, apparaissent depuis le centre de la galaxie, deux lobes perpendiculaires à cette bande sombre : ce sont deux jets de matière qui proviendraient d'un trou noir supermassif situé au centre de la galaxie.

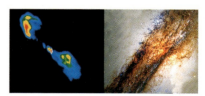

Galaxie Centaurus A (NGC 5198), en radio et en visible

LE BIG BANG REDÉCOUVERT PAR TÉLÉPHONE

En 1964, les deux radio-astronomes américains Arno A. Penzias et Robert W. Wilson décident d'utiliser une gigantesque antenne de télécommunication par satellite pour étudier les ondes radio provenant de l'Univers lointain (au-delà de la Voie Lactée). À leur grande surprise, ils détectent un "bruit" millimétrique semblant provenir de toutes les directions de l'Univers. Après avoir nettoyé l'antenne des crottes de pigeons et du nid que les volatiles avaient construit, le bruit persistait. Il correspondait à l'émission d'ondes radio par une matière dont la température avoisine les – 270 °C ! Après de nouvelles recherches et des calculs importants, la communauté des astrophysiciens se rendit compte que Penzias et Wilson avaient capté des ondes provenant du fond de l'Univers et qui témoignaient de l'existence d'un Big Bang…

Radiotélescope d'Arecibo (Puerto Rico)

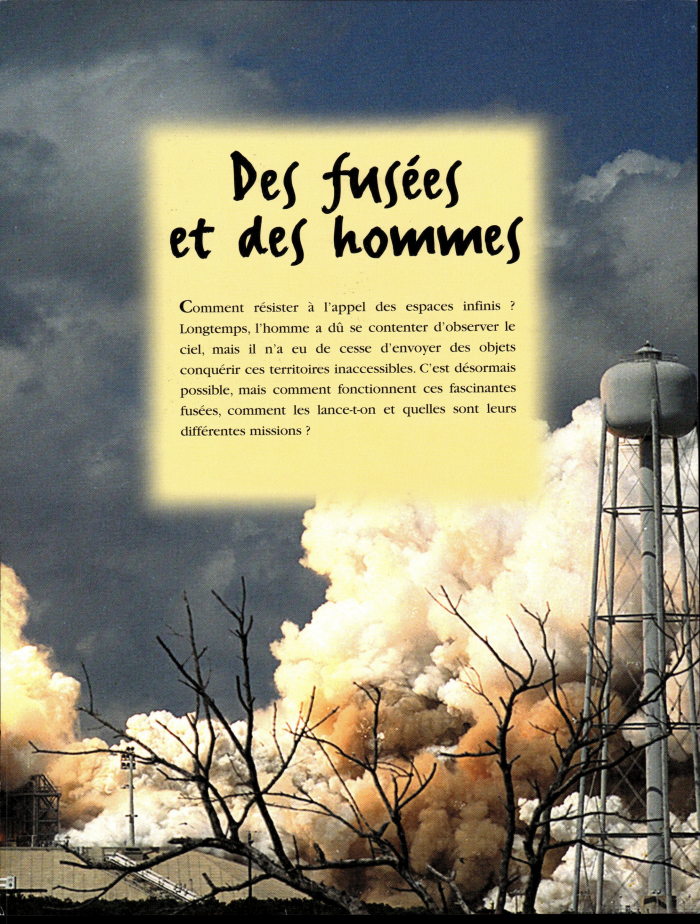

Des fusées et des hommes

Comment résister à l'appel des espaces infinis ? Longtemps, l'homme a dû se contenter d'observer le ciel, mais il n'a eu de cesse d'envoyer des objets conquérir ces territoires inaccessibles. C'est désormais possible, mais comment fonctionnent ces fascinantes fusées, comment les lance-t-on et quelles sont leurs différentes missions ?

Tout a commencé un soir de fête en Chine...

Les premières fusées sont apparues à une époque où la conquête spatiale était loin d'être même un projet! D'ailleurs, si les lanceurs modernes sont le fruit de plusieurs siècles de découvertes et d'expérimentations, le point de départ de cette aventure semble presque lié au hasard...

Ce sont les Chinois qui ont construit et lancé les premières fusées, certainement vers l'an 1000. Ils savaient déjà fabriquer une poudre explosive à base de salpêtre, de soufre et de poussière de charbon. Ils en remplissaient de petites tiges de bambou pour confectionner des pétards à l'occasion de cérémonies religieuses. Certains n'explosaient pas, mais s'échappaient dans toutes les directions. Les Chinois comprirent alors que ces tubes se propulsaient tout seuls grâce aux gaz émis par la poudre enflammée. La fusée venait de naître!

Des flèches de feu effrayantes

En 1232, la guerre faisait rage entre la Chine et la Mongolie. Au cours de la bataille de Kai-Keng, les Chinois repoussèrent les envahisseurs mongols grâce à un barrage de flèches de feu volantes. Ces projectiles étaient de véritables fusées à carburant solide. Un tube, bouché à une seule extrémité, était garni de poudre, puis fixé sur une longue tige munie d'ailettes. Lorsque la poudre s'enflammait, sa combustion produisait des flammes, de la fumée et du gaz qui s'échappaient par l'extrémité laissée libre et fournissaient une poussée. La tige servait de système de guidage, maintenant la fusée dans une seule direction pendant le vol.

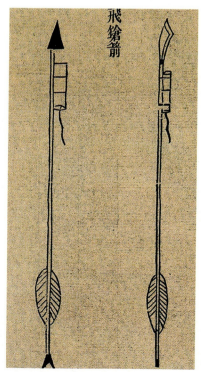

Flèches chinoises *équipées d'une fusée*

DES FUSÉES ET DES HOMMES

Les flèches de feu ne détruisirent pas grand-chose, mais elles suffirent à faire fuir les Mongols. À la suite de cette bataille, ces derniers fabriquèrent leurs propres fusées et les exportèrent en Europe.

Destruction ou divertissement ?

Au XIIIe siècle, un moine anglais, Roger Bacon, améliora la qualité de la poudre, augmentant ainsi considérablement la portée des fusées. En France, Jean Froissart réalisa des tirs plus précis en lançant des fusées à partir d'un gros cylindre : c'est l'ancêtre du bazooka. Au XVe siècle, Joanes de Fontana conçut en Italie une torpille de surface pour anéantir les bateaux ennemis. Au XVIe siècle, l'Allemand Johann Schmidlap inventa la première fusée à étages pour envoyer des feux d'artifice encore plus haut : une grosse fusée (premier étage) emportait une fusée plus petite (deuxième étage) qui lâchait une troisième fusée… Ce principe est aujourd'hui utilisé pour lancer des satellites.

Perfectionnements

Dès 1750, des ingénieurs allemands et russes réussirent à construire des fusées de plus de 45 kg. Elles étaient si puissantes que leurs flammes creusaient de profonds cratères dans le sol au décollage. En 1804, le colonel anglais William Congreve mit au point des fusées pour l'armée britannique. D'une portée de plus de 2 500 m, elles furent utilisées lors des guerres contre l'armée napoléonienne. Cependant, malgré tous les travaux menés, la précision des fusées ne s'était guère améliorée. Durant les combats, leur effet dévastateur dépendait davantage de leur nombre que de leur puissance. En 1844, une idée germa en Angleterre : stabiliser la fusée à sa base par de petites vannes orientables dans lesquelles passerait une partie des gaz d'échappement. La fusée moderne s'annonçait…

Fusée de Congreve *pendant la guerre anglo-américaine de 1812*

Attaque d'un château fort *à l'aide de fusées (XVIe siècle)*

LE SAVAIS-TU ?

Wan Hu, premier "taïkonaute" ?
En 1500, un Chinois nommé Wan Hu fabriqua un fauteuil propulsé par des fusées. Il fixa deux cerfs-volants au-dessus du siège et cinquante flèches de feu à l'arrière. Après l'allumage des fusées à poudre, un formidable grondement retentit. Lorsque l'épais nuage de fumée se fut dissipé, Wan Hu et son fauteuil avaient disparu, n'ayant pas résisté au choc. Les flèches de feu ne s'étaient pas envolées : elles avaient explosé !

Une réaction étonnante

S'arracher du sol dans un gigantesque nuage de gaz et de vapeur, traverser l'atmosphère en un temps record pour atteindre l'espace et continuer encore à accélérer… Aller de plus en plus vite et haut : ainsi pourrait se résumer la vie d'une fusée. Mais comment peut-elle se déplacer sans cesser d'accélérer et cela, même dans le vide de l'espace ?

Action et réaction

Lors de nos déplacements, nous avons pour habitude de bénéficier d'un support : le sol pour marcher, l'eau pour nager et l'air pour voler. Une fusée doit pouvoir créer sa propre force motrice aussi bien dans l'atmosphère que dans le vide spatial. En fait, le fonctionnement de ses moteurs utilise un phénomène physique décrit par l'Anglais Isaac Newton à la fin du XVIIe siècle : le principe de l'action et de la réaction. Cette théorie veut qu'à toute action (ou force) corresponde une réaction égale et de sens opposé. Ainsi, un canon qui tire un boulet (action) recule en même temps (réaction). Bien avant que le grand physicien ne décrive ce principe, les Chinois le mettaient déjà en pratique : depuis plusieurs siècles, ils employaient des fusées à poudre et s'en servaient pour faire des feux d'artifice ou, moins pacifiquement, pour effrayer leurs ennemis (*voir p. 82-83*).

DES FUSÉES ET DES HOMMES

La barque à réaction

Au début du XXe siècle, un des pères de l'astronautique moderne, le Russe Konstantine Tsiolkovski, démontra simplement comment se propulser par réaction. Il se rendit, en compagnie de son jeune domestique, au milieu d'un étang à bord d'une barque. Il pria son compagnon, très surpris, de se séparer de ses rames. Aux spectateurs qui s'étaient rassemblés, il demanda comment regagner la berge sans se mouiller. L'assemblée resta muette. Il prit alors des pierres au fond de sa barque et les lança vers l'arrière aussi fort qu'il le put. Chaque pierre lancée (action) repoussait en retour la main (réaction), puis le corps, puis l'embarcation de Tsiolkovski qui regagna ainsi la berge. La "barque à réaction" était née !

Un appui pour les fusées

Lorsque l'air est expulsé par l'orifice d'un ballon de baudruche gonflé, ce dernier est poussé par réaction dans la direction opposée. En effet,

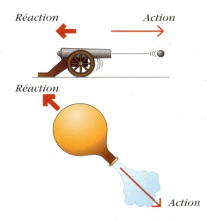

les gaz ont une masse, tels les boulets de canon, et ils peuvent être utilisés comme appui pour permettre le déplacement d'un objet par réaction. De la même façon que le ballon, la fusée éjecte violemment des gaz vers l'arrière et se propulse par réaction vers l'avant, sans point d'appui extérieur : au déplacement de la masse de gaz vers l'arrière correspond un déplacement de la fusée vers l'avant. Celui-ci sera d'autant plus important que la quantité des gaz éjectés et leur vitesse d'éjection seront élevées.

Il en a été de même pour Tsiolkovski et son embarcation : plus ses pierres étaient lourdes et plus il les projetait fortement, plus le mouvement de sa barque était important.

K. Tsiolkovski (1857-1935)

PROPULSE-TOI PAR RÉACTION

Il te faut :
- des rollers ou une planche à roulettes,
- une surface plane et parfaitement lisse,
- un médecine-ball de 5 kg ou tout objet ayant une masse équivalente,
- un bon sens de l'équilibre !

Immobile sur tes rollers ou ta planche, projette vivement le médecine-ball devant toi : tu constateras un léger déplacement vers l'arrière. Plus tu lanceras fortement le médecine-ball, plus la distance parcourue sera grande.

QUELLE MASSE !

À cause de la transparence de l'air que nous respirons et de la relative facilité de nos déplacements à travers lui, il nous est difficile d'imaginer qu'un gaz peut avoir une masse considérable. Ainsi, la prochaine fois que tu entreras dans un gymnase, dis-toi que la masse d'air à l'intérieur de cette salle peut représenter plusieurs dizaines de tonnes. Pour une pièce de 50 x 30 m de côté et 10 m de haut (soit un volume de 50 x 30 x 10 = 15 000 m^3), il y en a près de 20 tonnes (1 m^3 d'air sec pesant 1,205 kg), soit l'équivalent d'environ vingt voitures !

Lorsque la navette américaine décolle, chacun de ses propulseurs à poudre éjecte plus de 4 tonnes de gaz par seconde !

Des bricoleurs de génie

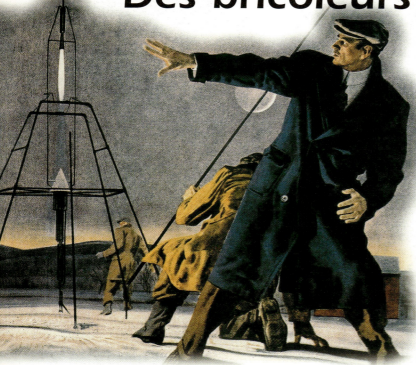

Goddard réussissant son premier lancement de fusée

Après la théorie, la pratique ! Suite aux travaux de Tsiolkovski sur l'importance de la propulsion par réaction pour les voyages dans l'espace, restait à passer à la réalisation de fusées et à leur expérimentation. Tâche difficile et parfois dangereuse !

Tournage de Une Femme dans la Lune

Les grands expérimentateurs

Des pionniers de la construction astronautique, l'Américain Robert Hutchings Goddard (1882-1945) est celui qui est allé le plus loin. Des années 1910 aux années 1940, malgré les obstacles techniques, financiers et parfois médiatiques, il a conçu de nombreux systèmes de propulsion, de guidage et de pilotage. Son activité est cependant restée très solitaire, les autorités américaines ne s'intéressant véritablement aux fusées, et à leur usage militaire sous forme de missiles, qu'à la fin de la Seconde Guerre mondiale.
Inventeur du manche à balai pour les avions, le Français Robert Esnault-Pelterie (1881-1957) travailla sur les systèmes de navigation et surtout sur la propulsion qu'il considérait comme l'aspect essentiel du voyage spatial. Ses recherches lui coûtèrent même trois doigts qu'il perdit lors de l'explosion d'un moteur en cours d'essai !
En Allemagne, Hermann Oberth (1894-1989) mena de nombreuses études techniques et mathématiques sur la propulsion, le guidage et la réalisation de fusées à étages.

En 1928, dans l'espoir de trouver là un financement pour ses recherches, il se fit conseiller scientifique du célèbre réalisateur Fritz Lang pour son film *Une Femme dans la Lune* (sorti en 1929). Ses travaux

Avion à moteur construit par Robert Esnault-Pelterie

DES FUSÉES ET DES HOMMES

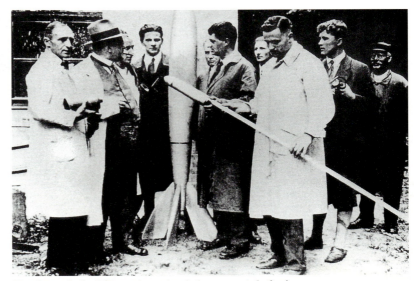

Membres de la VfR sur leur site de lancement de fusées

LE SAVAIS-TU ?

Naissance de la fusée moderne
Le 16 mars 1926, à Worcester (Massachusetts), dans une prairie enneigée de la ferme de sa tante, Goddard accomplit l'acte véritablement fondateur de l'astronautique moderne en réussissant le premier lancement d'une fusée à ergols liquides. Protégée du vent par un bâti en bois, sa mise à feu fut effectuée par l'intermédiaire d'une lampe à souder fixée au bout d'une perche ! Le vol dura 2,5 s et l'engin monta à 12,5 m d'altitude avant de retomber 56 m plus loin, atteignant une vitesse moyenne de 96 km/h.

théoriques et ses expériences permirent par la suite, sans qu'il en soit informé, de mettre au point le moteur *A 4* équipant la tristement célèbre fusée de guerre *V 2* (*voir p. 88*).

Des sociétés de passionnés…

Dans l'Allemagne des années 1920, un véritable engouement se développa pour l'astronautique et de nombreuses sociétés se formèrent pour lesquelles l'objectif principal était de construire des fusées. La plus célèbre fut la Société pour le voyage spatial ou VfR (Verein für Raumschiffahrt) qui compta dans ses rangs des personnages brillants, tels Oberth et un jeune passionné qui marquera l'histoire des fusées : Wernher von Braun (*voir p. 89*). En 1930, la VfR se dota d'un site de lancement de fusées, peut-être le premier du genre, sur un ancien terrain militaire près de Berlin, équipé de nombreux blockhaus très utiles pour se mettre à l'abri lors des essais !

… et leurs promoteurs

Max Valier, l'un des membres enthousiastes de la VfR, fortement influencé par les études d'Oberth, essaya de rendre populaires de façon spectaculaire les travaux de la Société. En association avec le constructeur automobile Fritz von Opel, en mal de publicité, il équipa des voitures avec des fusées, atteignant des vitesses élevées pour l'époque : une voiture pourvue de vingt-quatre fusées et pilotée par Opel atteignit 170 km/h en 1928. L'année suivante, Opel testa un planeur propulsé par deux fusées. Valier mourut en 1930 dans l'explosion d'un moteur-fusée en cours de test.

Pilote d'essai à bord de l'automobile Opel-Sander construite avec Max Valier

V2 : un ancêtre funeste

Développée par les nazis, la fusée V2 fut utilisée par l'armée allemande durant la Seconde Guerre mondiale pour bombarder les villes alliées. Sa technologie fut récupérée après-guerre par les Américains, les Soviétiques et les Français. Elle donna naissance aux missiles balistiques* de longue portée et aux lanceurs spatiaux modernes.

Intéressé par les performances meurtrières des missiles, Hitler décide en 1936 de créer un centre de recherche sur les fusées à Peenemünde, au bord de la mer Baltique. Cinq mille ingénieurs s'y succèdent jusqu'en 1944, sous la direction technique de Wernher von Braun. Plusieurs bombes volantes y sont créées dont la célèbre fusée de guerre V2.

V2
- **Hauteur :** 14 m
- **Diamètre :** 1,65 m
- **Masse :** 13 tonnes
- **Ergols :** alcool et oxygène
- **Charge explosive :** 1 tonne
- **Vitesse maximale :** 5 760 km/h
- **Portée :** 320 km

Une technique au point

Le missile V2 est propulsé grâce à un moteur-fusée alimenté par des turbopompes et consommant un mélange d'alcool et d'oxygène liquide. La température des gaz d'échappement atteignant 2 700 °C, la tuyère est refroidie par une circulation d'alcool. Des volets en graphite placés dans le jet de gaz orientent la poussée et assurent le pilotage. Certains V2 sont même dotés du premier système de guidage entièrement autonome. Un damier rouge et blanc peint sur le fuselage sert de repère aux ingénieurs pour analyser les mouvements de l'engin durant les essais.

Engin de terreur

L'appellation V2 provient du mot allemand *Vergeltungswaffen* qui signifie "arme de représailles". Ce missile redoutable devait venger l'État nazi des pilonnages alliés. Entre septembre 1944 et mars 1945, près de six mille V2 sont envoyés sur Londres, Paris, Anvers, Liège et Bruxelles. Il n'existe aucun moyen de se protéger contre ces bombes qui s'abattent à la vitesse du son. Lancées depuis des installations mobiles et discrètes, elles causent d'importantes destructions et des milliers de morts. Mais leur utilisation survient trop tard dans le conflit pour empêcher la défaite de l'Allemagne.

Dégâts causés par un V2 à Londres en mars 1945

DES FUSÉES ET DES HOMMES

Production de tables de lancement de V2 à l'usine Mittelwerk en 1944

Camp de concentration et de production

Pour limiter la menace des *V2*, les forces alliées bombardent en août 1943 la base de fabrication de Peenemünde. Les nazis déplacent alors leur production au cœur de l'Allemagne en créant l'usine souterraine Mittelwerk. Le camp de concentration de Dora-Mittelbau est établi à proximité pour fournir la main d'œuvre nécessaire à ce chantier gigantesque. Soixante mille déportés y travaillent jusqu'à quatorze heures par jour dans des conditions inhumaines, sous-alimentés et traités comme du bétail, pour percer les galeries et assembler les *V2*. Dix à vingt mille d'entre eux mourront d'épuisement, de faim, de froid, ou exécutés parce qu'ils ont tenté de saboter la production.

Le partage des cerveaux

Les Américains libèrent les prisonniers du camp de Dora le 11 avril 1945 et mettent du même coup la main sur une centaine de *V2*. De leur côté, les Soviétiques récupèrent les usines de Peenemünde, les tunnels de Mittelwerk et une partie de leur personnel. Cet apport en armement stratégique et en cerveaux aidera sans conteste les deux nations à devenir ensuite rapidement les deux premières puissances spatiales.

Propulseur de V2 trouvé par les Américains dans une galerie du camp de Dora-Mittelbau

Une vie très remplie

Wernher von Braun naît en 1912 à Wyrzysk, une ville allemande aujourd'hui polonaise. Il étudie à Berlin puis à Zurich, et consacre ses loisirs à construire de petites fusées expérimentales. Cette passion le conduit à travailler pour l'armée allemande dès 1932. Il devient à 25 ans le directeur technique du centre de recherche de Peenemünde et coordonne la mise au point du *V2*. En 1945, il se livre aux Américains. Emmené avec ses collaborateurs au Texas, il développe la fusée *Redstone*, premier missile balistique guidé des États-Unis, puis *Jupiter* qui lance en 1958 *Explorer 1*, le premier satellite artificiel américain. Entré à la NASA en 1960, il devient le principal artisan du programme spatial des États-Unis. Il assure notamment l'envoi des premiers spationautes dans l'espace dès 1961, et dirige la construction de la fusée *Saturn 5* qui permet en 1969 l'expédition d'hommes sur la Lune. Il meurt en 1977 à Alexandria, en Virginie.

***Wernher von Braun** tenant une maquette de V2*

Les moteurs-fusées

Le décollage d'une fusée : un spectacle époustouflant ! Immense sur son pas de tir, elle devient en quelques secondes un point blanc, perchée sur son gigantesque jet de gaz qui la propulse irrésistiblement vers l'espace. Réaliser cet exploit est le défi que doit relever le moteur-fusée.

Comme tout moteur, celui d'une fusée a besoin d'un carburant et d'un comburant – ce dernier faisant brûler le carburant, de la même manière que l'oxygène de l'air fait brûler l'essence des voitures. Ces produits d'origine chimique, capables de faire fonctionner le moteur-fusée dans le vide de façon autonome, sont les ergols*. Les moteurs-fusées consomment des ergols qui peuvent être stockés sous forme liquide ou solide.

Des ergols bien différents

• Les **ergols liquides** sont soit stockables à température ambiante, soit cryotechniques*.
– Les ergols stockables sont relativement faciles à conserver. Un grand classique est le couple kérosène-oxygène liquide consommé notamment par les prestigieuses fusées russes *Soyouz*. Autre couple célèbre, les ergols hypergoliques (hydrazine-peroxyde d'azote) qui s'enflamment spontanément en se rencontrant, ce qui favorise la simplicité de conception et la fiabilité des moteurs.
– Les ergols cryotechniques (hydrogène-oxygène liquides) sont plus performants que les précédents. Cependant, ils nécessitent une technologie de pointe : les basses températures (l'hydrogène n'est liquide qu'à – 253 °C) et l'incroyable légèreté de l'hydrogène liquide (70 g/l) compliquent leur stockage, leur manipulation et l'alimentation des moteurs.

• Les **ergols solides**, improprement appelés "poudre", présentent l'aspect d'une pâte caoutchouteuse, faite d'un mélange d'aluminium et de perchlorate d'ammonium. Ils sont faciles à stocker et à utiliser.

Soyouz *avec ses vingt tuyères* corresponde *à ses cinq moteurs-fusées*

DES FUSÉES ET DES HOMMES

Pas de fumée sans feu

Le moteur-fusée comporte deux éléments essentiels : la chambre de combustion et la tuyère. Contrairement à l'idée couramment répandue, il ne s'y produit pas d'explosion.
• Dans les **moteurs à liquides**, les ergols sont injectés en grande quantité et sous forte pression dans la chambre de combustion, grâce à des pompes surpuissantes : les turbopompes.

Une fois en présence, et en fonction de leur nature, les produits sont enflammés ou réagissent spontanément entre eux. Cette combustion fabrique des gaz très chauds aux pressions élevées. Ceux-ci s'échappent de la chambre par un col qui débouche sur la tuyère. De forme conique, cette dernière permet la détente des gaz puis leur accélération dans le prolongement de la fusée, ce qui la propulse et la guide.

Choisir ses moteurs

Les propulseurs à poudre délivrent de fortes poussées pendant de courtes périodes. Leur facilité de stockage et de mise en œuvre les rendent incontournables aux yeux des militaires qui les utilisent pour leurs missiles. En revanche, une fois le moteur allumé, la combustion ne peut plus être modulée. De puissants moteurs à poudre sont utilisés comme accélérateurs lors du décollage sur certaines fusées occidentales (*Titan*, les navettes spatiales américaines, *Ariane 5*) et sur le lanceur japonais *H 2*. Généralement de puissance moindre, les moteurs à liquides ont l'avantage d'être plus souples : la poussée est optimisée au cours des différentes phases du vol en modifiant l'alimentation des moteurs. Ceux-ci peuvent être arrêtés, puis rallumés dans l'espace ! Malgré leur complexité et leur difficulté de mise en œuvre, les propulseurs à liquides équipent toutes les grandes fusées astronautiques.

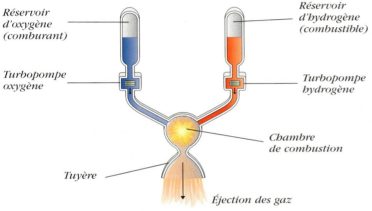

Moteur à liquides (ergols cryotechniques)

• Dans les **moteurs à poudre**, les ergols brûlent directement dans le réservoir, celui-ci jouant le rôle de chambre de combustion.

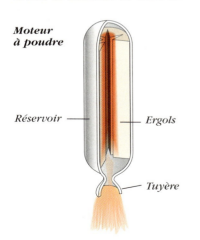

Moteur à poudre

UN PUISSANT POIDS PLUME

Pas plus lourd qu'une grosse voiture, Vulcain, le moteur principal d'*Ariane 5*, est capable de pousser 114 tonnes ! Ce moteur cryotechnique consomme 800 litres d'ergols par seconde (huit baignoires pleines) grâce à deux turbopompes, dont une pour l'hydrogène aussi puissante que deux TGV (16 000 CV). Les températures dans la chambre de combustion atteignent 3 200 °C et les gaz sortent de la tuyère à la vitesse hypersonique de 4,5 km/s, soit plus de cinq fois la vitesse d'une balle de fusil !

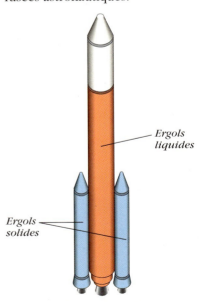

Comme la fusée H 2, la plupart des lanceurs actuels utilisent les deux types d'ergols, liquides et solides.

Un gigantesque réservoir

Les lanceurs sont constitués de plusieurs étages qui brûlent successivement leur carburant et sont largués une fois vides. Le premier étage élève et accélère les étages supérieurs. Ceux-ci brûlent ensuite tour à tour leurs ergols* pour propulser encore les éléments restants. En fin de compte, un objet de quelques tonnes seulement est satellisé.

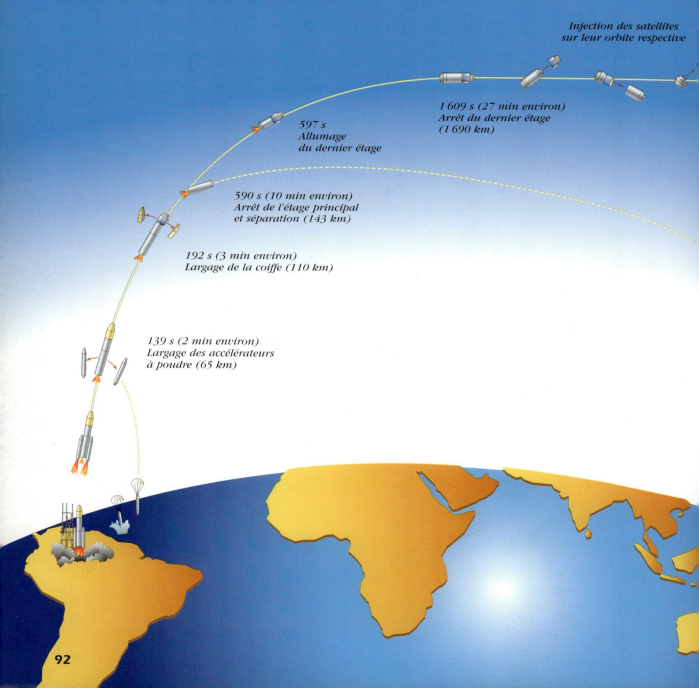

Injection des satellites sur leur orbite respective

*1 609 s (27 min environ)
Arrêt du dernier étage
(1 690 km)*

*597 s
Allumage du dernier étage*

*590 s (10 min environ)
Arrêt de l'étage principal et séparation (143 km)*

*192 s (3 min environ)
Largage de la coiffe (110 km)*

*139 s (2 min environ)
Largage des accélérateurs à poudre (65 km)*

DES FUSÉES ET DES HOMMES

Le poids du carburant

À l'instant du décollage, la fusée est comparable à une voiture très gourmande en essence qui partirait pour un long voyage : elle emporterait une telle quantité de carburant que, écrasée par le poids de ce dernier, elle pourrait à peine rouler. Il faut ajouter à cette difficulté la résistance de l'air pendant les premiers kilomètres de l'ascension. Même si la forme élancée et la coiffe aérodynamique du lanceur facilitent l'écoulement de l'air, la traversée des couches denses de l'atmosphère oblige à consommer encore plus d'ergols.

Un empilement de fusées

Une fois ses moteurs allumés, le lanceur perd progressivement une partie de sa masse en consommant ses carburants. Afin d'accroître cet allégement, les chercheurs ont conçu des fusées composées de différents étages empilés les uns sur les autres. Au fur et à mesure de l'épuisement de son carburant, chaque étage – constitué de son réservoir et de son ou ses moteurs propres – est largué. Il en est de même pour la coiffe aérodynamique : elle est éjectée vers 110 km lorsque, l'atmosphère dépassée, elle est devenue inutile. Ainsi, à l'exception de l'originale navette américaine dont une partie peut être réutilisée, tous les lanceurs actuels sont détruits à chaque mission : ils sont consommables.

Y a-t-il un pilote à bord ?

Il faut garder à l'esprit que la plupart des vols ne sont pas habités. Au sommet du dernier étage de la fusée se trouve un compartiment, la case à équipements, comparable à un "cerveau électronique" qui assure au lanceur son guidage, sa localisation, son pilotage et, éventuellement, sa destruction. Lors d'un lancement, les spécialistes présents en salle de contrôle surveillent le fonctionnement du lanceur et l'état de santé de ses passagers (des satellites ou des spationautes), mais ils n'ont pas les moyens d'intervenir directement sur la mission. À la suite d'incidents techniques, la fusée peut s'éloigner de la trajectoire prévue et devenir une puissante bombe aux évolutions incontrôlables, risquant d'exploser à tout moment. Afin d'éviter qu'elle tombe ou se désagrège sur une zone habitée, la case à équipements ordonne la destruction. Si la case elle-même a des problèmes de fonctionnement, l'opération peut être commandée du sol. C'est la seule intervention possible depuis la Terre.

L'embonpoint des fusées

Les carburants représentent environ 85 % de la masse d'une fusée au décollage. Les moteurs, les réservoirs, la coiffe et l'électronique de bord ne font que 13 à 14 % de la masse totale. Cette légèreté de la structure est principalement due au fait que les ergols liquides et en poudre peuvent être stockés dans des réservoirs aux parois extrêmement minces : une fusée sans carburant est comme une gourde aux parois molles vidée de son eau. Les passagers – essentiellement des satellites, parfois des sondes spatiales ou des hommes et leur véhicule – constituent le poids restant.

Rentrée atmosphérique de l'étage principal

*1 h 36 min
Destruction
(70 km)*

LE SAVAIS-TU ?

Glouton comme une fusée
Pour lancer un satellite géostationnaire* de 5 tonnes sur son orbite de transfert, avant que son propre moteur ne le propulse à 36 000 km de la Terre, la fusée *Ariane 5* brûle près de 700 tonnes d'ergols liquides et en poudre !

CONSTRUIS TA FUSÉE

Pour construire une fusée et mettre en pratique le principe de l'action et de la réaction, il n'est pas nécessaire d'être un grand spécialiste. Il existe des lanceurs dont la réalisation est simple et qui ne présentent aucun danger.

La fusée effervescente

Il te faut :
- un rouleau d'essuie-tout,
- du carton peu épais,
- du papier,
- un tube en plastique de comprimés vide,
- un demi-comprimé effervescent,
- de l'eau,
- des ciseaux,
- du scotch,
- de la pâte à modeler.

Lancement
Installe-toi à l'extérieur et pose le rouleau de carton sur la rampe. Verse un peu d'eau dans le tube en plastique, ajoutes-y le demi-comprimé effervescent, referme vite le tube et glisse-le dans la rampe de lancement. Au bout de quelques secondes, la fusée jaillira. Tu peux améliorer sa portée en fixant de la pâte à modeler sur le bouchon du tube de façon à l'alourdir.

Quand le cachet et l'eau entrent en contact, ils réagissent et produisent du gaz. Le tube étant fermé, le gaz ne peut s'échapper et pousse sur le bouchon. Lorsque ce dernier est éjecté, le tube est projeté à l'opposé par réaction. Si on ajoute du poids sur le bouchon, la fusée va plus loin car la masse éjectée est plus importante.

Préparation
Fais un cône en papier et scotche-le au bout du tube en plastique. Ta fusée est prête !
Pour faire ta rampe de lancement, découpe et plie le carton comme indiqué ci-dessous.

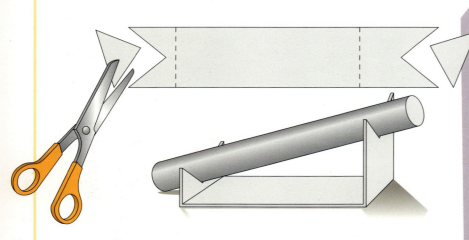

LE SAVAIS-TU ?

Des calmars à réaction
Pour se déplacer dans la mer, le calmar accumule de l'eau dans son corps, puis l'éjecte violemment par un entonnoir entre ses tentacules. Il est ainsi propulsé dans le sens opposé, exactement comme une fusée à eau ! Grâce à cela les calmars font partie des animaux marins les plus rapides, certaines espèces pouvant faire des pointes à 35 km/h.

DES FUSÉES ET DES HOMMES

La fusée à eau

Il te faut :
- une bouteille de soda vide en plastique de 1,5 litre,
- une planche de balsa d'environ 5 mm d'épaisseur ou du carton fort,
- un bouchon de liège,
- une valve aiguille pour gonfler les ballons,
- une pompe avec un embout souple qui s'adapte sur la valve,
- une chignole équipée d'une mèche d'un diamètre légèrement inférieur à celui de la valve,
- un cutter,
- de la colle forte de type époxy (pas de colle Néoprène qui dissoudrait le plastique),
- de l'eau.

Préparation

Dans le balsa ou le carton, découpe quatre ailerons identiques d'une longueur correspondant environ aux trois quarts de celle de la bouteille. Colle-les autour du goulot pour qu'ils forment un empennage cruciforme. Laisse sécher. Ces ailerons feront tenir ta fusée pendant le pompage et lui permettront de voler droit. Avec la chignole, perce un trou dans le bouchon de liège afin d'y placer la valve de façon bien étanche. Introduit la valve jusqu'à ce qu'elle perce l'autre extrémité du bouchon. Fais attention à tes doigts !

Lancement

Remplis d'eau le quart de la bouteille. Ferme-la en enfonçant le bouchon équipé de sa valve. Adapte l'embout de la pompe à la valve. Installe ta fusée à l'extérieur, à distance des habitations et des fils électriques. Si tu veux la récupérer en relativement bon état, choisis une zone d'atterrissage souple, en herbe ou en sable par exemple. Relie la pompe à son embout, et gonfle en te tenant bien en retrait de la bouteille.

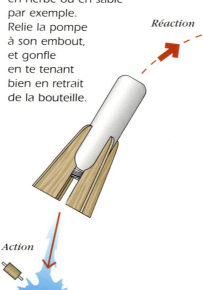

Réaction

Action

L'air à l'intérieur de la bouteille ne peut s'échapper et pousse de plus en plus fort sur les parois de la fusée et sur l'eau, laquelle appuiera à son tour sur le bouchon. Lorsque le bouchon et l'eau sont éjectés, la bouteille part dans le sens opposé selon le principe de l'action et de la réaction : la fusée décolle et fait une ascension de plusieurs mètres.

POUR ALLER PLUS HAUT !

Ces premières fusées t'ont donné envie d'altitude ? De nombreux clubs ou associations regroupent des passionnés d'espace. Vas-y avec ta fusée à eau pour améliorer ses performances, tu pourras peut-être disposer d'une base de lancement. Et si tu es vraiment "mordu", tu pourras t'essayer au lancement de micro ou mini-fusées avec un moteur à poudre. Elles sont beaucoup plus performantes, mais présentent aussi davantage de risques. Mieux vaut être encadré par un animateur agréé. Un festival européen annuel regroupe ces clubs et donne lieu à de nombreux lancements. Pour trouver un club près de chez toi, tu peux te renseigner auprès de ton établissement scolaire, des centres culturels ou sur internet (www.anstj.org).

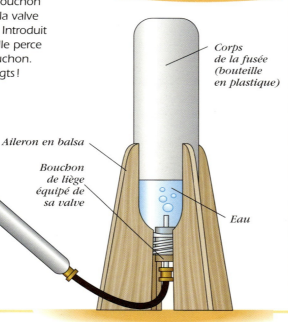

Corps de la fusée (bouteille en plastique)

Aileron en balsa

Bouchon de liège équipé de sa valve

Eau

Pompe

Lanceur ou fusée ?

Une fusée n'est pas obligatoirement un lanceur et un lanceur ne ressemble pas toujours à une fusée. Comment faire la différence ? Voici quelques pistes pour s'y retrouver…

Qu'est-ce qu'un lanceur ?

C'est un outil utilisé pour jeter un objet avec force et loin de soi. L'arc, le fusil ou la catapulte en sont les meilleurs exemples : ils permettent de toucher une cible à distance ou de venir à bout des murailles les plus solides. Il existe des lanceurs plus pacifiques comme la raquette de tennis ou le club de golf qui expédient la balle à vive allure et à l'endroit voulu quand on sait les manier. Quelle que soit sa structure ou ce qu'il envoie, le lanceur est donc un donneur d'impulsion, un accélérateur qui décuple la force humaine et fournit au projectile l'élan nécessaire pour atteindre son objectif.

Performances des lanceurs

Lanceur	Projectile	Vitesse (km/h)
Main de l'homme	Boomerang	70
Fronde	Pierre	150
Raquette de tennis	Balle	200
Club de golf	Balle	250
Arc	Flèche	350
Avion de chasse	Bombe	1 500
Fusil d'assaut	Munition	3 500
Canon moderne	Obus	5 000
Fusée	Satellite	28 000
Fusée	Sonde	51 000

Qu'est-ce qu'une fusée ?

C'est une machine qui assure elle-même son déplacement en utilisant le principe d'action et de réaction. Elle brûle son stock de poudre ou de carburant liquide pour éjecter violemment des gaz d'un côté et se propulser dans l'autre sens. Dans sa version récente, munie d'un moteur et de réservoirs volumineux, elle est capable de quitter l'atmosphère et d'évoluer dans le vide spatial. Elle se dirige alors en employant ses tuyères comme des gouvernails.

Dotée d'un coffre à son sommet, elle devient même un moyen de transport pour de nouveaux passagers : satellites, vaisseaux spatiaux, sondes planétaires, instruments de mesure atmosphérique et solaire.

***Missile** en plein vol*

DES FUSÉES ET DES HOMMES

> **LE SAVAIS-TU ?**
>
> **Lancements à la chaîne**
> Depuis *Spoutnik*, plus de 4 000 lanceurs spatiaux ont été utilisés dans le monde. Le rythme actuel des lancements est d'environ 80 chaque année, soit une fusée qui décolle tous les quatre ou cinq jours !

Le lanceur spatial

Ce véhicule réunit à la fois les caractéristiques de la fusée et celles du lanceur. Sa mission est claire : acheminer sa cargaison dans l'espace à l'endroit prévu et la mettre en orbite autour de la Terre ou l'envoyer vers d'autres astres. Arracher un engin à la surface de notre planète pour le métamorphoser en satellite artificiel suppose d'utiliser une machine puissante dotée d'une technologie très complexe. Les conditions du transport spatial sont tout aussi exigeantes. Un lancement violent, qui pourrait endommager ou écraser le passager durant l'ascension, est interdit. L'accélération doit rester progressive tout en assurant au lanceur une vitesse finale qui permettra à la charge utile* de continuer sur sa lancée comme un projectile. Le lanceur spatial doit enfin protéger son précieux chargement des frottements et des vibrations pendant la traversée atmosphérique.

Décollage *du lanceur spatial* Proton

DES FUSÉES QUI NE LANCENT RIEN !

Une fusée peut servir à tout autre chose qu'à aller dans l'espace. La passion de la vitesse amena certains inventeurs à utiliser le moteur-fusée pour propulser des voitures, des traîneaux et des avions. Aujourd'hui, les dragsters s'affrontent sur des circuits adaptés. Ces bolides à roulettes sont freinés par des parachutes en fin de course au bout de la ligne droite.

Fusées de guerre

Qui se souvient, devant les paisibles images des sorties orbitales, que si les hommes vont dans l'espace, c'est grâce à une féroce course aux armements ? Parallèlement au développement des lanceurs spatiaux, les mêmes structures servent à fabriquer de terribles machines de guerre.

Nées de la guerre

L'apparition des fusées est étroitement liée à l'invention de la poudre noire, ou poudre à canon. Ces engins furent d'abord appréciés car ils permettaient de porter des coups à des distances supérieures à celles des armes alors utilisées. De plus, leur flamme et leur bruit infernal semaient la terreur dans les rangs adverses. Néanmoins, la grande imprécision de ces armes limitera longtemps leur utilisation militaire. À la fin du XIXe siècle, les fusées sont même considérées comme dépassées et leur réputation guerrière apparaît surfaite face au canon, beaucoup plus précis et efficace.

Fusées meurtrières

Pourtant, la guerre va leur donner un second souffle. De 1939 à 1945, les Alliés emploient à grande échelle des fusées explosives, les fameuses roquettes. Ces dernières font d'ailleurs toujours partie des arsenaux militaires, à côté de missiles plus perfectionnés, téléguidés ou équipés de têtes chercheuses leur permettant de suivre et d'atteindre une cible en mouvement. La Seconde Guerre mondiale voit aussi l'avènement d'un engin révolutionnaire, utilisé pour la première fois : le missile balistique*. Le premier représentant de cette famille est le *V2* allemand (*voir p. 88-89*), arme imparable mais peu "rentable", selon l'horrible expression militaire. Cette arme devient "absolue" avec l'emport d'une charge nucléaire dans les années 1950. Depuis, les fusées font régner la terreur ! L'effrayant catalogue de ce qu'elles peuvent embarquer va de l'explosif au virus foudroyant, en passant par le thermonucléaire et les gaz.

Flèches chinoises propulsées par des fusées et tirées presque simultanément

DES FUSÉES ET DES HOMMES

Hélicoptère militaire Apache *tirant une salve de roquettes*

LE SAVAIS-TU ?

Fusée de guerre contre astéroïde
Les astéroïdes susceptibles de percuter la Terre sont sous surveillance constante. Si l'un d'eux présentait à l'avenir une réelle menace pour les habitants de la planète, les États-Unis envisagent, comme dans certains films de science-fiction, de dévier, voire de pulvériser l'astre au moyen d'un missile emportant une puissante charge thermonucléaire.

Lanceurs d'espions

C'est le missile balistique qui ouvre les portes de l'espace aux hommes. En 1957, la première satellisation est réussie grâce à la plus puissante fusée militaire du moment, la *R 7* soviétique. Aux États-Unis aussi, les premiers lanceurs spatiaux sont d'anciens missiles reconvertis : *Atlas*, *Titan* et *Delta*. Parallèlement, les militaires prennent très vite conscience de l'intérêt de l'espace pour l'observation, l'écoute électronique et les communications : le satellite est l'espion idéal, indestructible, sans frontières, non soumis aux aléas de la météo (*voir p. 202-203*). Il est impensable pour les armées de ne pas participer aux programmes spatiaux de leurs pays. Encore à l'heure actuelle, la séparation entre civil et militaire n'est pas toujours nette dans les activités spatiales de certaines nations.

Lancement d'un satellite espion Hélios *par* Ariane 4

R 7, ZEMIORKA OU SOYOUZ ?

Conçu par Sergueï Pavlovitch Korolev, le missile balistique *R 7* décolle pour la première fois le 21 août 1957. Sa portée maximale est d'environ 7 400 km. L'Union soviétique devient ainsi la première puissance à disposer d'un missile intercontinental. Six semaines plus tard, le lanceur *Zemiorka*, jumeau spatial du *R 7*, met en orbite *Spoutnik*, le premier satellite artificiel de la Terre. Constamment améliorée, cette fusée devient le symbole du programme spatial soviétique, réussissant un autre coup d'éclat en 1961 : le vol de Youri Gagarine, premier homme dans l'espace. Toujours en service, on l'appelle maintenant *Soyouz* du nom de la capsule, son plus célèbre passager.

Fusée Soyouz

Les fusées habitées

Machines indispensables à la conquête spatiale, elles transportent une cargaison très précieuse : les spationautes. Elles doivent garantir le maximum de sécurité et de confort à leurs passagers. Actuellement seules trois fusées peuvent lancer des véhicules habités : la russe **Zemiorka**, *la navette américaine et, depuis peu, la chinoise* **Longue Marche.**

Zemiorka, l'infatigable taxi

C'est le lanceur le plus fiable et le plus utilisé. En quarante ans, il a décollé plus de deux cents fois de Baïkonour avec des cosmonautes à son bord. Il a satellisé *Spoutnik 1* et Laïka en 1957, Gagarine en 1961. Il a ravitaillé les équipages des stations russes *Saliout* et *Mir*, et il remplit aujourd'hui cette mission pour *ISS*. Toujours ponctuel et performant, aussi puissant au décollage que neuf Boeing 747, il lance sur orbite, à 28 000 km/h et en neuf minutes, le véhicule *Soyouz*. Ce vaisseau inconfortable et exigu confine trois passagers qui vivent dans 10 m³ pendant deux jours, avant de s'arrimer à la station spatiale.

La navette de l'espace

La navette américaine a transporté plus de deux cent cinquante astronautes différents depuis son premier vol en avril 1981. Comme tout lanceur, elle décolle verticalement, puis abandonne ses propulseurs d'accélération et son réservoir. Seul l'orbiteur est satellisé, devenant le lieu de vie de sept personnes durant deux semaines. Il sert également de plate-forme de lancement de satellites, et d'atelier pour réparer ceux tombés en panne. En fin de mission, l'orbiteur redescend sur Terre comme un planeur. Après une révision complète de plusieurs semaines, il est prêt à repartir. Trois exemplaires sont en service : *Atlantis*, *Discovery* et *Endeavour*. Bonne à tout faire, la navette a cependant montré qu'elle n'était pas infaillible lorsque *Challenger* a explosé au décollage en 1986, et *Columbia* lors de sa rentrée atmosphérique en 2003, causant la mort de leurs passagers.

DES FUSÉES ET DES HOMMES

La navette soviétique a existé !

Bourane ressemblait à sa grande sœur américaine. Elle n'a volé qu'une seule fois en novembre 1988, accomplissant deux révolutions terrestres, en mode automatique sans équipage, avant de se poser. Elle était prévue pour contenir jusqu'à dix cosmonautes pendant un mois. Suite à l'effondrement du régime communiste et faute de financements, le programme *Bourane* a été arrêté en 1990. Deux exemplaires avaient pourtant été construits. Celui qui a volé rouille désormais dans un hangar à Baïkonour, l'autre a été reconverti en simulateur de vol dans un parc d'attractions à Moscou.

La Chine déploie ses ailes

Depuis longtemps, la Chine se préparait à être le troisième pays à envoyer un homme dans l'espace par ses propres moyens. Son lanceur *Longue Marche* a été adapté pour expédier depuis Jiuquan la capsule *Shenzhou*, réplique du *Soyouz*. Après de nombreuses missions automatiques, le premier taïkonaute est envoyé dans l'espace le 15 octobre 2003, 42 ans après Gagarine. La mission est un succès. En attendant de réaliser son projet de station orbitale, Pékin annonce un nouveau vol habité avant 2005.

Des spationautes à Kourou ?

Il y a quinze ans déjà, l'Europe rêvait d'*Hermès*, un avion spatial à trois places qui pourrait ravitailler la station internationale et assurer la réparation des satellites en orbite basse. Jugé trop coûteux, ce projet de mini-navette a été abandonné en 1992. *Ariane 5* doit encore prouver sa grande fiabilité pour espérer un jour embarquer des hommes. Le prototype d'une capsule de rentrée atmosphérique, l'*ARD*, a cependant été testé lors du troisième vol de la fusée européenne en octobre 1998. Le véhicule inhabité a été récupéré dans l'océan Pacifique après une mission de 90 minutes parfaitement réussie. Affaire à suivre…

Mission accomplie pour l'ARD

Il a décroché la Lune

Seul le lanceur géant *Saturn 5*, développé par von Braun et ses ingénieurs, fut capable d'arracher à l'attraction terrestre les 45 tonnes du vaisseau *Apollo*, permettant ainsi aux États-Unis de remporter la course à la Lune disputée avec les Soviétiques. Haut de 110 m, il expédia une vingtaine d'astronautes vers la Lune au cours des missions *Apollo* de 1967 à 1972. Fabriqué en treize exemplaires, il ne connut jamais d'incident et fut utilisé une dernière fois en 1973 pour satelliser la station américaine *Skylab*.

Le marché des lanceurs

D'un côté se trouvent les constructeurs de fusées, de l'autre les clients – États ou industriels – qui veulent envoyer leur satellite dans l'espace. La concurrence est rude pour la quinzaine de modèles qui se partagent le marché. Aucune vente ne se décide au hasard ! Le prix du lanceur se négocie en fonction des accords commerciaux et militaires, du taux d'échec de la fusée, de la masse à satelliser et de l'orbite visée.

Carte d'identité type

Nom de famille
Nationalité
Année du premier vol réussi du premier modèle
Nombre d'exemplaires lancés au 1er novembre 2003
% de réussite

Nom du dernier modèle
(en photographie)
Hauteur
Masse (au décollage)
Masse satellisable en orbite basse (OB)
Masse satellisable en GTO*

Zemiorka	Soyouz
Russie	50 m
1957	310 tonnes
1681 tirs	7,5 tonnes en OB
98 % de réussite	Non prévu en GTO

Zenith	Zenith 3
Russie-Ukraine	60 m
1985	460 tonnes
47 tirs	13,7 tonnes en OB
82 % de réussite	2 tonnes en GTO

DES FUSÉES ET DES HOMMES

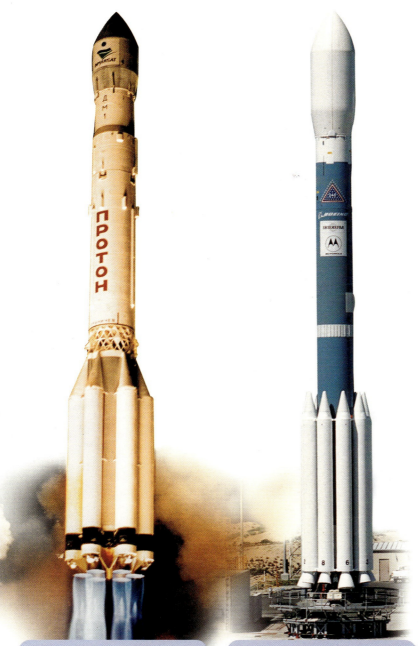

Proton	**Proton K**
Russie	60 m
1965	690 tonnes
271 tirs	20 tonnes en OB
92 % de réussite	4,6 tonnes en GTO

Delta	**Delta 3**
États-Unis	60 m
1960	300 tonnes
289 tirs	8,3 tonnes en OB
96 % de réussite	3,8 tonnes en GTO

Titan	**Titan 4**
États-Unis	55 m
1964	860 tonnes
234 tirs	17 tonnes en OB
92,5 % de réussite	6,3 tonnes en GTO

Atlas	**Atlas 2**
États-Unis	45 m
1961	235 tonnes
506 tirs	8,6 tonnes en OB
92 % de réussite	3,7 tonnes en GTO

Navette	**Endeavour**
États-Unis	56 m
1981	2 000 tonnes
112 tirs	25 tonnes en OB
98 % de réussite	3,5 tonnes en GTO

Ariane	**Ariane 5**
Europe	55 m
1979	750 tonnes
163 tirs	20 tonnes en OB
95 % de réussite	6,8 tonnes en GTO

DES FUSÉES ET DES HOMMES

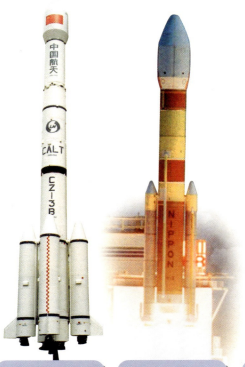

Longue Marche
Chine
1970
70 tirs
93 % de réussite
Longue Marche 3
55 m
570 tonnes
13 tonnes en OB
7 tonnes en GTO

H
Japon
1986
44 tirs
93 % de réussite
H 2A
50 m
300 tonnes
4 tonnes en OB
2 tonnes en GTO

SLV
Inde
1980
17 tirs (au 01/12/2002)
65 % de réussite
GSLV
49 m
400 tonnes
2,5 tonnes en OB
6,5 tonnes en GTO

Shavit
Israël
1988
5 tirs (au 01/12/2002)
60 % de réussite
Shavit 1
20 m
30 tonnes
0,2 tonne en OB
Impossible en GTO

VLS
Brésil
en cours de qualification,
3 échecs, 1ᵉʳ succès
attendu pour 2006
VLS 1
20 m
50 tonnes
0,4 tonne en OB
Impossible en GTO

LE PRIX D'UN ALLER SIMPLE ?

Shavit : 10 millions d'euros
Zenith : 45 millions d'euros
Proton : 75 à 90 millions d'euros
Ariane 5 : 130 millions d'euros
(environ 16 000 voitures Twingo)
Navette : 390 millions d'euros
(environ 3 Airbus A 320)

Si *Ariane* est plus onéreuse que la majorité de ses rivales, la société Arianespace fait malgré tout jouer ses atouts : des performances significatives et la possibilité de lancer deux gros satellites en même temps. De plus, Arianespace est la seule compagnie à fournir gratuitement au client une nouvelle fusée en cas d'explosion durant le vol. Ce service lui permet de détenir 60 % du marché mondial civil de lancements des satellites géostationnaires*. Son carnet de commandes est complet jusqu'en 2005.

LE SAVAIS-TU ?

Recette pour réduire les prix
Chaque puissance utilise prioritairement ses propres lanceurs, bénéficiant alors de tarifs très préférentiels. En choisissant *Ariane 5* pour le lancement du télescope spatial *XMM* en 1999, l'agence spatiale européenne a ainsi obtenu une réduction de… 95,5 % sur le prix normal !

D'où envoyer les fusées ?

L'implantation d'une base de lancement ne se décide pas au hasard. Parmi les nombreux critères à prendre en compte, l'emplacement géographique et les conditions climatiques sont déterminants.

Manuel du dénicheur de base spatiale

❶ S'installer sur le territoire national ou louer le sol d'un pays allié pour ne pas être expulsé du jour au lendemain.

❷ Trouver un grand terrain plat (au moins 500 km²) pour construire une zone de tir, un centre de contrôle, une station météo, des bâtiments pour assembler les fusées et fabriquer les carburants, des postes de suivi radar, une enceinte de sécurité et une centrale électrique.

❸ S'installer dans une région peu peuplée pour éviter que les habitations soient détruites par l'explosion du lanceur au décollage ou par la chute des réservoirs. Les déserts, les côtes océaniques et les îles préservent aussi des regards indiscrets.

❹ Faciliter l'accès de la base pour assurer le ravitaillement et l'acheminement des fusées en pièces détachées. Construire, au besoin, un port ou un aérodrome, des routes et des voies ferrées.

❺ Privilégier une zone épargnée par les catastrophes naturelles (cyclone, tremblement de terre), et dotée d'un climat agréable (beau temps et absence de vent).

❻ Se positionner au voisinage de l'équateur pour bénéficier au maximum de l'élan initial donné à la fusée par la rotation de la Terre. Cet effet de fronde naturel assure une économie de carburant tout en facilitant l'envoi de satellites plus lourds.

❼ Loger et nourrir les 1 500 ingénieurs et ouvriers nécessaires au fonctionnement de la base. Ne pas oublier leur famille. Une petite ville s'impose… avec ses commerces, ses écoles, ses loisirs et ses hôtels pour accueillir les clients qui achètent les fusées et assistent aux lancements.

La porte des étoiles

Les 400 spationautes lancés dans l'espace depuis Gagarine ont décollé de Baïkonour au Kazakhstan, ou de cap Canaveral en Floride. Ce sont, en effet, les bases les mieux situées pour la Russie et les États-Unis, les deux grandes nations à avoir construit des vaisseaux spatiaux. Une seule exception : la Chine a envoyé son premier taïkonaute depuis la base de Jiuquan en 2003.

LE SAVAIS-TU ?

Base spatiale flottante
Pour bénéficier de l'effet de fronde équatorial, la société Sea Launch a transformé une plateforme pétrolière en base spatiale flottante. Naviguant dans l'océan Pacifique, elle envoie des satellites depuis mars 1999 grâce au lanceur ukrainien *Zenith*. Mais les tempêtes limitent le nombre de tirs possibles et gênent le transfert des fusées du bateau ravitailleur à la plateforme de lancements.

Base spatiale de Kourou

L'endroit rêvé

Année 1962. L'Algérie vient d'accéder à l'indépendance. La France doit quitter sa base de lancement saharienne d'Hammaguir. Des sites de remplacement sont examinés : les îles Seychelles, la Guadeloupe, la Polynésie, Djibouti, la Guyane, l'Australie, la Mauritanie, Madagascar, Ceylan et la Somalie. Finalement, la France choisit la Guyane en avril 1964. Elle offre tous les avantages : département français d'outre-mer comptant moins d'un habitant au km², elle est proche de l'équateur, en bordure de l'océan Atlantique et facilement accessible depuis l'Europe. Elle permet même aux fusées de décoller vers le nord et vers l'est en ne survolant aucune terre avant 4 000 km. Kourou est aujourd'hui la base la mieux située au monde. Elle est devenue depuis 1979, date du premier vol d'une fusée *Ariane*, la base européenne de lancements de fusées.

Puissances et agences

N'entre pas qui veut dans le club très fermé des grandes puissances spatiales ! L'espace permet à une nation d'affirmer sa puissance et sa technologie. Pour développer les fusées nécessaires à la réalisation de leur programme spatial, ces nations ont créé des organismes dont certains sont entrés dans la légende.

La NASA, agence mythique

Créée en 1958 pour répondre à l'affront soviétique de *Spoutnik 1*, le premier satellite artificiel, la NASA doit assurer aux États-Unis le rôle de leader mondial dans le domaine spatial. Cet objectif est atteint avec les missions lunaires *Apollo*. Depuis, cette suprématie n'a jamais été démentie. L'aspect civil et pacifique caractérise la NASA. Pourtant, la limite entre activités militaires et civiles n'est pas toujours très claire. Ainsi, la NASA mène actuellement un programme d'amélioration des fusées *Delta* et *Atlas* en partenariat avec le département de la Défense et des constructeurs civils.

La dégringolade russe

Jusqu'à l'effondrement du régime soviétique, l'activité spatiale russe était sous la coupe des dirigeants politiques et des responsables des industries militaires. L'adaptation d'un puissant missile à longue portée et la volonté politique d'affirmer la supériorité technologique de l'Union soviétique ont permis les succès de *Spoutnik* et de *Gagarine*. Ce n'est qu'en 1992 qu'apparaît l'agence spatiale russe, la RKA. Mais la baisse des financements gouvernementaux handicape l'élaboration de nouveaux lanceurs et, pour préserver leur riche savoir-faire en matière de fusées, les Russes recherchent des coopérations avec des sociétés étrangères.

L'ESA, l'internationale

Pour imposer l'Europe comme puissance spatiale face à l'Union soviétique et aux États-Unis, et parce que l'échec du premier lanceur européen *Europa* avait montré la nécessité de fonder un organisme unique, l'ESA est créée en 1975. Rassemblant quinze États européens, elle est la plus importante organisation de coopération internationale dans le domaine scientifique et technique.

Depuis les années 1980, la fusée *Ariane* a permis à l'Europe de conquérir la troisième place pour le nombre de lancements. Surtout, l'ESA domine l'un des secteurs de l'activité spatiale les plus intéressants économiquement : celui des lancements de satellites de télécommunication.

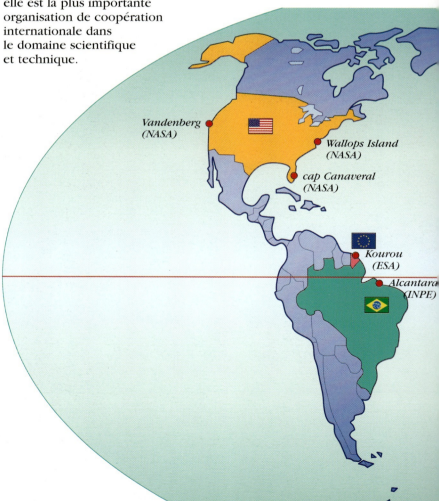

108

DES FUSÉES ET DES HOMMES

Les outsiders

L'attrait pour les hautes technologies pousse le Japon à créer deux agences développant leurs propres fusées : la NASDA en 1969, spécialisée dans les programmes d'applications, et l'ISAS en 1981, chargée de la science spatiale. En 1970, le Japon et la Chine réussissent leur première satellisation. Ils sont suivis par l'Inde en 1980. La fiabilité des fusées chinoises ou indiennes n'atteint pas les standards occidentaux et russes, mais leur prix peu élevé les rend attractives. La Chine et l'Inde ont véritablement besoin des technologies spatiales pour aménager leur immense territoire (communications, observation de la Terre).
Si ce souci d'applications civiles prédomine au sein de l'ISRO, l'agence gouvernementale indienne créée en 1969, la situation est différente en Chine où les fusées ont été prioritairement développées par et pour les militaires. Cependant, en 1993, apparaissent deux organismes d'État non militaires, la CNSA et la CASC, auxquels incombe notamment la réalisation des lanceurs. Deux autres pays développent une politique spatiale dynamique depuis quelques années et commencent à se faire une place sur la scène internationale : le Brésil, grâce à l'INPE créée en 1961, et Israël avec l'ISA fondée en 1983. Enfin, la Corée du Sud a également décidé de mettre en place un programme spatial et a débuté la construction d'une base de lancements.

> ### LE SAVAIS-TU ?
>
> **De la navette à la statue de la Liberté**
> Les recherches menées par les agences spatiales peuvent avoir des applications surprenantes. Ainsi, la NASA a mis au point un revêtement qui a redonné une nouvelle jeunesse à la statue de la Liberté à New York. Ce produit miracle, utilisé pour protéger les tours de lancements des fusées à cap Canaveral, a été appliqué sur la structure interne de la statue. Extrêmement résistant, il lui permet de lutter contre la corrosion due au sel, au brouillard et à la pollution.

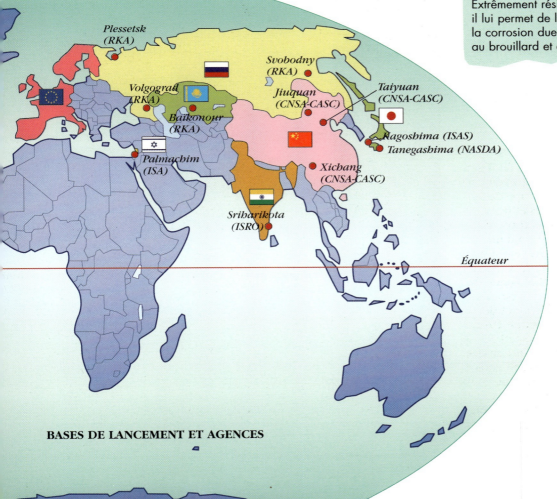

BASES DE LANCEMENT ET AGENCES

Ariane : une famille à succès

À la fin des années 1960, lorsque l'Europe décida de se doter d'un accès autonome à l'espace, personne n'imaginait que ce projet au démarrage chaotique allait finir par concurrencer les grandes puissances.

Objectif : être indépendant

Dans les années 1960, l'Europe décide d'acquérir son indépendance en matière de lancement spatial car elle est entièrement tributaire des lanceurs des États-Unis qui lui imposent des conditions de plus en plus dures. Après l'échec des premiers lanceurs européens *Europa*, la France propose un nouveau projet de fusée. Accepté en 1973, celui-ci est basé sur l'idée audacieuse d'offrir à tous ceux qui le désirent un accès à l'espace libre, fiable et peu cher.

Fusée *Europa*

Ariane 1   *Ariane 2*   *Ariane 3*

	Premier lancement	Nombre de tirs	Nombre d'échecs	Hauteur	Masse	Masse satellisable en GTO*
Ariane 1	24 décembre 1979	11 jusqu'au 22 février 1986	2	48 m	210 tonnes	1,85 tonne
Ariane 2	31 mai 1986	6 jusqu'au 2 avril 1989	1	49 m	220 tonnes	2,2 tonnes
Ariane 3	4 août 1984	11 jusqu'au 12 juillet 1989	1	49 m	240 tonnes	2,7 tonnes
Ariane 4	15 juin 1988	116 jusqu'au 15 février 2003	3	54 à 58 m	243 à 480 tonnes	4,9 tonnes
Ariane 5	4 juin 1996	17 (au 1er novembre 2003) toujours en service	2	55 m	750 tonnes	6,8 tonnes (pour la version générique)

DES FUSÉES ET DES HOMMES

Une technologie sûre

Les premières *Ariane* s'appuient sur une technologie robuste et éprouvée. Les deux premiers étages sont équipés de moteurs Viking à ergols* stockables. Le moteur cryotechnique* HM 7 est choisi pour le dernier étage car il offre des performances exceptionnelles. Face à la concurrence internationale et à l'évolution croissante de la masse et du volume des satellites, des améliorations sont régulièrement réalisées : augmentation de la puissance du lanceur et du volume de sa coiffe, utilisation de propulseurs d'appoint…

La relève

Suite au succès commercial du programme, les Européens développent une digne descendance pour *Ariane*. La tâche d'*Ariane 5* est de consolider l'Europe dans sa position de leader des lancements commerciaux. La dernière-née de la famille a des capacités d'emport largement accrues, sa puissance est comparable à celle des gros lanceurs russes et américains, et sa fiabilité est encore supérieure à celle d'*Ariane 4*. Pour parvenir à ce résultat, les ingénieurs ont dû, tout en s'appuyant sur l'expérience acquise, concevoir une fusée radicalement nouvelle.

Ariane 4   *Ariane 5*

Nouveautés	Signes particuliers
allongement du troisième étage	
ajout de deux moteurs d'appoint à poudre, aménagement de la coiffe pour pouvoir lancer deux satellites simultanément	
allongement du premier étage, nouvelle case à équipements, coiffe de grand diamètre	six variantes différaient les unes des autres par le nombre et le type de boosters (à liquides ou à poudre), ce qui permettait de proposer aux clients la version la plus économique et la mieux adaptée à leurs besoins
	étage principal cryotechnique, boosters remplacés par un véritable étage d'accélération à poudre qui fournit 90 % de la poussée au décollage

FAMILLE NOMBREUSE

Pour chaque lancement, une fusée est construite sur le modèle de la première de sa série. Si des modifications importantes sont nécessaires, une nouvelle série est mise en place. Ainsi se développe une famille de lanceurs aux caractéristiques proches. Il arrive cependant qu'une série marque un changement plus radical de conception, mais que le nom de la famille soit conservé pour des raisons de prestige commercial, comme c'est le cas pour *Ariane 5*.

Ariane 5 : 20 ans de travail !

Un partenariat financier et technologique entre douze pays européens, un investissement de 7 milliards d'euros, vingt années de conception et d'élaboration, 70 millions d'heures de recherches et de tests, 1 100 industriels et entreprises mobilisés, plus de 8 000 ingénieurs et techniciens… ont donné naissance à Ariane 5 *en 1996.*

Dix ans de réflexion

Le projet de développer un lanceur puissant capable de remplacer *Ariane 4* apparaît dès 1977, avant même le premier lancement d'*Ariane 1* ! Entre 1982 et 1984, les ingénieurs français du CNES (Centre national d'études spatiales) en peaufinent le concept. Le projet définitif est adopté en 1985 par le Conseil des ministres européens de l'espace. Ce n'est qu'en 1987, dix ans après les premières ébauches, que débute le programme *Ariane 5*. Il est dirigé par l'ESA (Agence spatiale européenne) qui délègue la maîtrise d'œuvre au CNES et partage le travail entre plusieurs grandes firmes européennes, spécialistes dans leur domaine.

À leur tour, celles-ci divisent les activités entre des centaines de sociétés sous-traitantes, de façon que chaque pays retrouve un volume d'activité correspondant à sa participation financière.

Étage d'accélération à poudre *(EAP)*:
EADS (France), Europropulsion (France-Italie)

Hydrogène liquide :
Air Liquide (France)

Moteur Vulcain :
SNECMA (Europe)

DES FUSÉES ET DES HOMMES

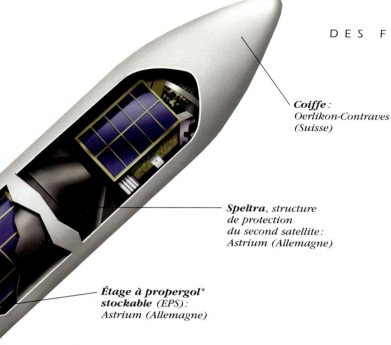

Coiffe : Oerlikon-Contraves (Suisse)

Speltra, structure de protection du second satellite : Astrium (Allemagne)

Étage à propergol* stockable (EPS) : Astrium (Allemagne)

Case à équipements : Astrium (France)

Oxygène liquide : Air Liquide (France)

Étage principal cryotechnique* (EPC) : EADS (France)

Douze États européens financent le programme **Ariane 5**

- France : 46,5 %
- Allemagne : 22 %
- Italie : 15 %
- Belgique : 6 %
- Espagne : 3 %
- Pays-Bas : 2,1 %
- Suède : 2 %
- Suisse : 2 %
- Norvège : 0,6 %
- Autriche : 0,4 %
- Danemark : 0,2 %
- Irlande : 0,2 %

Dix ans de réalisation

À partir de 1988, dix ans seront encore nécessaires pour construire et lancer la première *Ariane 5*. Dix ans durant lesquels des équipements, d'abord assez petits, sont progressivement intégrés en ensembles plus importants. Tuyaux, câbles, vannes, pompes, réservoirs… sont assemblés, puis des moteurs complets et des étages entiers sont constitués. Le comportement en vol des structures est simulé sur des maquettes et le bon fonctionnement des systèmes électriques est vérifié. En parallèle, des usines sont construites en Europe, ainsi que les bâtiments d'essai des principaux éléments et un nouvel ensemble de lancements à Kourou (ELA 3).

Deux ans de construction pour chaque fusée

À l'heure actuelle, grâce au réseau industriel mis en place en Europe, il faut deux ans aux constructeurs pour fabriquer et livrer en Guyane une fusée *Ariane 5*. La production en série de dix-sept exemplaires a été lancée en 1998 par Arianespace pour répondre aux commandes des clients et anticiper les besoins du marché d'ici à 2005. Jusqu'en février 2003, la société a proposé le choix entre les deux lanceurs *Ariane 4* et *5*, selon les besoins de ses clients. Depuis, seule la dernière série est en service. Malgré le second échec d'*Ariane 5*, en décembre 2002, les concepteurs travaillent toujours sur de nouvelles versions, plus puissantes et plus sûres…

UN PREMIER COUP EXPLOSIF

Le 4 juin 1996, le premier exemplaire d'*Ariane 5* explose trente-sept secondes après le décollage. Cet échec, causé par une erreur de conception du logiciel de guidage, a retardé de plus d'un an sa commercialisation. Les ingénieurs ont entrepris une révision complète du lanceur et deux autres tirs de qualification ont été indispensables pour assurer sa validité.

En direct de Kourou

Kourou, Guyane française. Au centre spatial, une nouvelle campagne de tir Ariane 5 débute. Malgré la fréquence des lancements, chaque vol est un nouveau défi. À l'approche de l'heure H, l'activité sur le centre puis dans les trois salles de contrôle devient de plus en plus intense. La pression augmente…

Après trois lancements de qualification, *Ariane 5* doit réussir son premier vol commercial en plaçant sur orbite le télescope européen *XMM* (d'une masse avoisinant les 4 tonnes). C'est le 124ᵉ tir d'*Ariane*. Le décollage est prévu pour le 10 décembre 1999, à 11 h 32 heure locale.

J – 1 mois
Les deux étages à ergols* liquides, la coiffe et la case à équipements débarquent d'Europe par bateau, puis sont transférés par la route jusqu'au centre spatial. Le satellite arrive par avion en provenance de son constructeur. Quant aux deux accélérateurs à poudre, ils sont en grande partie réalisés sur place et entièrement assemblés dans le bâtiment d'intégration des propulseurs.

J – 23 jours
Dans le bâtiment d'intégration des lanceurs, les éléments sont montés sur la table de lancement qui emportera la fusée jusqu'à la zone de tir. Le corps central, déjà équipé du moteur Vulcain, est complété par la case à équipements et les étages à ergols liquides. Après leur assemblage, les accélérateurs sont ajoutés de part et d'autre de la fusée.

LE SAVAIS-TU ?

Attention au chaud-froid ! Le moteur Vulcain commence à être refroidi deux heures et demie avant le décollage. Cette opération, surprenante pour un moteur qui fabrique des gaz à 3 000 °C, est indispensable. Elle permet d'éviter la formation de glace lorsque les ergols très froids arriveront dans le moteur : sans elle, l'air se solidifierait au contact de l'hydrogène liquide (qui est à – 253 °C) !

J – 8 jours
Les contrôles électriques et d'étanchéité des réservoirs sont effectués. Le lanceur est ensuite transféré dans le bâtiment d'assemblage final où le satellite est placé sur la fusée. On procède alors au remplissage des réservoirs en ergols stockables, puis on recouvre *Ariane* de sa coiffe.

DES FUSÉES ET DES HOMMES

Convoi exceptionnel

Déplacer une fusée n'est pas une mince affaire. La table de lancement surmontée d'*Ariane 5* est simplement posée sur des rails, un camion tractant le tout. Le transport par rails est obligatoire à cause du poids de cet ensemble : aucun camion ne peut déplacer une telle charge. Le trajet entre le hall d'assemblage et la zone de lancement est parcouru à environ 3 km/h.

Jour J

C'est le grand jour ! L'ensemble "table de lancement-*Ariane*", d'une masse de 1 500 tonnes, est déplacé jusqu'à la zone de tir ELA 3. Durant l'heure du transfert, la fusée et son passager sont sous la haute surveillance du centre de lancement. Gare au vent qui pourrait provoquer la chute du lanceur !

H – 9 heures

Dans la salle Jupiter, située à 10 km du pas de tir, une centaine d'ingénieurs est en contact permanent avec la station météo, l'aviation civile et le centre de lancement. Ils sont responsables de la bonne santé du satellite, des liaisons radio et ils s'assurent que les conditions extérieures restent favorables au lancement.

10, 9, 8... 3, 2, unité, FEU !
L'ordre automatique d'allumage est transmis au moteur de l'étage principal. Les ordinateurs du centre de lancement vérifient en quelques secondes le fonctionnement de l'opération.

H + 7,3 s
Les deux énormes propulseurs à poudre sont enflammés et arrachent *Ariane* à l'attraction terrestre. C'est parti !

H – 6 heures
Au centre de lancement, dans une salle isolée située à 1,5 km du pas de tir, les ingénieurs pilotent les dernières opérations depuis leurs pupitres : contrôle du moteur Vulcain, chargement du programme de vol, remplissage du réservoir principal. Le plein est complété jusqu'à H – 6 min 30 s en raison de l'évaporation des ergols*, très volatiles en climat tropical. D'autre part, plus de cinq cents paramètres sont examinés pour contrôler l'état de fonctionnement du lanceur. La zone de lancement est évacuée. Les systèmes électriques et mécaniques de la fusée sont mis en route : *Ariane 5* commence à prendre vie !

H – 1 heure
Les invités et les journalistes arrivent et s'installent dans la partie arrière de la salle Jupiter. Chacun se munit d'un casque audio pour suivre les commentaires du directeur des opérations au cours du vol.

H – 6 min 30 s
La "séquence synchronisée" démarre sous le contrôle désormais unique des ordinateurs. Dans la salle Jupiter et au centre de lancement, tous les panneaux de contrôle se sont affichés en vert : ce signal indique que les ordinateurs ont vérifié les systèmes et qu'ils engagent la séquence finale des opérations menant à la mise à feu et au décollage.

H – 1 min
Le directeur des opérations est informé sur son pupitre du bon déroulement de la séquence synchronisée et de l'état du satellite. Il doit gérer tous les imprévus et peut interrompre manuellement la séquence synchronisée jusqu'à H – 5 s (dans ce cas, elle recommencerait à H – 6 min 30 s).

H – 15 s
Les déluges d'eau intégrée à la table se déclenchent et arrosent allègrement les installations de lancement. Ceci permet de protéger les équipements extérieurs et le lanceur des gaz chauds des moteurs, et de réduire les vibrations générées par le bruit. Celles-ci pourraient en effet entraîner des dommages graves sur les satellites et la fusée.

DES FUSÉES ET DES HOMMES

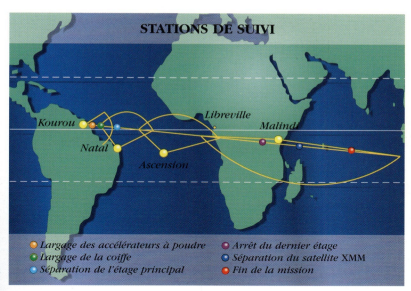

STATIONS DE SUIVI

- Largage des accélérateurs à poudre
- Largage de la coiffe
- Séparation de l'étage principal
- Arrêt du dernier étage
- Séparation du satellite XMM
- Fin de la mission

H + 46 min 30 s
L'étage principal est orienté sur une trajectoire de rentrée atmosphérique arrivant dans l'océan Pacifique.
C'est la fin officielle de la mission !

PAR MESURE DE SÉCURITÉ

À l'écart de l'agitation de la salle Jupiter, les ingénieurs de la salle de sauvegarde suivent le vol sur des pupitres où sont transmises des données spécifiques qui n'apparaissent pas sur les écrans du public.
Leur mission : se tenir prêts à télécommander la destruction du lanceur en cas d'erreur de trajectoire ou de risque pour les populations survolées.

H + 1 min 30 s
L'ascension d'*Ariane 5* est d'abord observée par les radars du centre spatial guyanais, puis grâce aux stations disposées sous sa trajectoire jusqu'au Kenya, en Afrique.

H + 2 min 20 s
Les propulseurs à poudre sont éjectés. Ils chutent et coulent dans l'océan Atlantique.

H + 3 min 16 s
La coiffe est larguée vers 110 km d'altitude : le satellite n'a plus besoin d'être protégé contre les frottements atmosphériques puisque la fusée est désormais dans le vide.

H + 9 min 50 s
Ariane se trouve à 160 km d'altitude et se déplace à la vitesse de 6,7 km/s. L'étage principal se décroche et le moteur de l'étage supérieur se met en marche pour 17 minutes.

H + 28 min 54 s
La salle de contrôle Jupiter retient son souffle. Le satellite *XMM* est injecté sur son orbite à 1 850 km d'altitude à une vitesse de 9,5 km/s. Des applaudissements retentissent, exprimant la joie des ingénieurs, des partenaires et du public.

À J + 60 jours, XMM *est en mesure de débuter sa mission.*

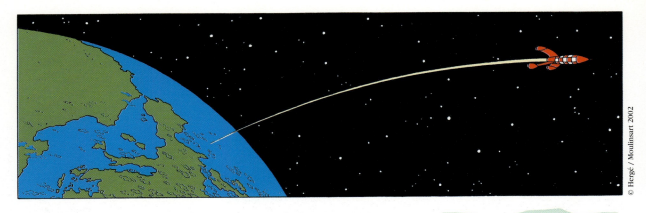

Rêves de voyage

Bien avant que les fusées n'emportent des passagers, la littérature invitait déjà à des départs pour l'espace. Si ces fabuleux voyages sont les témoins des conceptions scientifiques de leur époque et n'ont pu être réalisés qu'au prix de nombreux arrangements avec la réalité, ils sont sans aucun doute à l'origine de bien des vocations…

LE SAVAIS-TU ?

Un ciel sans nuages
As-tu remarqué que la Terre apparaît toujours sans nuages dans *Tintin* ? Or ceux-ci couvrent en permanence une bonne partie du ciel de notre planète et sont très visibles depuis l'espace. Difficile de blâmer Hergé pour cette imprécision : il ne disposait d'aucune image satellitaire à l'époque !

Mise à feu *des fusées pour le retour de la capsule imaginée par Jules Verne.*

De la Terre à la Lune

En 1865, l'écrivain français Jules Verne imagine le voyage de trois hommes et d'un chien autour de la Lune. L'équipage embarque à bord d'un obus propulsé par un gigantesque canon. Intuition géniale ou coïncidence, Jules Verne situe sa base de lancement en Floride, à l'endroit même d'où les missions *Apollo* décolleront un siècle plus tard ! Lorsqu'ils quittent l'orbite terrestre, les aventuriers voient leurs bouteilles et leurs verres flotter dans l'air, et eux-mêmes se sentent soulevés. Au retour, la "capsule" amerrit dans l'océan Pacifique.

Mission encore impossible

Malgré son aspect prémonitoire, cette expédition reste impossible. L'obus est lancé trop violemment pour que l'équipage survive à l'accélération du départ. De plus, son frottement sur l'atmosphère devrait faire fondre le projectile et brûler ses occupants quelques secondes après le coup de canon. Enfin, pendant le voyage, un des héros ouvre un hublot : tout l'air de l'habitacle devrait donc s'échapper instantanément !

Objectif Lune

Tous les amateurs de bandes dessinées connaissent les aventures de Tintin et savent que l'infatigable reporter est allé sur la Lune quinze ans avant Neil Armstrong. Lors de ce voyage lunaire, Hergé mêle habilement informations scientifiques, suspense et humour. Il montre qu'une mission spatiale s'élabore en équipe avec des astronomes, des physiciens, des ingénieurs et des techniciens. Ceux-ci procèdent

Le professeur Tournesol *fait les honneurs de la fusée lunaire en cours de montage.*

DES FUSÉES ET DES HOMMES

à de nombreux essais pour réussir un lancement ; ils testent également le matériel et les combinaisons. Hergé prévoit même un scaphandre pour Milou, cinq ans avant que les Russes n'envoient la petite chienne Laïka autour de la Terre !

On a marché sur la Lune

La conquête de la Lune est aussi présentée comme une aventure humaine : l'auteur montre à travers les péripéties de ses héros les phénomènes d'accélération, d'impesanteur et la dangerosité d'une sortie extravéhiculaire.

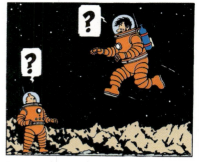

Le premier petit saut du capitaine Haddock sur la Lune se transforme en véritable bond à cause de la très faible pesanteur qui y règne.

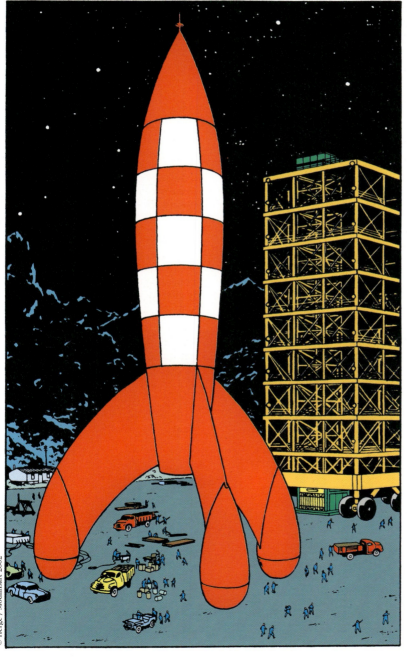

La ressemblance de certains faits avec une réalité qui sera connue seulement quinze années plus tard est impressionnante : l'angoisse des spationautes au départ, les dialogues avec la Terre, les préparatifs de l'alunissage, l'émotion provoquée par les premiers pas sur la Lune et la joie des techniciens restés sur Terre. Mais un problème subsiste : la fusée de Tintin ne pourra jamais être construite…

Fusée de science-fiction

Hergé s'est beaucoup documenté avant de créer cette aventure. L'aspect général de la fusée à damier rouge et blanc est inspiré du missile allemand *V 2* (voir p. 88). Toutefois, si le poste de commande est très vraisemblable, le moteur atomique et son isolant, la "tournesolite", appartiennent à la science-fiction. L'invraisemblance majeure de la fusée lunaire réside dans le fait qu'elle est trop massive (un char occupe même la soute). Les réservoirs des moteurs auxiliaires sont trop petits pour contenir le volume de carburant nécessaire aux décollages et aux freinages de l'engin. Enfin, sans protection thermique apparente, la fusée résiste miraculeusement aux frottements atmosphériques lors du retour sur Terre.

Propulsions du futur

C'est sûr, on a pratiquement tiré le maximum de ce que peuvent donner les propulseurs à liquides. Les agences spatiales élaborent des projets à plus ou moins longue échéance pour minimiser les coûts d'un lancement ou augmenter sa puissance. Mais on y viendra un jour : pour aller très loin, l'atome poussera nos fusées !

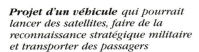

Projet d'un véhicule *qui pourrait lancer des satellites, faire de la reconnaissance stratégique militaire et transporter des passagers*

Le moteur combiné

Quelle aberration : les propulseurs actuels brûlent de l'oxygène liquide contenu dans la fusée alors que celle-ci traverse l'atmosphère, riche en oxygène ! Pourquoi ne pas utiliser, pendant la montée, un moteur capable d'utiliser l'oxygène de l'air ambiant pour brûler le carburant ? Cela allégerait le lanceur et réduirait les coûts de lancement.

Les recherches portent sur les moteurs d'avion, avec le projet de combiner des "super réacteurs", appelés statoréacteurs, à des moteurs-fusées "classiques". Ces derniers propulseront le véhicule jusqu'à atteindre la vitesse du son : Mach 1 (1 192 km/h). C'est à cette vitesse que le statoréacteur se mettra en marche, accélérant le lanceur jusqu'à au moins Mach 10 ou 12. Les fusées reprendront alors le relais pour augmenter la poussée jusqu'à la mise en orbite.

Poussé par les ions*

Un moteur ionique fonctionne en accélérant des gaz ionisés à l'aide d'un puissant champ électrique. Le gaz le plus couramment utilisé est le xénon. L'électricité provient de panneaux solaires ou d'un réacteur nucléaire. Mais, malgré des vitesses d'éjection élevées, les basses puissances électriques disponibles à bord ne permettent que de faibles poussées de l'ordre du souffle humain. Cela limite aujourd'hui l'utilisation de ces moteurs au contrôle de l'orientation et de la trajectoire de satellites et de sondes déjà envoyés.

Sonde américaine *Deep Space 1 survolant le noyau de la comète Borelly en septembre 2001*

DES FUSÉES ET DES HOMMES

LE SAVAIS-TU?

L'ascenseur spatial
Imaginons un câble qui relierait le sol à un satellite géostationnaire*, équipé d'une série de cabines alimentées par des panneaux solaires. Finies les fusées hors de prix et si gourmandes en énergie : en six heures, l'ascenseur permettrait de satelliser un objet de 1 kg au prix imbattable de quelques euros ! De gros obstacles demeurent néanmoins : la masse de plusieurs millions de tonnes du câble et l'impact des météorites ou des débris spatiaux qui pourraient l'endommager. Mais plusieurs essais ont déjà été tentés entre deux satellites, les plus grands câbles ayant atteint une longueur de 20 km.

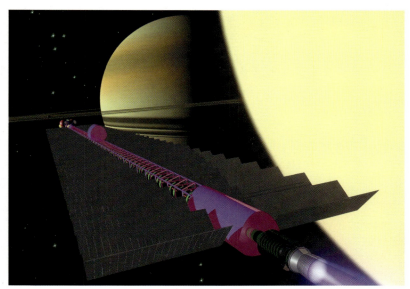

Projet d'un vaisseau qui permettrait aux hommes de visiter les planètes lointaines

Le moteur nucléaire, moteur d'avenir ?

L'énergie nucléaire ne se suffit pas à elle-même pour propulser une fusée : il faut projeter de la masse matière vers l'arrière de celle-ci. La fusée nucléaire du futur comportera donc une partie réacteur, où se produira la réaction nucléaire source de chaleur, et un réservoir de fluide propulsif. Ce dernier pourrait être de l'eau, mais les recherches actuelles s'orientent vers l'hydrogène liquide qui permettrait d'obtenir de plus grandes vitesses d'éjection. Le problème sera celui de la protection de l'équipage contre les radiations générées par le réacteur. Mais la solution pourrait être une sorte de "locomotive atomique" traînant derrière elle l'habitacle où vivraient les spationautes.

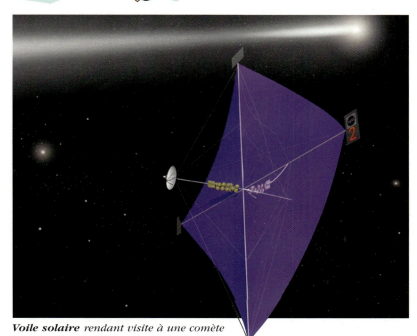

Voile solaire rendant visite à une comète

Voyage au fil du vent… solaire !

Le concept des voiles solaires ne présente pas de difficulté fondamentale pour sa réalisation. Utilisant la pression exercée par la lumière du Soleil (8 g/ha !), ou celle d'un puissant laser, ces immenses toiles en fibres de carbone ou en métal léger recouvert d'or n'auront besoin d'aucun carburant. La poussée de ce système de propulsion restera très faible. Les manœuvres risquent d'être longues et complexes, mais les performances finales seront sans limites. Le carnet de rendez-vous de ces voiliers pourrait comporter les mystérieuses planètes lointaines, les féeriques comètes et les étoiles proches. Des scientifiques ont calculé qu'une voile de 50 m de diamètre, poussée par un laser terrestre fixe de 15 m d'ouverture, pourrait porter une charge de 10 kg sur Mars en dix jours.

Le transport spatial du futur

Le XXIᵉ siècle s'ouvre sur des perspectives de fabuleuses odyssées. Entre les idées les plus réalistes et les concepts de science-fiction les plus farfelus, tiendra-t-il ses promesses ? Ces projets ne seront pas tous retenus, mais quel que soit l'avenir, ils témoignent de la soif des humains à conquérir de nouveaux espaces et à réinventer sans cesse les moyens d'y parvenir...

Navette à hélice
Le lanceur *Roton* décollera verticalement propulsé par un moteur-fusée. Après avoir libéré ses satellites, il redescendra dans l'atmosphère terrestre, déploiera ses pâles et se posera comme un hélicoptère.

Venture Star Company
Un service hebdomadaire de navettes américaines réutilisables assurera la liaison entre le sol et les stations orbitales en offrant aux quarante passagers non entraînés tout le confort nécessaire.

Mars Direct
D'une masse de 200 tonnes, mesurant 60 m de long et propulsé par un moteur à carburants liquides, ce "vaisseau-autobus" effectuera l'aller-retour avec la planète rouge en vingt mois, et pourra transporter six personnes à chaque voyage.

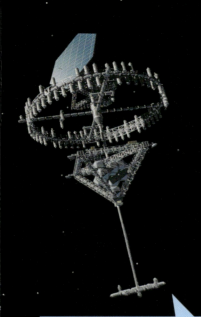

Cargo lunaire
Un véhicule de fret sera chargé de rapporter sur Terre les minerais extraits à la surface de la Lune.

Hôtel spatial
100 modules nécessitant environ 300 vols d'assemblage, 64 chambres, 140 m de large… Ce palace construit par la société japonaise Shimizu accueillera les vacanciers pendant une semaine pour qu'ils savourent les joies de l'impesanteur.
Au programme également : séminaires d'entreprises et mariages en orbite.
Prix estimé du séjour : 45 000 euros !

Avion spatial hypersonique
Il transportera une centaine de personnes d'un bout à l'autre de la planète en moins d'une heure, suivant une trajectoire en forme de cloche culminant à 95 km d'altitude. Grâce à sa propulsion à oxygène et hydrogène liquides, et libéré des principaux frottements atmosphériques, il atteindra des vitesses dépassant les 20 000 km/h !

Themis
27 m de long, 14 m d'envergure, 55 tonnes au décollage, cette navette européenne sera entièrement automatique et mettra en orbite de petits satellites. Elle sera réutilisable plus de cent fois.

En orbite toute

Les premiers missiles intercontinentaux ouvrent les routes du ciel : désormais, de nombreux satellites envahissent l'espace. Mais par quels mystères ces étranges engins restent-ils accrochés à leurs orbites ? Comment parviennent-ils à maintenir leur fragile équilibre entre vitesse et attraction terrestre ? Quelles sont les lois qui gouvernent leurs trajectoires ?

Le premier s'appelait Spoutnik...

Durant la guerre froide, les deux grandes puissances mondiales, les États-Unis et l'URSS, accélèrent leurs recherches sur des missiles intercontinentaux. Au milieu des années 1950, un nouveau défi est lancé : qui sera le premier à envoyer dans l'espace un objet qui ne retomberait pas, mais resterait en orbite autour de la Terre ?

La course à l'espace

En 1954, la communauté scientifique internationale décide de conjuguer les efforts des pays développés pour mieux étudier notre planète. Elle décrète «Année géophysique internationale» la période s'étalant de juin 1957 à décembre 1958, et recommande le lancement de satellites artificiels. Les États-Unis et l'URSS annoncent leur ambition de lancer de petits satellites. Les Soviétiques ne sont pas pris au sérieux ; on les croit sous le coup d'un trop grand retard technologique vis-à-vis des Américains.

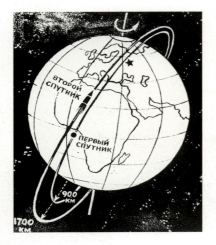

L'ANNONCE OFFICIELLE

Le communiqué officiel de l'agence Tass, publié le 5 octobre 1957, annonçait le lancement de *Spoutnik* en ces termes : « Le résultat de ces recherches laborieuses entreprises par les instituts techniques était la création du premier satellite artificiel de la Terre. Le lancement réussi a été effectué le 4 octobre 1957 par l'URSS... Le lancement du premier satellite constitue un apport d'une grande valeur au patrimoine culturel et scientifique mondial. Une expérience de cette ampleur est très importante pour la découverte de l'espace et de la Terre en tant que planète du système solaire. L'Union soviétique prévoit d'autres lancements de satellites artificiels de la Terre tout au long de l'Année géophysique internationale. Ils seront plus grands et plus lourds et serviront de support aux expériences scientifiques. Les satellites artificiels montreront la route aux voyages interplanétaires. Nos contemporains seront probablement témoins de la réalisation des rêves les plus inouïs de l'humanité, grâce au travail libre et conscient de la nouvelle société socialiste. »

EN ORBITE TOUTE !

"Bip-bip"

Ce 4 octobre 1957, les opérateurs radio captent un nouveau signal : "Bip-bip". Pour les spécialistes de la conquête spatiale, c'est le signe que les Soviétiques ont réussi leur incroyable pari : mettre au point un lanceur assez puissant pour réussir une satellisation. En effet, quelques heures plus tard, l'URSS annonce dans un communiqué officiel qu'une fusée *Zemiorka* vient de réussir la mise sur orbite du premier satellite artificiel de la Terre : *Spoutnik 1*.

Spoutnik 1

Nom : *Spoutnik 1* ("compagnon de voyage" en russe)
Nationalité : soviétique
Masse : 83,6 kg
Taille : 58 cm de diamètre
Signes particuliers : composé d'une simple sphère en aluminium protégeant batteries et émetteurs radio ; équipé de deux paires d'antennes de 2,4 m et 2,9 m.
Concepteur : Sergueï Korolev
Lancement : le 4 octobre 1957 à 22 h 48 (heure de Moscou), à bord d'une fusée *Zemiorka* tirée depuis le cosmodrome de Baïkonour.
Paramètres orbitaux : en 96 min, il décrit une ellipse autour de la Terre à une distance comprise entre 228 km et 947 km.
Mission : être le premier satellite artificiel de la Terre.
Retour sur Terre : le 4 janvier 1958. Après trois mois en orbite, *Spoutnik 1* s'est désagrégé dans les couches denses de l'atmosphère.

L'important, c'est le symbole

Pour prendre l'adversaire de vitesse, les Russes ont dû renoncer à attendre la mise au point du satellite-laboratoire prévu, bardé d'instruments scientifiques et pesant 1 300 kg, au profit du petit *Spoutnik 1*, plus léger (83,6 kg) et plus rapide à réaliser. Ce satellite élémentaire a suffi pour valider son lanceur, l'énorme fusée *Zemiorka* dérivée du missile intercontinental *R 7*. Il ouvre ainsi l'ère spatiale. Un mois plus tard, le 3 novembre 1957, c'est à bord de *Spoutnik 2* que la chienne Laïka devient le premier être vivant à voyager dans l'espace. Elle y survivra une semaine, puis s'endormira dans son tombeau en orbite.

LE SAVAIS-TU ?

Travailleur de l'ombre
L'identité du père de *Spoutnik* et de l'astronautique soviétique est restée longtemps secrète. Celui-ci, un Ukrainien nommé Sergueï Korolev, aurait échappé au prix Nobel de physique sur décision de l'Académie des sciences de l'Union soviétique, qui refusait de dévoiler son nom. Ce n'est que le jour de sa mort, le 14 janvier 1966 – il avait alors 60 ans –, que la presse russe révéla l'existence du mystérieux savant !

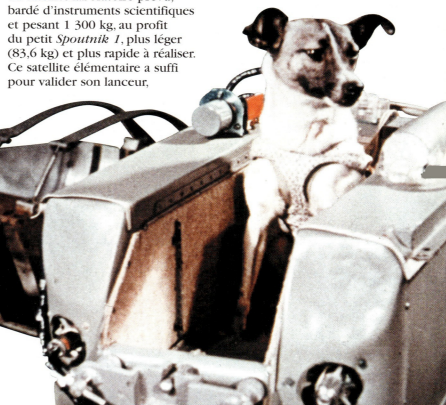

Chutes, projectiles et satellites

Un crayon tombe, un cycliste dévale une pente à vélo, l'eau s'écoule en cascade, une flèche se plante au cœur de sa cible, les satellites tournent autour de leur planète. Tous ces phénomènes paraissent bien différents et pourtant ils ont un seul et même responsable...

Newton et la gravitation universelle

Isaac Newton (1642-1727), mathématicien, physicien, astrologue et alchimiste anglais, énonce, en 1687, dans *Principes mathématiques de philosophie naturelle* la loi de la gravitation universelle.
Pour parvenir à cette théorie révolutionnaire, il a étudié la chute des corps et le mouvement des objets célestes. La légende raconte que c'est en observant des pommes tombant d'un arbre qu'il a découvert cette loi. La mécanique de Newton établit que deux objets, quels qu'ils soient – cailloux, planètes, étoiles ou galaxies –, s'attirent mutuellement avec une force qui augmente en fonction de leur masse et diminue en fonction de la distance qui les sépare. La gravitation génère donc une attraction de deux objets vers un autre, capable de provoquer des chutes comme celle des pommes sur la Terre ; mais elle peut aussi les faire tourner l'un autour de l'autre, s'ils sont déjà en mouvement.

LE SAVAIS-TU ?

Plus léger sur la Lune
Si la masse permet de mesurer la quantité de matière d'un objet, son poids révèle l'attraction qu'il subit sous l'effet de la gravité. Un objet de même masse ne pèse donc pas le même poids sur la Terre que sur la Lune ! Celle-ci étant six fois moins massive que notre planète, la gravité y est réduite d'autant et cet astre attire moins les objets !

Une science des chutes
Depuis toujours, les hommes tentent de lancer des projectiles sur des cibles : proies, ennemis ou centre d'un carton. Ils ont donc développé une étude précise des trajectoires : la balistique* – les balistes étaient des machines de guerre servant à l'envoi de projectiles. Cette science doit beaucoup au domaine militaire. Elle est à l'origine de la conquête spatiale. Ce n'est qu'après avoir longuement étudié les chutes que l'on a pu lancer des objets qui retombent... autour de la Terre.

EN ORBITE TOUTE !

IMAGINE UNE CHUTE INFINIE

Pour réaliser cette expérience, demande à un ami de t'aider. Il jouera le rôle d'observateur.

Il te faut :
- des graviers,
- un terrain dégagé (pré, terrain de sport),
- du papier,
- un crayon.

● Demande à l'observateur de se placer de profil à quelques pas de toi en avant et sur le côté, de manière à pouvoir dessiner sans risque les trajectoires de tes lancements.

● Commence par lâcher simplement un gravier et regarde-le tomber. Sa trajectoire est une ligne verticale qui va de ta main au sol.
En quittant ta main, la vitesse du gravier est nulle ; il est accéléré pendant sa descente par l'attraction terrestre : c'est la gravité.

● Lance d'autres graviers devant toi. Plus tu lances fort, plus

le point de chute est éloigné et moins la trajectoire est courbée. Le gravier est soumis à la fois à la vitesse initiale que tu lui as donnée au moment du lancement et à l'attraction terrestre qui incurve sa course.

Imagine maintenant que tu disposes d'un propulseur extrêmement puissant. Comme la Terre est ronde, la course du gravier peut dépasser l'horizon, puis poursuivre son chemin… Le gravier continuera à tomber, l'attraction de la Terre courbera sa trajectoire et le maintiendra captif. Mais il ne rencontrera jamais le sol, il tombera donc indéfiniment en rond autour de la Terre et deviendra un de ses satellites.
Tu auras réalisé une chute infinie !

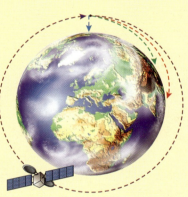

La satellisation : une chute infinie

La Lune, satellite naturel de la Terre, gravite donc autour de notre planète. Elle n'a pas besoin de "moteur" pour entretenir sa ronde permanente. Il en va de même pour les satellites artificiels, mais il aura fallu attendre trois siècles après les travaux de Newton pour que l'homme soit capable de reproduire ce phénomène naturel. Les satellites sont injectés sur leur orbite à une distance suffisante de la Terre pour que le ralentissement de l'atmosphère soit négligeable. Ils y poursuivent naturellement leur chute infinie, en équilibre entre l'attraction terrestre et la vitesse initiale fournie par leur lanceur.

La ronde des planètes du système solaire.

Atmosphère et frottements

Présente à l'état résiduel jusqu'à environ 1 000 km d'altitude, l'atmosphère constitue un frein au déplacement des fusées et des satellites dans l'espace. Pourtant, les scientifiques mettent à profit ses différentes propriétés lors de la mise au point de nombreuses missions spatiales…

Le rôle des moteurs d'appoint

La présence infime de gaz à des altitudes allant jusqu'à 1 000 km suffit pour provoquer de légers frottements sur les véhicules spatiaux, et diminuer ainsi leur vitesse. C'est notamment pour cette raison que les satellites proches ont naturellement tendance à redescendre sur Terre : ils se servent de petits moteurs d'appoint pour se maintenir à la bonne altitude. Ces moteurs, pilotés par des stations au sol qui suivent la trajectoire, l'attitude et la position des satellites, utilisent des ergols* stockés dans de petits réservoirs. Lorsque les réservoirs sont vides, les satellites sont incontrôlables et donc inutilisables.

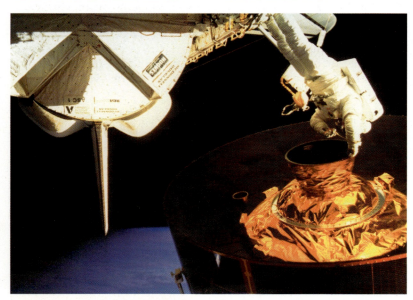

Le remplissage des ergols *des moteurs peut parfois se faire en route.*

LE SAVAIS-TU ?

La rentrée atmosphérique de la station Mir
Le 23 mars 2001, la station spatiale Mir a été volontairement propulsée dans l'atmosphère pour y être désintégrée. Grâce à trois impulsions de freinage successives, elle a chuté en moins de six heures d'une altitude de 240 km à seulement 100 km. La destruction proprement dite a alors débuté, générant des fragments incandescents spectaculaires dont certains ont échoué dans l'océan Pacifique. Même programmée et maîtrisée, la désintégration d'un tel objet a été la cause de frayeurs pour les îliens du Pacifique sud. Même les Néo-Zélandais et les Australiens n'étaient pas très rassurés…

EN ORBITE TOUTE !

Les rentrées atmosphériques

Mais ces frottements ne présentent pas que des inconvénients et peuvent être astucieusement mis à profit. En effet, des frottements atmosphériques trop importants peuvent échauffer un satellite et le désintègrer, exactement comme une météorite, sous la forme d'une étoile filante. C'est entre 50 et 100 km d'altitude que cette destruction a lieu, là où la friction de l'air et la température sont maximales. Au lieu d'attendre la chute naturelle du satellite, ce qui peut prendre beaucoup de temps (voir tableau), les ingénieurs essaient de plus en plus d'injecter volontairement les vieux véhicules dans l'atmosphère pour qu'ils s'y désagrègent. Mais cette rentrée doit, si possible, être contrôlée, car des pièces plus résistantes que d'autres peuvent atteindre finalement la terre ferme ou les océans !

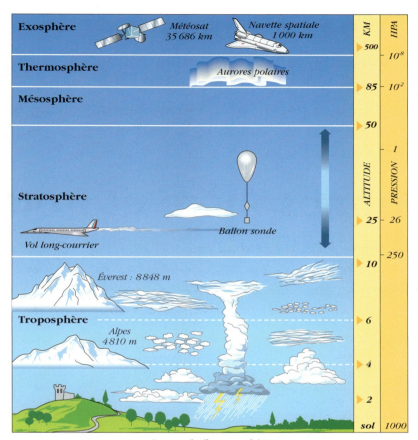

Coupe de l'atmosphère

DURÉE DE MAINTIEN D'UN SATELLITE EN ORBITE AUTOUR DE LA TERRE

Altitude (km)	Durée de maintien en orbite
200	Quelques jours
300	Quelques semaines
400	Quelques mois
500	Quelques années
800	Environ 100 ans
1500	Environ 10 000 ans
36 000	Environ 1 000 000 ans

On voit que plus l'altitude est élevée, plus le temps de fonctionnement d'un satellite est long. À basse altitude, ce temps est essentiellement conditionné par les réserves d'ergols qu'il a emportées, et qui lui permettent de maintenir son orbite.

L'aérocapture

Comme la Terre, d'autres planètes du système solaire possèdent aussi une atmosphère. Mars, par exemple, est entourée d'une mince couche de gaz, qui freine tout satellite passant à son voisinage. Cette propriété devrait être utilisée pour de futures missions martiennes. En effet, des sondes en provenance de la Terre doivent diminuer leur vitesse en s'approchant de la planète rouge, afin de se mettre en orbite et, éventuellement, se poser sur le sol. Ce frein est traditionnellement obtenu par des moteurs, appelés rétrofusées, mais les frottements atmosphériques peuvent jouer ce rôle ! Cette technique, économique mais particulièrement audacieuse, nécessite de bien choisir la trajectoire d'approche de la sonde, et de protéger celle-ci des échauffements inévitables par un bouclier thermique très résistant. Ce bouclier peut permettre également d'augmenter la surface de contact, pour un freinage encore plus puissant…

131

Les trajectoires des objets spatiaux

Sous l'effet de la gravitation, corps célestes et véhicules spatiaux décrivent diverses trajectoires autour des astres. Cercle, ellipse, parabole ou hyperbole sont les figures imposées de ce balai.

Les trajectoires fermées : cercles et ellipses

Elles représentent les orbites des planètes autour du Soleil et des satellites autour de leur planète. Le satellite, prisonnier de l'attraction de la planète, est comme retenu par un fil à son centre ; son déplacement ne peut donc pas se faire dans n'importe quelle direction. Il décrit une courbe régulière et fermée autour du centre de gravité de l'objet qui l'attire. Dans le cas d'une orbite circulaire, la distance entre le satellite et sa planète est constante ; cette dernière est située au centre du cercle.

Dans le cas d'une orbite elliptique, l'astre attracteur occupe un des foyers de l'ellipse et la distance entre les deux objets est variable. Les deux positions extrêmes sont des points remarquables de l'orbite considérée. Ils sont nommés "périgée" pour le point où le satellite est le plus proche de la Terre, et "apogée" pour celui qui en est le plus éloigné. Bien sûr, dans l'Univers, les corps célestes subissent l'attraction combinée de plusieurs astres et ces modèles simples d'orbites présentent de multiples perturbations.

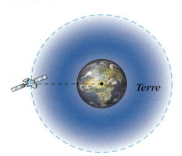

Orbite circulaire

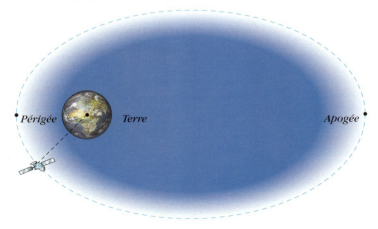

Orbite elliptique

EN ORBITE TOUTE !

DE L'ELLIPSE AU CERCLE

Il te faut :
- une feuille de papier,
- une planchette ou du carton fort,
- un crayon,
- deux punaises,
- 30 cm de ficelle de cuisine.

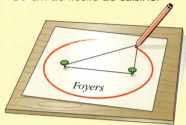

Foyers

- Pose la feuille sur la planche. Plante les punaises sur la feuille à quelques centimètres d'écart l'une de l'autre.
- Fais une boucle en nouant la ficelle. Passe cette boucle autour des punaises et du crayon pour former un triangle.
- Fais tourner le crayon autour des punaises en prenant garde à ce que la ficelle soit toujours tendue. Tu as tracé une ellipse dont les foyers sont occupés par les punaises.
- Rapproche les punaises l'une de l'autre puis trace une nouvelle figure.

Plus tu rapproches les punaises, donc les foyers, plus l'ellipse ressemble à un cercle, jusqu'à ce que les deux foyers se confondent pour former le centre du cercle.

DES TRAJECTOIRES EXOTIQUES

Il te faut :
- de la pâte à modeler,
- un couteau,
- quelques feuilles de papier,
- un crayon.

Trajectoires fermées
- Cercle
- Ellipse

Trajectoires ouvertes
- Parabole
- Hyperbole

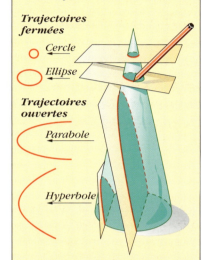

Les coniques constituent une famille de courbes obtenues par l'intersection d'un cône et d'un plan d'inclinaison variable.

- Réalise un cône en roulant la pâte à modeler.
- Découpe ce cône et reporte sur une feuille le contour de la section que tu as obtenue.
- Recommence selon tous les angles de coupe que tu peux imaginer, tu obtiens différents types de courbes. En géométrie, on appelle ces figures des coniques : c'est le résultat de l'intersection d'un cône et d'un plan plus ou moins incliné.

Toutes ces courbes sont des représentations de toutes les trajectoires que peuvent emprunter les objets célestes, qu'ils soient naturels ou artificiels !

Les trajectoires ouvertes : paraboles et hyperboles

Elles figurent la route d'objets qui semblent venir de nulle part et repartent vers l'infini après avoir été détournés de leur chemin et accélérés par la masse d'un autre corps céleste.
Pour les astres, ce pourrait être le trajet d'une comète venue des confins du système solaire et déviée de sa course par l'attraction d'une planète.
Dans le cas d'un objet lancé depuis la Terre, ce serait la trajectoire d'une sonde partie explorer d'autres planètes.

LE SAVAIS-TU ?

Ballon de foot ou de rugby ?
Pendant 2 000 ans, le cercle a été considéré par les astronomes comme la figure céleste par excellence. Ce n'est qu'à l'aube du XVIIe siècle qu'on commença à imaginer que les trajectoires des planètes pouvaient suivre une autre courbe, en l'occurrence une ellipse. Une fois cette théorie acceptée, on garda malgré tout le terme d'orbite, qui signifie ligne circulaire en latin.

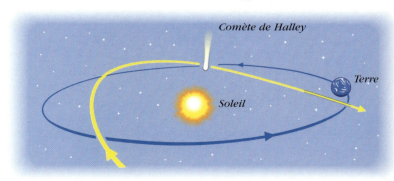

Trajectoire d'une comète — Comète de Halley, Soleil, Terre

Vitesses, distances et satellisation

Lorsqu'on lance un objet, il part tout droit mais finit par retomber sur le sol. Les satellites n'échappent pas à la règle, cependant, ils ne retombent que rarement sur Terre. C'est grâce à leur vitesse qu'ils continuent leur chemin…

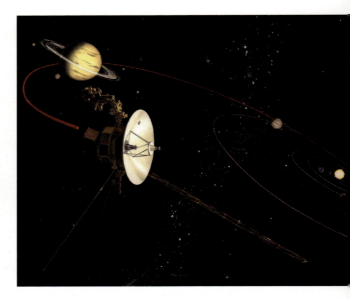

La satellisation, une question de vitesse

Au cours des différentes phases de son lancement, il faut donner au satellite une vitesse suffisante pour vaincre l'attraction de la Terre. Selon la distance à laquelle il se trouve de la planète, un objet ne subit pas la pesanteur avec la même force. La vitesse minimale qu'il faut lui impulser pour obtenir sa satellisation est donc variable suivant l'altitude : elle est appelée vitesse de satellisation (Vs). À 200 km de la Terre, altitude minimale pour s'affranchir du ralentissement atmosphérique, elle est de 7,8 km par seconde ; à 384 000 km de notre planète, il suffit en moyenne à la Lune d'une vitesse de 1 km/s pour rester sur son orbite. Comme les satellites évoluent dans le vide spatial, ils ne subissent pratiquement aucun ralentissement par frottement. Sur une orbite circulaire, ils conservent donc une vitesse constante.

La trajectoire, une question de vitesse

Si le lanceur donne à l'objet une vitesse supérieure à la vitesse de satellisation, celui-la possèdera une énergie lui permettant non seulement de ne pas retomber vers la Terre, mais même de s'en écarter. Sa trajectoire pourra alors se transformer en ellipse, une courbe étirée avec un passage proche de la Terre et un passage plus éloigné. La vitesse d'injection de l'objet peut être aussi tellement élevée qu'elle le libère totalement de l'attraction terrestre et qu'il continue à s'éloigner. C'est le cas des sondes spatiales. La vitesse minimale pour obtenir cette trajectoire s'appelle vitesse de libération. À 200 km de la Terre, elle atteint 11,2 km/s.

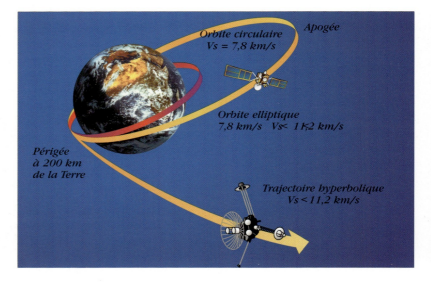

EN ORBITE TOUTE !

La sonde échappera alors à l'influence de la Terre mais restera en orbite autour du Soleil. Chemin faisant, sa trajectoire pourra croiser celles d'autres corps célestes, comme les planètes géantes.

Le mouvement képlérien

L'étude du mouvement des planètes et la volonté de faire triompher une vision structurée et héliocentrique* du système solaire a conduit le mathématicien et astronome allemand Johannes Kepler (1571-1630) à proposer un modèle d'architecture du système solaire qu'il publiera entre 1609 et 1619. Les lois expérimentales qu'il énonça à l'époque – et dont Newton montra plus tard

qu'elles sont les conséquences de la gravitation universelle – peuvent s'appliquer aussi bien au mouvement des planètes autour du Soleil qu'à n'importe quel corps en orbite autour d'un autre (voir encadré ci-dessous).

LE SAVAIS-TU ?

Se satelliser en courant
Sur Phobos, satellite naturel de Mars de faible masse, la vitesse de satellisation n'est que de 2 m/s soit 7,2 km/h, vitesse que l'on pourrait sans peine atteindre en courant !

LES TROIS LOIS DE KEPLER

Loi des orbites
Chaque planète décrit autour du Soleil une ellipse dont cet astre est un des foyers. Plus les foyers sont proches (jusqu'à se fondre en un seul qui devient un centre), plus l'ellipse s'arrondit, ressemblant progressivement à un cercle.

Loi des aires
Plus une planète est proche du Soleil, plus elle gravite rapidement ; plus elle en est éloignée, plus elle va lentement. Le phénomène est identique pour les satellites artificiels en orbite elliptique autour de la Terre. À leur périgée, ils subissent au maximum l'accélération de la gravité terrestre, tandis que leur vitesse diminue au fur et à mesure de leur éloignement. Elle est au minimum à leur apogée et ces engins s'accélèrent à nouveau quand ils replongent vers notre planète... Comme au sommet du grand huit des parcs d'attractions !

Loi des révolutions
Elle établit un rapport mathématique entre le temps de révolution d'une planète autour du Soleil, la durée de "son année", et la distance de cette planète au Soleil : soit R le rayon de l'orbite d'un corps autour du centre d'une planète, T le temps mis par ce corps à faire un tour, on aura toujours le même rapport R^3/T^2. Si on généralise cette loi, elle nous donne la vitesse à laquelle un satellite gravite en orbite autour de son astre attracteur en fonction de la distance qui les sépare, autrement dit sa vitesse de satellisation.

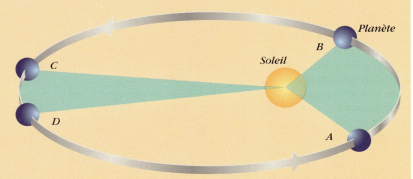

Loi des aires : la surface (représentée en vert sur le schéma) qui balaye le rayon reliant la planète au soleil est la même quand la planète va de A à B que lorsqu'elle va de C à D. Celle-ci met le même temps pour aller de A à B que de C à D.

Un puits dans l'espace

Comment matérialiser la force d'attraction qu'un astre exerce tout autour de lui ? Par quel moyen visualiser les lois qui gouvernent la trajectoire des corps dans l'espace ?
Voici une expérience qui te permettra de comprendre le mouvement des satellites en orbite terrestre mais aussi le parcours des planètes et des sondes à travers le système solaire.

Il te faut :
- quatre chaises bien stables,
- un morceau de tissu lisse de 1,5 x 1,5 m environ (une nappe ou un vieux drap découpé en forme de carré par exemple),
- du ruban adhésif résistant,
- une balle de tennis,
- une bille.

Construis ton orbitogramme

Cherche avant tout un endroit où tu auras assez de place : jardin, garage ou salle à manger dégagée.
● Dispose les chaises en rond, les dossiers orientés vers le centre du cercle. À l'aide du ruban adhésif, fixe solidement chaque coin de tissu au rebord du dossier des quatre chaises.
● Écarte les chaises de manière à tendre à l'horizontale tous les bords du tissu et à éviter les plis à sa surface. Enfin, place exactement au centre du tissu la balle de tennis : elle s'enfonce un peu dans le tissu.
Ton orbitogramme est prêt !

À toi de jouer !

● Lance la bille à partir du milieu d'un des côtés du tissu pour essayer de la mettre en orbite autour de la balle. Attention, si tu la pousses trop faiblement, elle s'écrase tout de suite dessus. Si tu compenses l'attraction de la balle par une vitesse et un angle de tir trop élevés, la bille sort de l'installation !
● Au cours de tes essais, observe attentivement la trajectoire de la bille en variant la direction et le mouvement que tu lui donnes au départ. Étudie sa vitesse lorsqu'elle se rapproche (ou s'éloigne) du centre de l'orbitogramme.
● Pour comprendre encore mieux ce phénomène, regarde le trajet de la bille par en-dessous...

Mécanique céleste

La présence de la balle de tennis incurve la surface du tissu comme une assiette creuse. Cela simule la force d'attraction qu'un astre exerce sur tout objet passant à proximité de lui. Cette déformation de l'espace, cette pente créée par la masse de l'astre, est appelée "puits de gravité".
Lorsque la bille s'engage à l'intérieur, elle subit la même accélération qu'un corps (satellite naturel ou artificiel) passant dans le champ d'attraction d'une planète comme la Terre.
Plus la bille est proche de l'astre, plus sa trajectoire est déviée et sa vitesse modifiée : elle accélère en se rapprochant et ralentit en s'éloignant.
La bille ne peut pas aller tout droit ; elle suit cette courbure de l'espace qui détermine le caractère circulaire de sa trajectoire.
Elle décrira différentes courbes selon la direction et l'élan initial qu'elle possède : un cercle, une ellipse, une parabole ou une hyperbole.
C'est ce que l'orbitogramme permet de voir !

EN ORBITE TOUTE !

Frottements et résistances

Si, une fois lancée, la bille n'était pas soumise à de puissantes forces de frottement, elle pourrait rester en orbite indéfiniment.
Mais elle est constamment freinée par l'air et le tissu. Elle finit alors par s'écraser sur la balle après deux ou trois tours, même si ta mise sur orbite a été parfaite…
Si la Terre ne tombe pas sur le Soleil, c'est qu'elle se déplace dans le vide spatial sans rencontrer de résistance : elle conserve son élan et continue à tourner.

Si tu veux réaliser l'expérience avec un groupe d'amis, prend un tissu plus grand et fais-leur tenir les coins. Remplace la balle de tennis par un ballon de basket et la bille par une balle plus grosse.

COURBURES DE L'ESPACE

En schématisant, l'Univers pourrait être représenté par un immense quadrillage élastique dans lequel baignent des étoiles et des planètes. En l'absence de matière, il reste plat. Mais dès qu'un astre est présent, il se courbe. Plus l'astre est massif, plus il incurve l'espace autour de lui.

Les courbures provoquées par la Terre et la Lune.

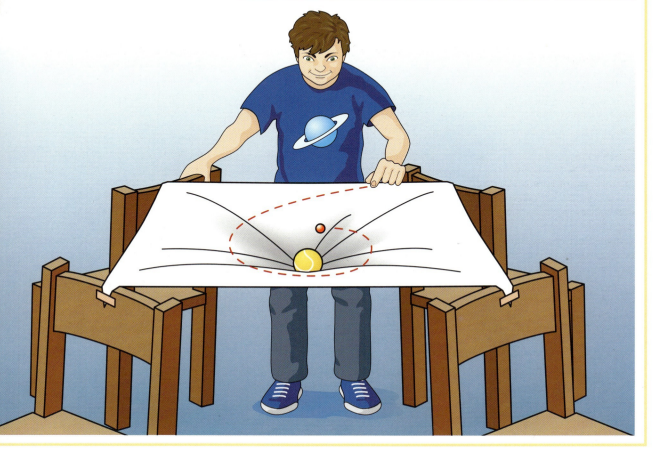

137

En route autour de la Terre

Les satellites artificiels décrivent autour de la Terre une trajectoire que les spécialistes nomment orbite. Dans la plupart des cas, il s'agit d'une ellipse, c'est-à-dire d'une boucle plus ou moins ovale que l'on peut localiser avec précision.

ω : argument du périgée
C'est l'orientation de la ligne des apsides par rapport au plan de l'équateur. Il correspond à l'angle entre le périgée, le centre de la Terre et le nœud ascendant.

Ligne des apsides
Ligne joignant le périgée et l'apogée.

P : périgée
C'est le point de l'orbite le plus proche de la Terre.

Plan équatorial

i : inclinaison du plan orbital par rapport à l'équateur.

N' : nœud descendant
Il marque le passage du satellite de l'hémisphère Nord vers l'hémisphère Sud.

La position à un instant précis du satellite sur son orbite *(qui peut-être définie à quelques dizaines de centimètres près). On l'ajuste régulièrement grâce à des mesures de localisation.*

Un rail invisible

Projectile lancé depuis la Terre, le satellite va subir sa trajectoire. On peut figurer cette route immatérielle en représentant toutes les positions qu'il occupe durant un tour de Terre. Cependant, l'orbite réelle d'un satellite n'est ni une ellipse parfaite ni une trajectoire stable. C'est une courbe en perpétuelle évolution que les outils informatiques ne peuvent pas prévoir à long terme. D'où la nécessité de la suivre constamment depuis le sol.

Histoires de plans

Un satellite artificiel en orbite semble se déplacer sur une surface plane. Cette aire géométrique, qui contient la trajectoire du satellite et passe toujours par le centre de la Terre, est nommée plan orbital. Une infinité d'orbites sont possibles autour de notre planète. Elles peuvent cependant être regroupées par familles en fonction de l'inclinaison de leur plan par rapport à l'équateur.

Orbitographie

Environ 4000 satellites gravitent aujourd'hui autour de la Terre. Pour pouvoir les suivre, les scientifiques caractérisent chaque orbite par les différents paramètres orbitaux indiqués sur ce schéma d'orbitographie.

EN ORBITE TOUTE !

N : nœud ascendant
Il marque le passage du satellite de l'hémisphère Sud vers l'hémisphère Nord.

Ω : ascension droite du nœud ascendant
C'est la position de la ligne des nœuds par rapport au plan de l'équateur. Il correspond à l'angle entre le nœud ascendant, le centre de la Terre et l'axe Terre-Soleil le 21 mars (jour d'équinoxe de printemps lorsque le Soleil est justement dans le plan de l'équateur terrestre).

Ligne des nœuds
Ligne joignant les deux nœuds et passant par le centre de la Terre.

Direction Terre-Soleil
à l'équinoxe de printemps.

A : apogée
C'est le point de l'orbite le plus éloigné de la Terre.

Plan orbital
du satellite

L'ORBITE EST VIVANTE

La trajectoire d'un satellite n'est jamais figée. Elle se déforme au cours du temps sous l'effet de quatre facteurs :
• La Terre, aplatie aux pôles et renflée à l'équateur, perturbe l'orbite du satellite en faisant lentement pivoter son plan orbital autour du centre de la Terre. On appelle ce phénomène la précession.
• L'environnement spatial de la Terre n'est pas totalement vide. L'atmosphère résiduelle freine sensiblement le mouvement des satellites jusqu'à plusieurs centaines de kilomètres d'altitude.
• La Lune, le Soleil et les autres planètes attirent également les satellites et modifient leur régularité orbitale.
• Enfin, la lumière solaire exerce une pression sur les satellites qui engendre une force perturbatrice.

À chaque mission son orbite

La trajectoire d'un satellite est toujours adaptée à la tâche qu'il effectue. Définir l'altitude, la forme de son orbite et son inclinaison par rapport à l'équateur, c'est avant tout choisir les régions qu'il va survoler. Mais il ne faut pas oublier que la Terre tourne sur elle-même pendant que le satellite gravite autour d'elle…

Bande observée au premier passage du satellite

Bande observée quand il termine son premier tour.

Des routes au-dessus des pôles

Les routes spatiales de forme circulaire, inclinées de près de 90° par rapport à l'équateur, sont appelées orbites polaires. Positionné entre 450 et 2 000 km d'altitude, le satellite parcourt ce type d'orbite en une heure et demie, à une vitesse proche de 7 km/s. À chacun de ses passages, il survole une nouvelle bande de territoire puisque, entre-temps, la Terre a tourné. Au bout de quelques jours, il aura pu observer tout le globe. Les orbites polaires permettent de réaliser des mesures très précises qui facilitent l'observation détaillée de la Terre, la localisation des balises et le renseignement militaire.

LE SAVAIS-TU ?

Place aux jeunes !
En fin d'activité, pour libérer une orbite très convoitée, un satellite géostationnaire* est déplacé sur une orbite cimetière (de type équatoriale non géostationnaire) à 41 000 km d'altitude où il restera plus d'un million d'années… à moins que, d'ici là, on soit allé faire le ménage !

Réglés sur le soleil

Certains satellites polaires – comme la plate-forme d'observation militaire *Hélios* – sont aussi héliosynchrones : ils passent toujours à la même heure solaire au-dessus du même endroit. Les conditions d'éclairement sont donc constantes, ce qui rend possible la comparaison des prises de vue.

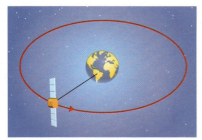

***Un satellite** géostationnaire*

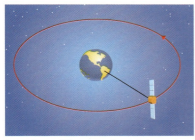

***Le même**, 6 heures plus tard*

Des satellites stationnaires ?

Une route étonnante, dans le plan de l'équateur, permet au satellite de suivre le mouvement de rotation de la Terre. Depuis le sol, le satellite nous apparaît alors immobile dans l'espace. Mais c'est une illusion ! En réalité, il se déplace à 3 km/s (environ 11 000 km/h) et parcourt son orbite en 24 heures ! Il effectue donc un tour de Terre en même temps que la planète réalise un tour sur elle-même. On appelle cette trajectoire l'orbite géostationnaire. De forme circulaire, elle est située à 35 786 km d'altitude, cette exactitude étant imposée par la masse de la Terre et la loi de la mécanique céleste liant altitude et vitesse : en dessous de 35 786 km, le satellite irait trop vite et accomplirait son orbite en moins de 24 heures ; au-delà, il serait plus lent et mettrait plus de 24 heures.

Un poste d'observation privilégié

Quelque 900 satellites, dont un tiers opérationnels, sont placés sur cette trajectoire, chacun d'entre eux ayant en visibilité presque la moitié du globe. Grâce à leur recul, certains servent d'observatoires pour la météorologie planétaire. La plupart de ces satellites constituent surtout de précieux relais pour les communications civiles et militaires, permettant la connexion entre des stations éloignées qui ne peuvent pas se joindre du fait de la courbure terrestre (*voir p. 210-211*). Ils assurent la diffusion des images de télévision, les transmissions téléphoniques et l'échange de données entre ordinateurs. Ils permettent aussi la liaison radio entre les stations spatiales et les équipes au sol.

***Image prise** par le satellite géostationnaire GOES*

UNE ORBITE SURPRENANTE

Les satellites d'astronomie ont souvent des trajectoires très particulières. C'est le cas de *XMM*, observateur spatial européen des rayons X. Il parcourt en 48 heures une orbite elliptique inclinée de 40°, ayant un périgée à 7 000 km et une apogée à 114 000 km. Il passe ainsi les trois quarts de son temps loin de la Terre et de ses ceintures de radiations qui perturbent les observations.

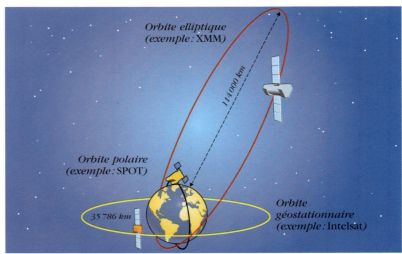

***Des trajectoires appropriées** aux missions des satellites*

Chronologie d'une mise à poste

Le 13 novembre 1996, le satellite Arabsat 2B entame la grande aventure qui, depuis Kourou, le conduira jusqu'à l'orbite géostationnaire*. Une fois positionné sur la bonne trajectoire, il pourra remplir sa mission : diffuser les programmes de télévision des pays de la Ligue arabe.

6 novembre / J – 7
Après des mois de développement et de réalisation, le satellite est enfin prêt. Il arrive à l'aéroport de Cayenne pour rejoindre son lanceur.

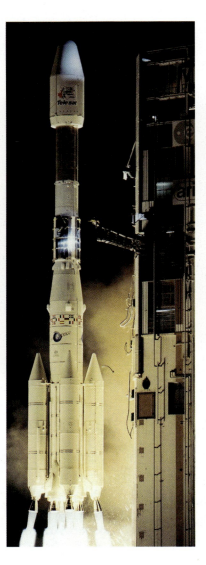

13 novembre / H 0
Sept jours ont été nécessaires pour effectuer les dernières finitions et les ultimes vérifications. Les ingénieurs ont notamment procédé au remplissage des réservoirs d'ergols* du satellite avant son installation sous la coiffe du lanceur *Ariane 4* (voir p. 114-115).

13 novembre / H 0 + 20 min 30 s
Vitesse du satellite : 10,25 km/s, altitude : 200 km. Injection du satellite sur son orbite de transfert et fin de la mission en vol d'*Ariane 4*. À Kourou, on débouche le champagne ! Après avoir accompli sa mission, le lanceur se désintègre dans l'espace.

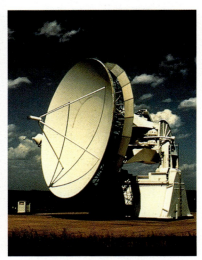

13 novembre / H 0 + 25 min
La première télémesure est captée par la station de contrôle de Hartebeesthoek (HBK) en Afrique du Sud. Durant la mise à poste, les différentes stations réparties autour du globe se relaient pour surveiller le satellite. L'ensemble des mesures est retransmis au centre principal, ici le CSG (Centre de surveillance général) à Toulouse (CNES). Au cours de cette période – qui peut durer trois semaines à un mois –, une centaine de spécialistes sont chargés de mener à bien toutes les opérations.

EN ORBITE TOUTE !

17 novembre / J + 4
Vitesse du satellite : 1500 m/s quatrième passage à l'altitude 35 687 km. La stabilisation du satellite sur la GTO* est alors assurée. Les manœuvres d'apogée débutent avec la mise à feu du moteur d'apogée. Celui-ci est orienté de manière à annuler l'inclinaison du plan orbital par rapport au plan équatorial dans lequel se trouve l'orbite géostationnaire. Par ailleurs, sa puissance est calculée pour accélérer le satellite jusqu'à la vitesse de circularisation de son orbite, soit 3000 m/s. Ces manœuvres se font en trois poussées d'environ 1 h 30, 1 h et 30 min, réalisées à deux jours d'intervalle.

Orbite de transfert

Nom de code : GTO (Geostationary Transfer Orbit)

Périgée : à 200 km de la Terre

Apogée : à 35 787 km de la Terre

Plan orbital : pour pouvoir être atteinte depuis la base de lancement, l'inclinaison de cette orbite est de 7° par rapport au plan équatorial.

18 novembre / J + 5
À l'issue des manœuvres d'apogée, *Arabsat* a été placé à 30° de longitude ouest sur l'orbite géostationnaire. Il s'agit maintenant de le faire dériver lentement sur l'orbite jusqu'à sa position définitive de 22° est, face aux pays de la Ligue Arabe.

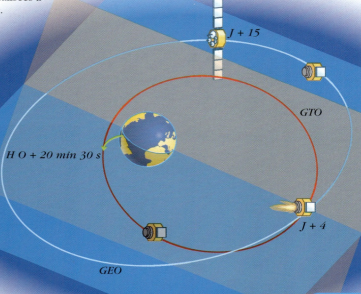

Orbite géostationnaire

Nom de code : GEO* (Geostationary Earth Orbit)

Caractéristiques : orbite circulaire située à 35 787 km d'altitude terrestre (on arrondit à 36 000 dans le langage courant).

Plan orbital : à l'équateur ; son apogée doit se trouver au point d'intersection entre ce plan et le plan de l'orbite de transfert.

28 novembre / J + 15
Arabsat est maintenant opérationnel et peut commencer sa mission. Le contrôle du satellite est transféré au centre de Dirabh en Arabie Saoudite qui assurera son maintien à poste pendant toute sa durée de vie !

Satellites sous surveillance

Pas question de laisser les satellites faire "l'orbite buissonnière" : ils doivent être en mesure d'accomplir leur mission à tout moment. Des stations de surveillance au sol les suivent donc en permanence...

Garder l'œil sur l'orbite

Prenons le cas d'un satellite de télécommunications : son orbite géosynchrone* n'est jamais parfaitement stable, il subit une légère dérive qu'il faut compenser pour qu'il conserve une position constante par rapport au sol. Pour cela, les ingénieurs vont déclencher à distance de petits moteurs-fusées, qui permettront de remettre le satellite sur l'orbite voulue. Ces moteurs seront utilisés d'une manière générale pour toutes les manœuvres de changement d'orbite nécessaires à la mission d'un satellite.

Attention à l'attitude

Mais la trajectoire n'est pas le seul élément important : l'attitude du satellite, c'est-à-dire son orientation dans l'espace par rapport à ses trois axes, l'est tout autant. Les antennes d'un satellite de télécommunications, par exemple, doivent être tournées vers la Terre, de même que les instruments de prise de vues d'un satellite *SPOT*. Ces engins sont donc équipés d'un système de contrôle d'attitude qui est télécommandé depuis notre planète. On utilise pour cela des roues à inertie, ou volants cinétiques, dont la mise en rotation permet des corrections fines.

LE SAVAIS-TU ?

Silence, on capte !
Les nombreux parasites électromagnétiques issus des activités terrestres brouillent les signaux des sondes et rendent leur détection très difficile. Aussi la plupart des antennes du DSN sont-elles installées dans des régions désertiques. Celles de Goldstone sont même situées dans une sorte de cuvette entourée de montagnes qui les isolent de ce bruit de fond.

Les roues à inertie permettent de corriger l'attitude du satellite.

- Sens de rotation du satellite
- Sens de rotation des roues à réaction
- Propulseurs de correction d'attitude
- Roues à réaction

EN ORBITE TOUTE !

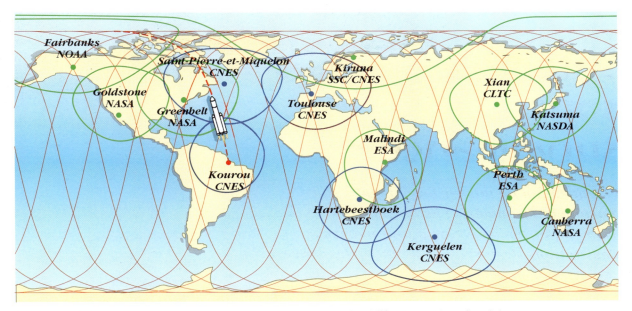

Trace au sol du satellite SPOT (en rouge) et zones de couverture des différentes stations de suivi.

Stations de suivi

Les organismes chargés de la gestion du satellite disposent au sol d'un réseau de stations de poursuite. Lors du survol (entre un et dix par jour), le satellite et la station échangent des télécommandes et des données renseignant avec précision les opérateurs sur son état et son positionnement. Toutes ces stations sont coordonnées par un centre de contrôle qui reçoit la totalité des données recueillies par le réseau et décide des corrections nécessaires. Il élabore ensuite les manœuvres correspondantes, qu'il transmet au satellite par l'intermédiaire du réseau.

Grandes antennes pour faible signal

Les antennes de ces stations au sol ont un diamètre bien plus imposant que celles servant à la réception de la télévision. Comme les antennes du satellite destinées à sa localisation et à la télémesure sont très petites, elles envoient un signal très faible. Les antennes réceptrices doivent donc être très performantes.

RESTER EN CONTACT AVEC LES SONDES

Le réseau de stations terrestres chargé de suivre les sondes américaines s'appelle le Deep Space Network (DSN). Il se compose de trois stations situées à Goldstone en Californie, à Canberra en Australie, et à Madrid en Espagne. Elles possèdent des antennes mesurant 26, 34 et 70 m de diamètre. Leur sensibilité est incroyable : en novembre 2001, le DSN communiquait toujours avec les deux sondes *Voyager*, pourtant distantes de la Terre d'environ dix milliards de kilomètres. Ces distances extraordinaires provoquent un décalage de vingt heures entre l'instant où les ingénieurs envoient des données vers les sondes et le moment où ils reçoivent leurs réponses.

Cette faiblesse du signal est encore plus importante dans les cas des sondes spatiales, évoluant à des distances bien plus grandes...

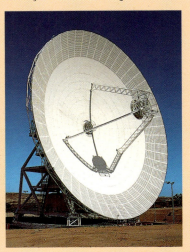

Une grande antenne à Goldstone

Drôle d'endroit pour une rencontre

Faire se rejoindre dans l'espace deux véhicules en mouvement est un exercice périlleux. Chaque rendez-vous orbital est donc orchestré depuis le sol par des ingénieurs qui contrôlent très précisément toutes les phases de cette rencontre d'un autre type...

LE SAVAIS-TU ?

Premier rendez-vous
Seulement dix ans après le lancement de *Spoutnik*, l'Union soviétique réussit la première rencontre en orbite : le 16 janvier 1969, deux véhicules *Soyouz* se sont amarrés dans l'espace, permettant les retrouvailles de trois cosmonautes.

Dès 2004, il est prévu que la Station spatiale internationale et ses occupants soient ravitaillés par l'*ATV* (*Automated transfer vehicle*). Pour qu'il y ait rendez-vous, la cible et le poursuivant devront se trouver sur la même orbite, au même endroit, au même moment et à la même vitesse... Lancé depuis Kourou par *Ariane 5*, l'*ATV* sera donc programmé pour rejoindre l'*ISS* qui gravite à 400 km d'altitude, sur une orbite circulaire inclinée de 51,6°. Ce cargo européen devra s'amarrer en plein vol, débarquer son chargement (9 tonnes de fret solide et liquide : nourriture, carburant, oxygène, eau, appareillages scientifiques, etc.) et récupérer les déchets de la station.

H – 46 heures : attention au départ !

L'orbite de l'*ISS* se situe dans un plan qui reste fixe dans l'espace et il n'est pas question de le modifier. Stratégiquement, on choisit d'attendre que la rotation terrestre amène la base de lancement du poursuivant sous la trajectoire de la cible. Cette position de la Terre détermine la fenêtre de lancement*, c'est-à-dire les quelques minutes seulement durant lesquelles la fusée peut décoller. En cas d'incident ou de mauvais temps, le lancement sera reporté à la prochaine configuration favorable. Feu vert : *Ariane 5* catapulte l'*ATV* en 8 minutes à 135 km d'altitude ! Le cargo gravite alors provisoirement sur le même plan orbital que sa cible mais à une vitesse et à une altitude différentes.

EN ORBITE TOUTE !

> **UN JEU DE CONSTRUCTION SPATIAL**
>
> La technique du rendez-vous orbital est indispensable à l'exploitation et à la construction des stations spatiales modernes qui s'assemblent module par module. Les Russes l'avaient déjà utilisée pour bâtir la station *Mir* et en renouveler régulièrement les équipages (avec les vaisseaux *Soyouz*). Cette méthode permet aussi la réparation de satellites en orbite basse que la navette peut aller récupérer jusqu'à 600 km d'altitude (comme le télescope *Hubble* en 1993, 1997, 1999 et 2002).

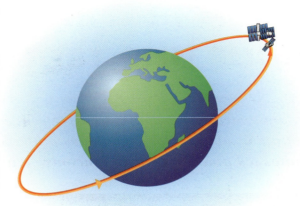

H – 3 heures : troisième poussée et approche
Nouvelle mise à feu des moteurs de l'*ATV* pour atteindre 390 km d'altitude et se rapprocher de la station.
À H – 90 minutes, le poursuivant est à présent calé dans le sillage de la station : 50 km en arrière et 10 km en dessous. De légères impulsions vont permettre à l'*ATV* de réduire cet écart à moins d'un kilomètre.

H – 45 heures : première poussée
ATV relève son orbite à 300 km d'altitude grâce à la mise en route de ses moteurs. Si cette manœuvre échoue, le véhicule de ravitaillement retombera dans les couches denses de l'atmosphère et sera perdu.

H – 44 heures : deuxième poussée
Les moteurs de l'*ATV* fournissent une nouvelle accélération pour rendre la trajectoire circulaire à 350 km d'altitude. Le cargo effectue alors 28 tours de Terre sur une orbite plus basse que la station. Sa vitesse sera donc plus importante que celle de l'*ISS*, ce qui va lui permettre de la rattraper progressivement. Cette manœuvre de "phasage" durera environ 42 heures.

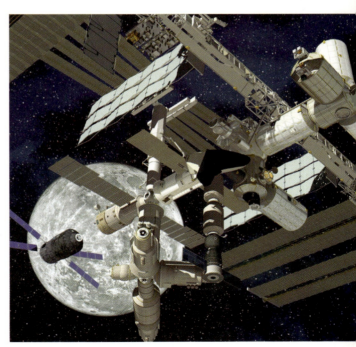

H – 15 minutes : accostage
C'est la phase finale du rendez-vous. Une ultime poussée des moteurs va emboîter l'*ATV* sur le nœud de jonction de l'*ISS*. Après le verrouillage du dispositif d'amarrage et l'équilibrage des pressions d'atmosphère artificielle, les astronautes auront accès à la soute du ravitailleur. L'*ATV* sera employé par la suite pour rehausser l'altitude de la station, puis, chargé des déchets, il brûlera entièrement dans l'atmosphère pendant la descente.

Une trajectoire très particulière

Envoyer une sonde ou un vaisseau depuis la Terre vers la planète Mars équivaut à sauter en plein virage d'une voiture en marche sur une autre voiture qu'on est en train de doubler ! S'élancer au mauvais moment risquerait d'être fatal…

Utiliser les contraintes

Il s'agit de profiter au maximum du mouvement orbital des planètes et de l'attraction solaire pour faire évoluer le véhicule spatial et réussir le rendez-vous. S'il est lancé dans le sens du déplacement de la planète, sa vitesse viendra s'ajouter à celle de cette dernière et l'engin s'éloignera alors du Soleil. Si, au contraire, il est propulsé dans le sens opposé, sa vitesse finale

Un véritable casse-tête

Dans l'espace, la ligne droite n'existe pas. Impossible donc d'emprunter un itinéraire direct pour aller d'une planète à une autre. Ainsi, une sonde expédiée à partir de la Terre ne filera jamais tout droit, sa route sera forcément déviée par l'attraction du Soleil. De plus, il ne faut pas viser la position de Mars au moment du lancement de la sonde mais la position qu'elle occupera quand l'engin arrivera ! Pour atteindre son but, la sonde devra échapper à l'attraction terrestre puis suivre une trajectoire qui croise au bon moment l'orbite de la planète rouge.

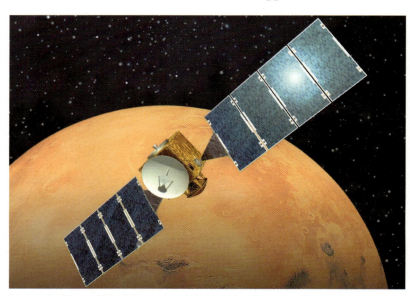

La sonde Mars Global Surveyor *à l'approche de la planète Mars*

EN ORBITE TOUTE !

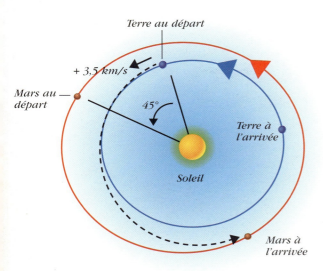

Voyage Terre-Mars : 600 millions de km en 260 jours

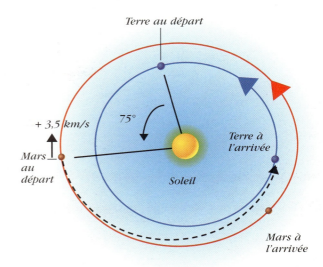

Voyage Mars-Terre : 500 millions de km en 240 jours

sera plus faible que celle de la planète de départ et son orbite se rapprochera donc naturellement du Soleil. Le principe de cette "cascade interplanétaire" entre la Terre et Mars a été décrit par l'Allemand Walter Hohmann (1880-1943).

PROCHAINS DÉPARTS

La fenêtre de lancement* correspond à la période durant laquelle les positions de la Terre et de Mars sont favorables à l'envoi de missions interplanétaires. Cette configuration, qui correspond à un angle de 45° entre les planètes pour le départ et de 75° pour le retour, se reproduit environ tous les 26 mois et ne dure que quelques semaines. L'envoi d'une dizaine de sondes est prévu d'ici 2010.

Fenêtres pour Mars

Lancement	Arrivée
Juin 2003	Janvier 2004
Juillet 2005	Février 2006
Septembre 2007	Avril 2008
Novembre 2009	Juin 2010
Décembre 2011	Juillet 2012

Voyage Terre-Mars

D'abord, une fusée place le vaisseau en orbite terrestre à la vitesse de 8 km/s. Puis elle l'accélère encore pour le libérer de l'attraction terrestre avec une vitesse qui vient s'ajouter à celle de la Terre. Résultat : le véhicule est catapulté à 33,5 km/s autour du Soleil et continue sur sa lancée sans consommer de carburant ! Pendant le trajet, plus la sonde s'éloigne du Soleil en remontant vers l'orbite martienne, plus elle perd de la vitesse. Cette dernière n'est plus que de 21 km/s quand elle arrive près de la planète rouge. Grâce à quelques manœuvres de freinage, l'engin est placé en orbite martienne, puis va pouvoir se poser sur sa surface.

Le chemin du retour

Cette fois-ci, la fusée lance le vaisseau dans le sens opposé au déplacement de Mars pour obtenir une trajectoire "rentrante", c'est-à-dire qui descend vers le Soleil. Le lanceur propulse la sonde en orbite martienne à 5 km/s, puis lui donne une vitesse supplémentaire qui lui permet d'échapper à l'attraction de Mars. L'engin retombe alors vers le Soleil à 21 km/s. Plus il se rapproche de l'étoile, plus il accélère pour arriver au voisinage de la Terre à la vitesse de 33 km/s – soit 3 km/s plus vite que la Terre qui gravite à 30 km/s autour du Soleil. La sonde se pose alors à sa surface après les manœuvres de freinage et de rentrée atmosphérique.

LE SAVAIS-TU ?

À chacune son rythme
Si la Terre boucle son tour du Soleil en douze mois, Mars, plus lointaine et gravitant moins vite, a besoin de 22 mois et demi !

Une satellisation à l'envers

Une fois installé sur son orbite, un satellite artificiel pourrait théoriquement poursuivre indéfiniment sa course. Mais, en fin de mission, revenir sur Terre peut être nécessaire !

Un satellite n'est pas un avion dont il suffirait de réduire la puissance des réacteurs pour le faire atterrir : cet engin spatial n'utilise pour se déplacer que l'attraction terrestre qui, elle, ne faiblit jamais. Pour faire redescendre un satellite artificiel, il faut rompre l'équilibre qui le maintient là-haut en le freinant. Un ralentissement d'environ 1% de sa vitesse – soit 300 km/h – suffit pour le décrocher de son orbite et le faire plonger vers les couches denses de l'atmosphère. Ce coup de frein qui provoque le retour de l'engin est produit par l'allumage à contre-sens de son moteur à carburant liquide ou solide. Les ingénieurs le nomment "poussée de désorbitation".

Une descente pilotée

Il s'agit de bien choisir le moment et l'intensité de la manœuvre. En effet, ces conditions détermineront la trajectoire de rentrée de l'engin et donc son site d'atterrissage éventuel,

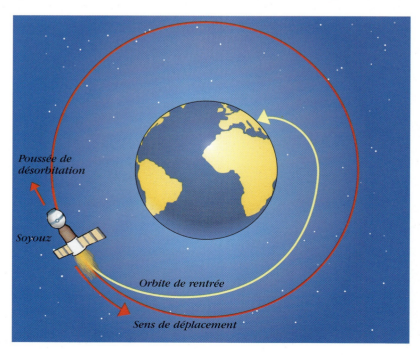

EN ORBITE TOUTE !

Atterrissage dans les plaines du Kazakhstan

Au moment de la désorbitation, au-dessus de la cordillère des Andes, le vaisseau russe *Soyouz* exécute une demi-rotation qui dirige vers l'avant son unique moteur. Celui-ci est allumé dans le sens opposé à la trajectoire pour freiner le véhicule. Durant la descente, des parties se séparent et seule subsiste la capsule qui abrite l'équipage. Elle traverse l'atmosphère en consumant son bouclier de protection thermique, puis déploie une série de parachutes qui la ralentissent jusqu'au sol. Trois heures seulement auront suffi aux cosmonautes pour rentrer de l'espace !

Retour sur la piste de cap Canaveral

La navette américaine effectue aussi un tête à queue pour se désorbiter une heure avant l'atterrissage. Après avoir allumé ses moteurs de rentrée pendant quelques minutes, elle reprend sa position normale et descend nez dressé et ventre en avant dans l'atmosphère. Protégée par des tuiles réfractaires en silice, elle rougeoie sans brûler. Gouvernant comme il peut cette "brique volante", le pilote va poser la navette sur la piste californienne après plusieurs grands virages.

une zone terrestre ou océanique. Pas question de se tromper, il n'y aura pas de deuxième essai et le satellite ne pourra pas remonter en orbite une fois la désorbitation engagée. En pratique, on choisit de faire rentrer les engins en un demi-tour de Terre. La zone visée se trouve donc toujours aux antipodes de la désorbitation. Pour qu'un vaisseau retombe en Europe, il faudra le freiner au-dessus de l'Australie !

Des retours bien différents

Lors de leur arrivée dans les couches denses de l'atmosphère, les engins subissent un violent échauffement. Pour les satellites de petite taille, le frottement de l'atmosphère suffit à les désintégrer entièrement. En revanche, les stations spatiales représentent un danger à cause de leur énorme masse qui ne brûle pas totalement. Des morceaux percutent le sol à plusieurs centaines de km/h ! Leur chute est donc obligatoirement guidée vers des régions inhabitées, de préférence l'océan, pour éviter de blesser des populations. Ce fut le destin des stations *Skylab* en 1979, *Saliout* 7 en 1991 et *Mir* en 2001.

Désintégration atmosphérique de Mir, *le 23 mars 2001*

Traitement de faveur

La procédure de désorbitation est obligatoire pour les véhicules habités. Elle garantit la vie de leurs occupants. Pour cela, les vaisseaux sont munis de protections thermiques et l'angle et la vitesse de la rentrée atmosphérique sont contrôlés avec précision. À leur retour, les astronautes sont attendus par une équipe d'assistance médicale et technique qui les prend en charge. Pas question alors de se poser n'importe où.

Le droit de l'espace

Dès que les ingénieurs ont réussi à envoyer des engins au-delà de l'atmosphère, il a fallu établir des lois pour réglementer les activités spatiales, civiles et militaires, des différents pays. Après le lancement du premier satellite artificiel, l'Assemblée générale des Nations unies a donc créé le Comité de l'espace pour poser les bases juridiques du droit spatial.

1967 : Traité de l'espace

Ce texte précise que l'espace extra-atmosphérique, y compris la Lune et les autres corps célestes, n'appartient à personne. Cela contrairement au territoire aérien dont le découpage est calqué sur les frontières terrestres : tout survol par avion doit faire l'objet d'une demande d'autorisation.
L'espace peut être exploré et utilisé librement par tous les pays, mais en accord avec les principes fondamentaux du droit international, c'est-à-dire en favorisant la coopération scientifique, en respectant l'intérêt de chaque nation et en préservant le milieu terrestre. Signé par une centaine de pays, ce traité insiste sur l'exploitation pacifique de l'espace. Il interdit l'implantation

Une séance à l'ONU

EN ORBITE TOUTE !

LE SAVAIS-TU ?

Touche pas à ma Lune !
Il y a quelques années, des escrocs ont fait passer de simples roches volcaniques pour des pierres de Lune, qui s'arrachaient alors à prix d'or. Certains hommes d'affaires peu scrupuleux ont même réussi à vendre à des clients très naïfs des parcelles de Lune à bâtir. Tous ont été condamnés lourdement et les acheteurs bernés redescendirent vite sur Terre !
Les 400 kg d'échantillons lunaires récoltés par les Américains au cours des missions Apollo ne peuvent pas être vendus et sont prêtés aux laboratoires ou aux musées qui en font la demande.

de base ou les essais militaires sur la Lune et sur les autres planètes. Il condamne fortement la mise en orbite d'armes de guerre ou d'engins nucléaires autour de la Terre. Cependant, ce texte tolère le transit d'armement par l'espace, l'envoi de satellites-espions et la présence de combustibles nucléaires à bord des sondes...

Protéger les voyageurs

Entré en vigueur le 3 décembre 1968, un autre traité prévoit le sauvetage des astronautes en cas d'accident : chaque État est tenu de prêter secours à ces "envoyés de l'humanité" et de garantir leur rapatriement.

Contre la mémoire courte

Depuis 1972, tout pays qui lance ou fait lancer un objet dans l'espace est totalement responsable des dégâts matériels et humains qu'il peut causer à la surface de la Terre ou sur un autre engin en vol. Tous les frais de réparation ou d'indemnisation sont donc à sa charge. En 1978, par exemple, le satellite soviétique *Cosmos 954* est retombé sur un lac gelé en Amérique du Nord. Même si la zone était désertique, le Canada a demandé 6 millions de dollars à l'URSS pour enlever les débris radioactifs. Après 18 mois de négociations, les Soviétiques en ont payé la moitié à titre forfaitaire et l'affaire fut classée. Cependant, les débris spatiaux restent un problème pour les spécialistes du droit spatial, leur petite taille ne permettant pas toujours d'identifier leur origine (*voir p. 168*).

Pas d'envoi en douce… ou presque

À partir de 1976, tout objet lancé doit être déclaré à l'Union internationale des télécommunications. Cette administration, composée de fonctionnaires, de juristes et d'ingénieurs, tient à jour la liste des immatriculations avec renseignements précis à la clé : nom, date et lieu de lancement, paramètres de l'orbite et fonction générale de l'engin. C'est elle qui gère aussi l'attribution équitable des fréquences radio de télécommunication et de suivi de tous les satellites. Cependant, beaucoup de pays dissimulent leurs satellites militaires derrière des satellites météorologiques.

La réglementation militaire

L'espace ne doit pas être utilisé dans des buts "agressifs". L'ambiguïté du terme laisse toutefois la possibilité aux puissances militaires de placer sur orbite des satellites de surveillance dits « défensifs ». Ces engins ne sont pas toujours pacifiques et peuvent faciliter la préparation des attaques terrestres, comme ce fut le cas pour le débarquement américain durant la guerre du Golfe en 1991. Par conséquent, le droit international touche ses limites lorsqu'on aborde les applications militaires du spatial (espionnage ou interception de communications) puisque les pays qui élaborent les lois sont aussi ceux qui utilisent des satellites militaires…

Le droit spatial arrivera-t-il à nous protéger des dérives imaginées par la science-fiction ? Ici Roger Moore dans Moonracker, 1979.

153

Au pays des satellites

Avant d'envoyer dans l'espace les premiers satellites, télescopes et autres sondes destinés à explorer l'univers, les scientifiques avaient fort heureusement une bonne connaissance de l'environnement extra-atmosphérique. Les mesures effectuées depuis ont démontré que voyager dans la banlieue terrestre nécessite un équipement très sophistiqué : le vide de l'espace est une véritable jungle hostile !

Le magnétisme de la Terre

Comme un gigantesque aimant, la Terre possède un champ magnétique qui s'étend autour d'elle sur des dizaines de milliers de kilomètres. Puisant son énergie au cœur de la planète, cet immense bouclier magnétique nous protège des agressions permanentes du soleil.

La pierre de Magnésie

Le mot "magnétique" dérive du nom d'une ville d'Asie Mineure, Magnésie. Vers 2500 av. J.-C., le Grec Thalès de Milet y a observé des pierres qui avaient l'étonnante propriété d'attirer les objets métalliques. Pendant longtemps, l'origine de cette force magnétique est cependant restée bien mystérieuse…

La "géodynamo" terrestre

Il fallut attendre le XIXe siècle et le physicien allemand Gauss (1777-1855) pour apprendre que ce champ magnétique provenait du noyau de la Terre et de son magma. Restait alors à comprendre les mécanismes qui donnaient naissance à ce gigantesque aimant. Après plus d'un siècle de recherches, géologues et physiciens ont constaté que le magma en fusion à 5 000 °C était le siège d'immenses tourbillons dus au refroidissement progressif de la graine, au centre du noyau terrestre.
Ces tournoiements de matière – essentiellement du fer et du nickel ionisés – engendrent de grands courants d'électricité qui, à l'image d'une dynamo de bicyclette, donnent naissance à un champ magnétique.
Si l'on ajoute à cela la rotation journalière de la planète autour de son axe, on obtient la "géodynamo" terrestre.

La magnétosphère

Présent partout dans la Terre et à sa surface, le champ magnétique déploie aussi son influence loin dans l'espace. Semblables aux couches d'un oignon, des lignes de force magnétique entourent la planète. Elles forment ce que l'on appelle la magnétosphère. Le rôle

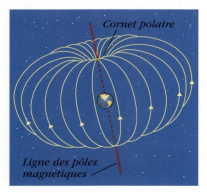
Cornet polaire
Ligne des pôles magnétiques

SE REPÉRER GRÂCE AU CHAMP MAGNÉTIQUE

Dès le XIe siècle, les Chinois utilisent les premiers la boussole. Ce sont ensuite les Vikings, les Arabes puis les Européens qui en font un instrument essentiel de navigation tout au long du deuxième millénaire. Aujourd'hui, les techniques de localisation par satellite se développent considérablement mais bon nombre de randonneurs utilisent toujours la boussole pour savoir où ils se trouvent. Plus étonnant encore, certains animaux se servent aussi du champ magnétique terrestre pour se repérer : leur corps est sensible au magnétisme, comme s'ils avaient des petites boussoles dans le cerveau !

AU PAYS DES SATELLITES

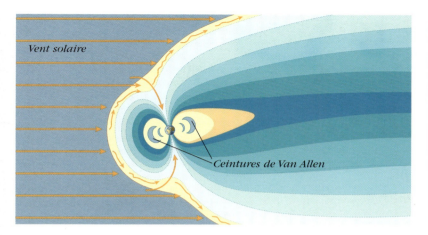

LE SAVAIS-TU ?

Un bouclier spatial
On peut dire que l'homme (et sans doute toute forme de vie) doit son existence et sa survie au bouclier magnétique qui entoure la Terre. En effet, s'il n'existait pas, des molécules vitales telles que les protéines ou l'ADN seraient détruites par les particules solaires lancées à une vitesse de plusieurs centaines de kilomètres par seconde !

de ce bouclier spatial est de faire barrage aux dangereuses particules dont le Soleil nous bombarde. En effet, les électrons* et les protons très énergétiques émis par le Soleil ricochent sur la magnétosphère et continuent tranquillement leur route dans l'espace interplanétaire.

Les ceintures de Van Allen

On appelle "ceintures de Van Allen" la zone de la magnétosphère dans laquelle certaines particules chargées (négativement ou positivement) s'infiltrent en s'enroulant autour des lignes de champ de la Terre.

La formation des aurores polaires

Pourtant, il arrive que certaines particules soient canalisées vers l'atmosphère terrestre. Électrons et protons pénètrent donc par les portes d'entrée et de sortie du champ magnétique de la Terre, situées aux pôles nord et sud. Ces régions de la magnétosphère sont appelées les "cornets polaires". Les particules solaires réagissent alors avec l'atmosphère, provoquant l'apparition de magnifiques aurores polaires (*voir p. 166-167*). L'environnement terrestre est soumis en permanence à ce déferlement de particules qui, tel un véritable vent, souffle sur la magnétosphère et la déforme. Celle-ci prend alors l'apparence d'une goutte d'eau avec une queue très allongée dans la direction opposée à celle du Soleil.

UNE BOBINE POUR NE PAS PERDRE LE NORD

Pourquoi les satellites sont-ils attirés par la Terre ?
Qu'appelle-t-on "pôles magnétiques" ?
En fait, notre planète est entourée par un vaste champ magnétique couvrant plus de 80 000 km et qui agit sur tous les engins satellisés.
Voici une expérience qui t'aidera à comprendre pourquoi, lorsque l'on construit un satellite, on doit tenir compte de son comportement vis à vis du magnétisme terrestre.

Il te faut :
- une règle graduée,
- un carrelet de bois de 50 cm de long,
- une scie à bois,
- de la colle à bois,
- une planchette en bois de 20 x 20 cm,
- 2 m de fil électrique de bobinage,
- du ruban adhésif,
- un interrupteur de lampe de chevet,
- une paire de ciseaux,
- deux piles plates de 4,5 V,
- un couteau,
- un petit tournevis,
- un aimant droit assez fort,
- un feutre,
- une boussole,
- une aiguille à coudre.

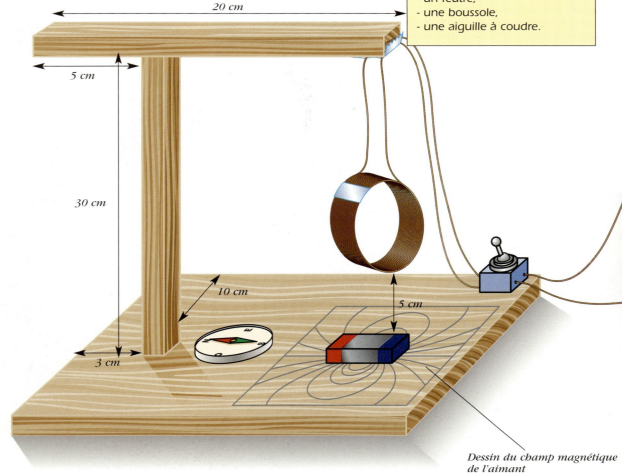

Dessin du champ magnétique de l'aimant

Construction

- Coupe le carrelet en deux morceaux de 20 cm et 30 cm puis colle-le en potence sur la planchette.
- Prépare une bobine de 50 spires (tours) avec le fil électrique, en laissant dépasser deux brins de 50 cm.
- Suspends la bobine sous la potence, à 5 cm de la planche, en attachant les deux brins avec de l'adhésif au carrelet.
- Coupe les brins et branche-les à l'interrupteur et à la pile. N'oublie pas de dénuder les extrémités du fil en les grattant avec le couteau avant de les accrocher à la pile.
- Pose l'aimant sous la bobine et dessine autour les lignes de son champ magnétique comme sur le schéma ci-contre. Fixe-le à la planche avec de l'adhésif.
- Pose la boussole entre l'aimant et la potence. L'aiguille de la boussole s'aligne suivant les lignes tracées sur le socle : ce sont les lignes de champ magnétique de l'aimant.

- Vérifie que l'interrupteur est ouvert (circuit électrique coupé) en approchant l'aiguille à coudre de la bobine : si elles se collent, c'est que le courant passe.

Expérience

- Appuie sur l'interrupteur pour faire passer du courant électrique dans la bobine. Observe la position de la bobine par rapport à l'aimant lorsque que tu lâches le bouton de l'interrupteur.
- Recommence l'opération en dirigeant autrement la bobine : elle tourne et s'oriente toujours de la même manière face à l'aimant !

Lorsque le courant électrique passe dans la bobine, celle-ci se comporte comme l'aiguille aimantée de la boussole : son axe est attiré dans la direction des lignes de champ magnétique de l'aimant.

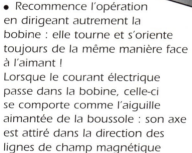

Sans courant

Avec courant

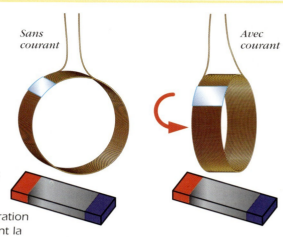

Quand tu utilises une boussole pour te repérer, son aiguille t'indique le nord. En réalité, elle ne pointe pas sur le nord géographique, mais sur le nord magnétique de notre planète, qui se déplace régulièrement : l'axe des pôles magnétiques n'est pas tout à fait le même que l'axe des pôles de la Terre.

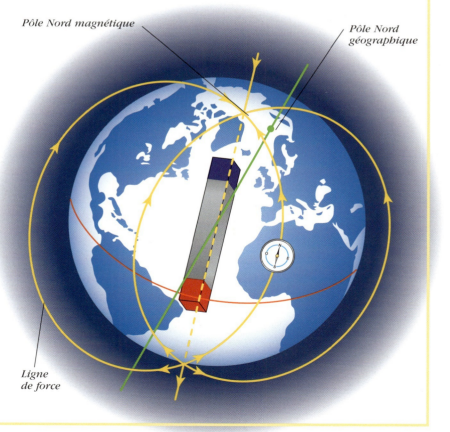

Pôle Nord magnétique

Pôle Nord géographique

Ligne de force

Le vide nous entoure

*« La nature a horreur du vide »,
écrivait le philosophe grec Aristote.
En effet, sur notre planète, l'absence
de matière n'existe pas : celle-ci
est partout, présente sous forme
solide (minéraux, par exemple),
liquide (océans) ou gazeuse (air).
Pourtant, au-dessus de l'atmosphère
terrestre règne un vide
spatial qui peut modifier
considérablement certains
phénomènes physiques...*

Bombardement d'atomes

La couche d'atmosphère n'a pas de limite nette : à 1 000 km d'altitude, on trouve encore ce que l'on appelle une atmosphère résiduelle. Cette dernière est essentiellement constituée de petites quantités d'atomes (oxygène et azote), et non plus de molécules comme l'air qui nous entoure. Lorsqu'un satellite rencontre ces atomes à la vitesse de 7 à 8 km/s, ses composants externes sont fortement érodés, oxydés (ils rouillent), voire détruits !

Un univers quasiment vide

Au-delà de l'atmosphère résiduelle, l'espace contient tellement peu de matière qu'il peut être considéré comme vide. Excepté les astres (étoiles, planètes, météorites, comètes) qui forment des zones de matière plus dense, on ne dénombre dans l'Univers que quelques rares particules, très éloignées les unes des autres (1 atome d'hydrogène par m^3 !). Il s'agit de micrométéorites et de poussières diverses (débris cométaires).

Chaud ou froid ?

On connaît trois méthodes de propagation de la chaleur : par conduction* (celle qui transmet la chaleur d'une cuiller métallique trempée dans l'eau bouillante vers le haut du manche), par convection*, (celle qui fait se déplacer l'air chaud au-dessus de l'air froid), et par rayonnements (la lumière du Soleil, par exemple). Dans l'espace, en l'absence de matière qui puisse conduire la chaleur, celle-ci se propage uniquement par rayonnements. Résultat : il fait très chaud quand on est face à la source de lumière, et très froid quand on en est caché !

AU PAYS DES SATELLITES

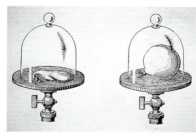
Pompe à vide

Ça dégaze !

Pour reproduire les conditions de vie dans l'espace et procéder sur Terre à des expériences de simulation, les scientifiques tentent de recréer le vide de manière artificielle. Ils utilisent des pompes à air permettant, entre autres, d'étudier la perte de matière que subissent les composants d'un satellite dans le vide. Car, comme des objets humides perdent leur eau dans une atmosphère sèche, les matériaux qui composent un satellite perdent leurs molécules gazeuses une fois en orbite (vapeurs d'eau et de liquides de nettoyage, gaz atmosphériques, etc.). Ils se débarrassent également d'une partie de leurs atomes de surface, "aspirés" par le vide. Ce dégazage peut déformer certains composants, mais aussi les polluer en se redéposant ailleurs sur le satellite. Ce phénomène perturbe donc le fonctionnement de l'engin, allant parfois jusqu'à provoquer des pannes !

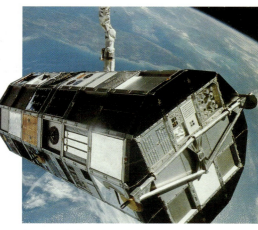
D'avril 1984 à janvier 1990, le satellite LDEF *a permis d'étudier les conséquences du dégazage et des redépositions sur ses différentes surfaces.*

FAIRE LE VIDE

Vers 1640, le savant italien Evangelista Torricelli (1608-1647) est le premier à obtenir du vide en chassant l'air d'un petit tube rempli de mercure : il mesure ainsi la pression atmosphérique* en réalisant le premier baromètre.
Suite aux travaux de Torricelli, le Français Blaise Pascal (1623-1662) organise une mesure de la pression atmosphérique en fonction de l'altitude.
Il montre que plus on monte en altitude, plus la pression atmosphérique diminue, et donc moins on a d'air au-dessus de soi.
Cette découverte représenta un pas supplémentaire vers l'acceptation de l'existence du vide au-delà de l'atmosphère.

LE SAVAIS-TU ?

Gonflés par l'altitude
Un ballon stratosphérique, qui sert à faire des mesures dans les hautes couches de l'atmosphère en embarquant divers instruments, peut voir son volume augmenter près de 60 fois durant son ascension. Ainsi, un ballon rempli au sol par 600 m³ d'hélium peut atteindre un volume de près de 35 000 m³ à plus de 25 km d'altitude !
La pression de l'atmosphère qui entoure le ballon ayant diminué, l'hélium qu'il contient se dilate et occupe toute la place possible.

Les dangers du vide

L'espace où évoluent les satellites, navettes et autres sondes, est quasiment vide. Ce milieu hostile provoque des réactions inhabituelles sur les composants des objets spatiaux. C'est pourquoi, avant de les envoyer dans l'espace, il faut prévoir tout ce qu'ils auront à subir...

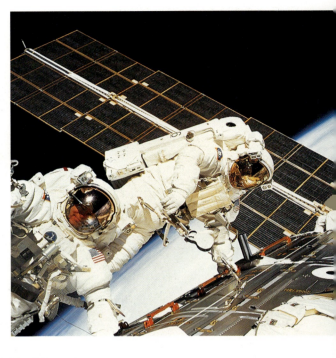

Scaphandre des spationautes

Sans air, impossible de respirer ! Lors de ses sorties hors de l'habitacle, le spationaute doit impérativement s'équiper d'un scaphandre, pourvu de bouteilles qui lui apportent l'oxygène nécessaire. Cette lourde combinaison – elle pèse plus de 100 kg – doit être étanche pour éviter la perte d'air autour de son corps. Revenu à bord, il n'en aura plus besoin : l'intérieur des cabines est alimenté en air de façon continue.

Un rhume dans l'espace

Dans l'espace, la surface d'un objet exposée au Soleil peut atteindre une température très élevée : jusqu'à 150 °C ! En effet, en l'absence d'air, la chaleur ne se propage ni par convection*, ni par conduction* ; elle ne peut donc pas s'équilibrer comme sur Terre. À l'inverse, la surface de l'objet non exposée au Soleil peut atteindre des températures voisines de – 100 °C ! Certaines zones des satellites, par exemple, absorbent de la chaleur (dorures, peinture noire), tandis que d'autres en perdent (peinture blanche, miroirs). Pour protéger les satellites de ces variations de chaleur qui pourraient leur être fatales, les ingénieurs ont conçu des couvertures d'isolation thermique extérieures. De couleur orangée, elles recouvrent certaines parties du satellite ci-contre.

Circulation de chaleur

La régulation de la chaleur à l'intérieur du satellite est assurée par des petits canaux appelés caloducs. Ils permettent la circulation rapide d'un fluide (liquide-gaz) qui pompe la chaleur des zones chaudes pour les refroidir et réchauffe les zones froides. Ainsi, les instruments de mesure sont maintenus en permanence à des températures raisonnables de fonctionnement, entre 10 °C et 50 °C environ.

***Application d'un revêtement** de protection thermique à base de silicium*

Rayonnements et particules

L'atmosphère qui entoure notre planète nous protège des rayonnements ultraviolets du Soleil, mais aussi des particules qu'il expulse lors de ses éruptions imprévisibles. Dans l'espace, au contraire, de nombreux rayonnements (ultraviolets, mais aussi cosmiques, rayons X) et particules de matière émis par les étoiles se propagent librement dans le vide. Ils dégradent les systèmes électroniques de bord s'ils ne sont pas arrêtés par les matériaux et revêtements résistants dont on recouvre la structure du satellite. Lors des vols habités, cette protection doit être renforcée, afin d'éviter l'irradiation des spationautes. En tuant certaines cellules humaines, cette dernière peut provoquer des hémorragies mortelles ou, à plus long terme, des cancers.

ACCIDENT TRAGIQUE

Lors du retour sur Terre de trois spationautes soviétiques en 1971, la capsule automatique *Soyouz* qui les abritait a subitement perdu son air, provoquant la mort instantanée de ses occupants. Depuis, afin de mieux prévenir de tels accidents lors des phases critiques de mise en orbite et de retour, le port d'un scaphandre est obligatoire à l'intérieur même de l'habitacle de la capsule.

Grippage

Sur Terre, deux pièces en contact à l'intérieur d'un mécanisme quelconque (un engrenage de réveil mécanique par exemple) sont séparées par une très fine couche d'air : elles ne sont donc pas collées l'une à l'autre, ce qui permet le mouvement indépendant des deux pièces. Dans l'espace, cette fine couche n'existe pas. De sorte que les pièces en contact ont tendance à se gripper, et le mécanisme coince... L'utilisation d'huile pour lubrifier ne sert à rien : celle-ci se sublime* instantanément et se vaporise dans l'espace ! Le choix des matériaux – des autolubrifiants secs tels que le bisulfure de molybdène ou le séléniure de tungstène – est donc très important pour empêcher que deux parties en contact ne se soudent entre elles.

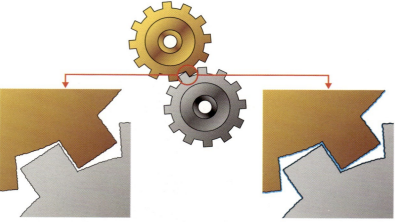

***Les pièces d'un engrenage** n'intéragissent pas de la même manière sur Terre (schéma de gauche) et dans l'espace (schéma de droite).*

Rayonnement et particules

Si, sur Terre, nous sommes protégés du rayonnement cosmique par notre cocon magnétique et atmosphérique, il n'en est pas de même à bord des avions de ligne ou dans l'espace. Ce phénomène s'avère d'autant plus dangereux pour les spationautes qui effectuent des sorties extra-véhiculaires...

Une véritable jungle de l'espace

L'espace est peuplé d'espèces étranges émises lors de l'explosion des étoiles à la fin de leur vie et regroupées sous le nom de particules. Venant de toutes les directions de l'univers, un flux de particules s'ajoute au vent solaire pour former ce que les astrophysiciens appellent le "rayonnement cosmique". Ce sont des noyaux d'atomes, constitués à 89 % de protons (noyaux d'hydrogène), 10 % de particules alpha (noyaux d'hélium) et de 1 % de noyaux plus lourds, allant jusqu'à l'uranium...

Des particules chargées

Un mécanisme accélère une faible fraction de la matière rejetée par l'étoile à une vitesse proche de celle de la lumière. La Galaxie est ainsi baignée dans cette pluie de noyaux rapides dont l'énergie est très variable : atteignant souvent plusieurs centaines d'électronvolts, elle peut largement dépasser le milliard d'électronvolts – soit un milliard de fois plus que la lumière visible. Dotées de telles énergies, ces particules traversent une paroi en aluminium de 1,5 m d'épaisseur !

Attention danger !

Le champ magnétique de la Terre peut faire dévier une partie de ce rayonnement cosmique. C'est à la hauteur de l'équateur que cet effet de blindage est le plus marqué et au niveau des pôles qu'il l'est le moins. Un vaisseau spatial en orbite polaire serait donc particulièrement exposé à ces radiations : en rejoignant la Terre vers les deux pôles terrestres, les lignes de force du champ magnétique créent deux sortes d'entonnoirs dans lesquels les particules du rayonnement cosmique pénètrent facilement (voir p. 156-157). Les éruptions solaires constituent également un danger non négligeable pour les vols habités. Si la plupart d'entre elles sont inoffensives, d'autres, comme celle du 4 août 1972, auraient pu s'avérer mortelles si des spationautes avaient été présents dans l'espace (voir encadré ci-contre).

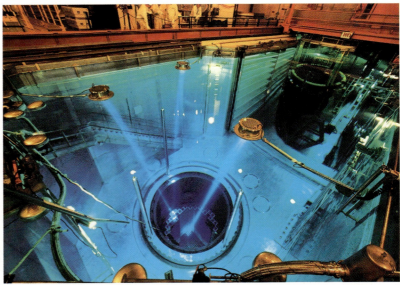

***Dans les centrales nucléaires**, la matière radioactive est stockée dans une piscine, l'eau ayant la particularité d'arrêter les rayonnements qu'elle dégage.*

AU PAYS DES SATELLITES

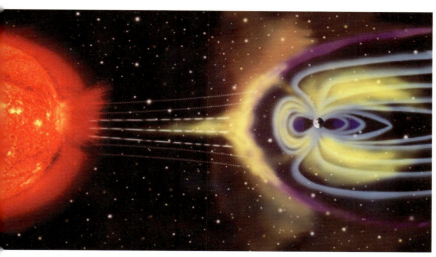

Le champ magnétique terrestre est aplati face au soleil, compressé par les rayonnements que celui-ci émet.

exemple le vieillissement. Les scientifiques demeurent donc très vigilants par rapport à ces dangers, surtout en ce qui concerne les futurs vols habités de longue durée comme les missions vers Mars…

La lumière du Soleil vieillit la peau, mais moins que les autres rayonnements de notre étoile !

Les effets du rayonnement

Selon le niveau et la durée de l'irradiation, la santé des hommes peut être menacée. Ces particules de haute énergie sont capables d'endommager voire de détruire les cellules des tissus humains, avec des effets plus ou moins graves : risques de vomissements, d'hémorragies, de diarrhées mais aussi de cancer. Des expériences menées sur diverses espèces animales ou végétales ont également révélé des anomalies chromosomiques après des vols spatiaux. Enfin, il est probable que le rayonnement cosmique ait des effets sur l'organisme qui ne se manifestent que de façon tardive, en accélérant par

LES ÉRUPTIONS SOLAIRES

le 16 avril 1972, le vaisseau *Apollo 16* s'envolait de Cap Kennedy pour une mission de trois semaines vers la Lune. Au cours de celle-ci, les astronautes John Young et Charles Duke circulèrent librement à la surface lunaire, avec pour seule protection la mince épaisseur de leur scaphandre. S'ils revinrent indemnes de leur aventure, ces astronautes eurent beaucoup de chance ! En effet, quelques mois plus tard, le 4 août 1972, eut lieu une fantastique explosion solaire, comme il s'en produit tous les dix ans environ. Pendant seize heures, un flot intense de particules solaires balaya l'espace interplanétaire à des vitesses très élevées. Comme autant de minuscules balles de fusil, elles peuvent pénétrer plusieurs centimètres de blindage métallique. Si cette éruption avait eu lieu lors d'une sortie lunaire, les astronautes auraient été mortellement irradiés. Même à l'intérieur de leur capsule spatiale, ils auraient pu subir des doses entraînant des dégâts irréversibles dans leur formule sanguine et leur patrimoine génétique.

Les aurores polaires

Les aurores polaires illuminent parfois les ciels des régions terrestres situées près des pôles. Sous forme de traînées, d'arcs, de draperies, de voiles ou de rideaux aux couleurs changeantes, elles fascinent les populations depuis des milliers d'années…

Outre ses rayonnements, le Soleil nous bombarde de particules, principalement des électrons et des protons de grande énergie. Transportées par le vent solaire, la plupart d'entre elles sont déviées par le champ magnétique terrestre et n'atteignent pas notre planète. Pourtant, au voisinage des pôles, là où les lignes du champ magnétique rejoignent le sol, certaines particules sont canalisées vers l'atmosphère dans laquelle elles pénètrent…

Une collision lumineuse

À 1 000 km d'altitude, de 60° à 90° de latitude, elles entrent en collision avec les molécules de la haute atmosphère terrestre. Cette interaction provoque l'émission de photons de lumière visibles à l'œil nu, qui éclairent le ciel.
Ce phénomène lumineux est appelé aurore polaire ; il est particulièrement intense durant les périodes de forte activité solaire.
On peut comparer cette réaction avec celle des cellules électroluminescentes* d'un écran de télévision, qui émettent de la lumière lorsqu'elles sont excitées par les électrons qu'elles reçoivent (*voir p. 216-217*).

Les éruptions solaires

L'intensité des aurores polaires coïncide habituellement avec le cycle d'activité solaire qui varie sur une durée de onze ans. Les épisodes les plus extrêmes, qualifiés d'éruptions solaires, provoquent parfois des interférences avec les ondes électromagnétiques transmettant les signaux de radio, télévision ou téléphone (*voir p. 208-209*).

OBSERVER LES AURORES POLAIRES

La période la plus propice à l'observation de ces phénomènes s'étend d'octobre à mars, lorsque la nuit est suffisamment noire et le ciel bien découvert. Mais il faut cependant se coucher tard ou se lever très tôt pour voir les plus belles : le meilleur moment pour les apercevoir se situe entre 22 h et 2 h du matin ! Au Nord, les points d'observation les plus convoités sont l'Alaska, l'Islande, le nord du Canada et de la Scandinavie.

LE SAVAIS-TU ?

Le Soleil fait maigrir les planètes
Les aurores polaires ne se produisent pas uniquement sur Terre. On en observe également dans les atmosphères de plusieurs autres planètes du système solaire… L'énergie ultraviolette du Soleil se transmet aux régions supérieures des atmosphères planétaires qui alors s'échauffent ; cela provoque une évaporation de la matière atmosphérique dans l'espace. De cette manière, la Terre perd environ 200 tonnes d'hydrogène par jour !

Boréale ou australe ?
Les aurores polaires ne portent pas le même nom selon qu'elles se produisent au nord ou au sud de l'équateur… On les appelle "aurores boréales" dans l'hémisphère Nord et "aurores australes" dans l'hémisphère Sud.

Des milliers de débris artificiels

Depuis le lancement de Spoutnik en 1957, des milliers de satellites ont été mis en orbite autour de la Terre. Cette exploitation de la banlieue terrestre génère cependant une pollution préoccupante car des millions de débris divers, fragments de fusées et morceaux de satellites de taille variable, s'accumulent dans l'espace proche...

Étages de fusées et particules

Un moteur placé dans le dernier étage des fusées permet de propulser un satellite sur son orbite. En donnant au satellite sa vitesse d'injection (*voir p. 134-135*), cet étage est lui aussi satellisé autour de la Terre, propulsé de la même façon que l'engin dont il s'est séparé. Il devient dès lors un nouveau débris. Lors de cette manœuvre, de petites particules solides sont également lancées en orbite. Il s'agit de morceaux des tuyères d'échappement des gaz du moteur, arrachées par le souffle, ou de poussières de poudre, dans le cas des derniers étages utilisant des moteurs à poudre (*voir p. 90-91*).

Fragments d'explosions accidentelles

Il arrive parfois que certains objets artificiels satellisés autour de la Terre explosent dans l'espace, créant des dizaines d'éclats de toutes tailles qui, projetés à grande vitesse, se satellisent à leur tour. Ainsi, en 1986, après l'explosion du dernier étage d'une fusée *Ariane*, environ 500 fragments de plus de 10 cm d'envergure ont été projetés dans l'espace, venant s'ajouter aux nombreux autres débris spatiaux.

Dégradation de satellites

Comme une automobile, un satellite se dégrade en vieillissant. De petits éléments issus de ces engins spatiaux peuvent se décrocher au cours des années d'orbite : éclats de peinture, cellules de panneaux solaires, lambeaux de couverture thermique… Après quelques années de bons et loyaux services (2 à 10 ans environ), les satellites ne peuvent poursuivre leur mission car leurs instruments sont hors service ou leur carburant insuffisant pour maintenir correctement leur position. Les plus proches de la Terre perdent alors très lentement de l'altitude. Si lentement que la plupart de ces "tacots de l'espace", devenus inutiles, restent encore en orbite autour de notre planète pendant plusieurs dizaines d'années. Ainsi, en 2000, on recensait plus de 2 000 satellites hors d'usage dans l'espace, pour seulement environ 500 en activité…

Débris d'armes antisatellites

Durant la période de la guerre froide et notamment au début des années 1980, les États-Unis et l'URSS ont réalisé, chacun de leur côté, de nombreux essais d'armes chargées de détruire les satellites adverses. Cette "guerre des étoiles" factice a produit un nombre important de débris, générés par l'explosion de satellites-cibles, placés en orbite pour tester les armes. À cette époque également, quelques satellites militaires de reconnaissance, dont le contrôle était perdu, ont été volontairement détruits par leurs propriétaires, créant là encore de nouveaux débris.

Encombrement dans l'espace !

Sur les quelque 40 millions de débris mesurant de 1 mm à plusieurs mètres, environ 8 500 objets artificiels de plus de 10 cm de long gravitent partout autour de la Terre. Les scientifiques estiment à 110 000 les objets ayant une taille comprise entre 1 et 10 cm ! Les zones les plus encombrées sont les orbites basses (entre 200 et 2 000 km d'altitude) et géostationnaires* (36 000 km d'altitude et alentour). Ce sont en effet dans ces zones que se concentrent la plupart des satellites, et, par conséquent, les débris qui en résultent.

Vue d'artiste représentant des débris en orbite autour de la Terre.

Collisions dans l'espace

En 1990, une navette américaine a récupéré **LDEF**, *un vieux satellite ayant passé six ans dans l'espace: plus de 30 000 impacts étaient visibles à l'œil nu sur son revêtement ! Aujourd'hui, devant la multiplication des nouveaux satellites, les risques de collision avec des débris spatiaux ne peuvent qu'augmenter, et mieux vaut prévenir que guérir...*

Petits et grands débris : même combat !

En juillet 1996, un fragment issu de l'explosion d'un étage d'*Ariane* entra en collision avec le satellite expérimental français *Cerise*. Le mât qui permettait à l'engin de se stabiliser fut coupé net par le choc (voir vue d'artiste ci-dessus). Depuis, il gravite autour de la Terre… devenu à son tour un

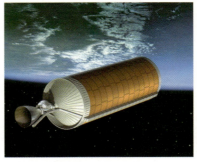

Satellite LDEF
(Long duration exposure facility)

débris ! Mais la violence de l'accident ne dépend pas forcément de la taille du résidu : un objet de 1 mm, lancé en orbite autour de la Terre à 10 km/s, peut faire autant de dégâts qu'une balle de fusil tirée sur un satellite… Ces risques demeurent néanmoins très faibles : en 2001, les spécialistes estimaient à une chance sur dix mille la probabilité de perdre un satellite par collision avec un débris.

La chasse aux débris

Si le problème des débris spatiaux préoccupait peu les pionniers de la conquête spatiale dans les années 1960, il est devenu incontournable de nos jours. Les différentes agences spatiales mondiales se sont regroupées pour mettre en place des observations précises des différents objets qui gravitent autour de la Terre. À l'aide de radars et de télescopes puissants, les mouvements des débris de plus de 10 cm sont analysés en détail, permettant ainsi de limiter les accidents : en 1991, la navette *Discovery* a été déviée de sa trajectoire pour éviter un risque de collision avec un reste de fusée russe. Cependant, les objets de moins de 10 cm demeurent encore indétectables depuis le sol alors qu'ils représentent un danger non négligeable pour les engins spatiaux en activité…

Les boucliers antidébris

Les scientifiques ont mis au point des boucliers antidébris destinés à maintenir les équipements des satellites à l'abri d'éventuelles agressions. Ils étudient aussi la synthèse de revêtements plus résistants aux rayonnements ultraviolets, qui rendent cassantes certaines peintures. Pour supprimer les risques d'explosion et éviter ainsi la création de nouveaux fragments, ils prévoient également une vidange systématique des réservoirs de satellites en fin de mission.

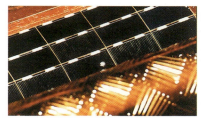

Impact sur un des panneaux solaires de Hubble.

Les orbites cimetières

Les ingénieurs ont créé des orbites cimetières pour accueillir des satellites géostationnaires* en fin de vie. Ils gravitent maintenant à 36 400 km d'altitude, libérant ainsi quelque peu leur orbite d'origine tant convoitée. Ils ne présentent alors aucun danger pour les satellites actifs et il leur faudra des milliers d'années pour redescendre vers l'atmosphère terrestre.

LE SAVAIS-TU ?

Astronautes en danger !
Les astronautes en sortie extra-véhiculaire ne sont pas à l'abri d'une collision avec un débris ! Mais, bien protégés par une combinaison de 1 cm d'épaisseur et par un scaphandre de 130 kg, ils peuvent rester sereins : aucun accident de ce type n'a eu lieu jusqu'à présent, et la probabilité d'une telle éventualité reste très mince.

Cette solution est plus difficile à mettre en œuvre pour des satellites en orbite basse (jusqu'à 2 000 km d'altitude) car les différentes orbites proches sont déjà bien occupées.

Les désintégrations programmées

Certains spécialistes proposent de faire rentrer dans l'atmosphère les satellites les plus bas, afin qu'ils se désintègrent comme une météorite finissant sa vie sous forme d'étoile filante. Ce fut le cas de la station spatiale *Mir* qui, le 23 mars 2001, après quinze ans de fonctionnement, se désagrégea dans l'atmosphère au-dessus du Pacifique sud.
Cette mission de nettoyage de la banlieue terrestre, périlleuse au vu de la taille des morceaux tombés dans l'océan, demeure pourtant très rare et surtout très coûteuse.

Tous les points situés en dehors du cercle correspondent à des satellites placés sur des orbites cimetières.

Comment fonctionne un satellite ?

La plupart des engins de transport utilisés sont régulièrement soumis à des contrôles et des réparations éventuelles. Rien de tout cela à l'heure actuelle pour la grande majorité des satellites. C'est pourquoi ils sont préparés à leur voyage avec minutie, les ingénieurs appliquant les dernières technologies disponibles.

Équipements sur un plateau

L'élément central du satellite est cloisonné par des plateaux sur lesquels sont fixés différents éléments, communs à tous les satellites. D'abord, les moteurs d'attitude ①, destinés à corriger la trajectoire en éjectant une masse (gaz, plasma) dans la direction opposée à celle qu'on veut donner. C'est le principe d'action-réaction (*voir p. 82-83*). Ces plateaux supportent également une roue à réaction ② qui permet de contrôler avec précision l'orientation du satellite (*voir p. 144-145*). Un ordinateur de bord ③ traite les informations de l'ensemble des équipements et pilote leur fonctionnement (contrôle d'attitude et d'alimentation en énergie, régulation thermique, etc.).

Des organes des sens

Des capteurs externes et des senseurs internes ④ sont disposés à l'extérieur et à l'intérieur du satellite. Ils renseignent l'ordinateur de bord et les stations de suivi terrestres sur l'état des instruments, l'orientation du satellite et les conditions de son environnement (température, rayonnements, impacts). Les systèmes assurant le fonctionnement du satellite sont souvent doublés – on dit qu'ils sont "en redondance" – afin qu'un appareil en état de marche puisse prendre la place d'un autre en cas de panne. Grâce à ses antennes ⑤, l'émetteur-récepteur ⑥ envoie aux stations terrestres les informations de fonctionnement et les données recueillies par le satellite. Cet instrument redistribue également les indications émises par les techniciens au sol.

L'énergie

L'énergie électrique du satellite lui est principalement fournie par les cellules photovoltaïques* : disposées sur des panneaux ⑦ constamment orientés vers le Soleil, ces cellules sont chargées de transformer l'énergie lumineuse en électricité. Des batteries ⑧ distribuent l'électricité aux instruments lorsque leur consommation le nécessite ou lorsque le satellite est à l'ombre. La température interne est régulée par des radiateurs ⑨ et des caloducs*. Enfin, certains satellites – comme les satellites munis de radars – sont équipés de piles nucléaires pour bénéficier d'une importante énergie électrique. Les sondes interplanétaires, trop éloignées du Soleil au cours de leur voyage, embarquent également de tels dispositifs.

La charge utile*

C'est ce pourquoi le satellite a été envoyé. Qu'elle soit constituée d'antennes d'émission-réception, de relais de télécommunication ⑩, de systèmes d'observation ou de capteurs d'altitude pour mesurer la gravité terrestre, la charge utile est toujours reliée à l'ordinateur de bord.

AU PAYS DES SATELLITES

DÉVIATION DIFFICILE !

Il faut être deux pour réaliser cette activité.

Il te faut :
- une roue de vélo,
- un long morceau de ficelle (1 m).

● Accroche la ficelle à l'axe de la roue. Lorsque tu tiens la ficelle en l'air, la roue se met à plat, horizontale.

● Redresse la roue et, en tenant toujours la ficelle, fais-la tourner rapidement sur elle-même : elle reste verticale !

● Tiens maintenant la partie centrale par les deux mains et demande à une autre personne de faire tourner la roue de plus en plus rapidement.

Pendant qu'elle tourne, tente de la pencher ou de la dévier. Y arrives-tu facilement ? Plus la roue tourne rapidement, plus il est difficile de faire bouger son axe. En effet, son mouvement continu l'entraîne toujours dans la même direction : c'est le phénomène de la "raideur gyroscopique".

Pour permettre à un satellite de conserver longtemps une orientation constante, il arrive qu'on le fasse pivoter sur lui-même. On dit alors que le satellite est "gyré".
Afin de corriger la position de l'engin, on l'équipe de disques commandés par des moteurs qui tournent dans le sens opposé à son mouvement : ce sont les "roues à réaction".

Les différents types de satellites

Au premier regard, tous les satellites se ressemblent : ils ont, pour la plupart, l'aspect d'un gros cube équipé de panneaux solaires et de diverses antennes. Pourtant, selon leur utilisation, ils peuvent prendre des formes très variables…

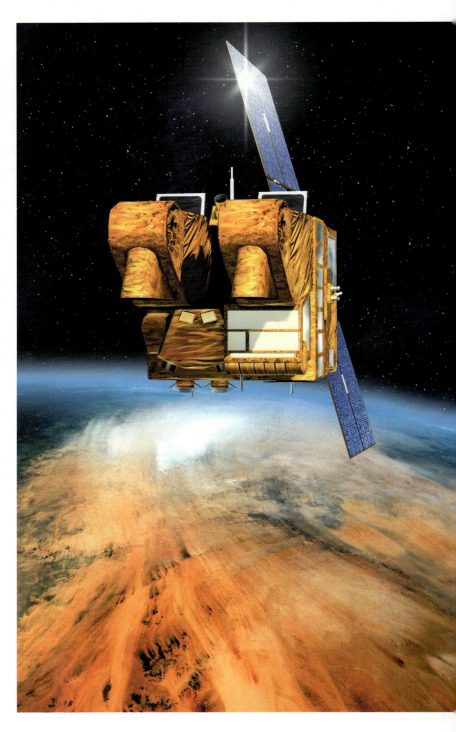

Module central, panneaux solaires alimentant les engins en électricité, antennes pour recevoir et transmettre des informations : ces trois éléments sont communs à tous les satellites.
L'œil expert peut néanmoins faire la différence entre les divers types de satellites, en analysant notamment leur charge utile*, c'est-à-dire les instruments embarqués pour lesquels l'engin spatial a été mis en orbite (*voir p. 172*). Démonstration à l'aide de quelques exemples…

SPOT 4
La charge utile de *SPOT 4* (Satellite pour l'observation de la Terre), apparaît nettement au-dessus de la plate-forme. Deux orifices, semblables à des yeux orientés vers notre planète, captent la lumière réfléchie par les sols terrestres et la retransmettent aux télescopes *HRV* (Haute résolution visible) placés à l'intérieur de la structure. L'analyse de cette lumière permet ensuite au satellite de reconstituer des images. *SPOT 4* a été lancé en mars 1998 sur une orbite polaire à 830 km d'altitude.

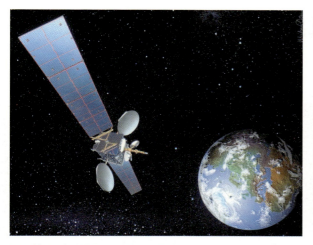

Satellite de télécom *Astra 1H*
La plate-forme cubique de ce satellite géostationnaire* est agrémentée d'antennes paraboliques diverses dont deux, de taille identique, se remarquent particulièrement. Chacune d'entre elles joue généralement un rôle bien précis : l'une reçoit tandis que l'autre émet vers la Terre des signaux comportant des informations variées (messages téléphoniques, programmes de télévision, etc.). *Astra 1H* est un satellite relais de télévision lancé en juin 1999. Avec sa douzaine de compagnons, il transmet plus d'une centaine de chaînes de télévision et de radio à travers la planète.

Sonde d'exploration *Galileo*
La grande antenne parabolique de cet engin spatial est typique d'une sonde interplanétaire. En effet, en raison des distances très importantes séparant *Galileo* de notre planète (plus de 600 millions de kilomètres entre la Terre et Jupiter !), elle est équipée d'une antenne de 4,8 mètres de diamètre pour capter les messages qui lui sont envoyés par les ingénieurs. Autre caractéristique d'une sonde : elle comporte de nombreux instruments (magnétomètre, spectromètre, radiomètre…) chargés d'analyser l'astre. Cette vue représente la sonde américaine *Galileo*, partie en 1989 vers Jupiter qu'elle a atteint en 1995.

Station spatiale *Mir*
Ce satellite très particulier est une station spatiale composée de plusieurs modules utilisés comme lieux de vie ou comme laboratoires par les spationautes en mission. Elle a les caractéristiques usuelles d'un satellite tels les panneaux solaires, mais certains modules, situés aux extrémités, se terminent par une section circulaire plane permettant l'arrimage de nouveaux vaisseaux. La station *Mir*, qui a accueilli 104 spationautes au cours de ses 15 années de fonctionnement, a été détruite en mars 2001. Depuis, elle a été remplacée par la station spatiale internationale *ISS*.

Téléscope spatial *Hubble*
Orbitant autour de la Terre à 612 km d'altitude, cet énorme satellite (13,3 m sur 4,3 m) produit des images, souvent spectaculaires, des différents objets de l'Univers : nébuleuses, étoiles, galaxies… Il est équipé d'un télescope de grande taille, qui donne sa forme cylindrique à l'ensemble. Tous les télescopes spatiaux (*XMM*, *Chandra*) sont de même allure, semblables au plus connus d'entre eux, représenté ici : *Hubble*, du nom du célèbre astronome américain du début du XXe siècle.

La construction d'un satellite

La réalisation d'un satellite est une œuvre de longue haleine qui implique l'intervention de nombreuses équipes. Après avoir choisi les matériaux adaptés et procédé à l'assemblage des pièces, une série d'essais est effectuée pour assurer longue vie à l'engin.

Un engagement au long cours

S'il existe aux États-Unis des sociétés de très grande taille pouvant fournir à elles seules l'ensemble des qualités permettant la construction de satellites, en Europe, les alliances entre plusieurs entreprises sont obligatoires. Les firmes chargées de la production de ces satellites sont essentiellement sélectionnées sur leurs compétences techniques. Interviennent aussi des considérations politiques qui amènent un pays à favoriser ses constructeurs nationaux. Une fois le projet entériné, la durée nécessaire à sa réalisation oscille entre dix-huit mois pour un satellite de télécommunications classique à plus d'une dizaine d'années pour un satellite d'un genre nouveau. Il a fallu par exemple dix ans entre la construction du système satellitaire d'observation du vent solaire *Cluster* et son lancement en juin 1996. L'explosion de la fusée *Ariane* qui le transportait a mené à la réalisation d'un second système de satellites. *Cluster II* a été lancé en 2000.

Assembler le puzzle

L'entreprise responsable de la production du satellite doit alors vérifier que ses partenaires respectent les consignes de fabrication. Son rôle consiste ensuite à assurer la phase d'intégration du satellite, c'est-à-dire son assemblage. Cette étape peut concerner de

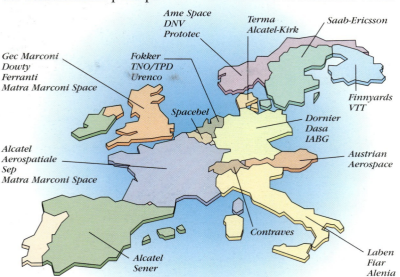

Carte des principaux industriels européens partenaires de la construction de *Cluster II*.

AU PAYS DES SATELLITES

Maquette de l'ATV destinée à des tests dynamiques

50 à 200 personnes chargées de tester les différentes parties du satellite. Auparavant, une première version des instruments du satellite aura été essayée sur une maquette appelée "modèle d'ingénierie". Si la maquette n'est pas construite avec les véritables matériaux qui constitueront le satellite, elle est une réplique fidèle de celui-ci, afin de pouvoir tester les instruments qui, eux, sont réels.

Une vraie salle d'opération

L'assemblage du satellite – qu'il soit modèle d'ingénierie ou de vol final – ainsi que tous les essais ont lieu dans une "salle blanche". Il s'agit d'une pièce équipée d'une aération très finement filtrée afin que son atmosphère contienne le moins de poussière possible : au niveau du sol et dans les parties supérieures, des aspirateurs extraient l'air, le purifient et le réinjectent. Les grandes salles d'intégration peuvent être doublées par des salles plus petites dont l'air est encore plus pur. Ces dernières accueillent l'assemblage d'instruments très sensibles, tels des télescopes par exemple.

LE CHOIX DES MATÉRIAUX

Le châssis est la structure du satellite : il soutient les équipements et le revêtement. Il doit être suffisamment solide pour résister aux conditions extrêmes du lancement, mais également assez léger pour que le lanceur propulse le satellite sans recourir à un surcroît d'énergie. Il est très souvent constitué de matériaux composites organisés en "nid d'abeille" : deux feuilles de fibres de carbone entourent un réseau

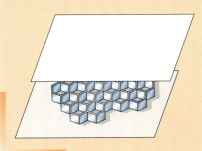

de feuilles d'aluminium pliées en hexagones collés les uns aux autres. L'aluminium est le métal le plus présent, sous forme d'alliages divers. Le magnésium et le titane sont également souvent utilisés, tandis que les matières plastiques sont quasiment bannies. En effet, soumises au vide, elles ont tendance à dégazer, c'est-à-dire perdre des molécules qui peuvent être source de pollution pour les équipements optiques en particulier. Aux métaux réagissant trop fortement aux variations de température, les ingénieurs préfèrent des matériaux plus complexes comme la fibre de carbone, qui se dilate peu. Ceux-ci servent à construire des structures demandant une grande stabilité, comme par exemple les structures supportant des instruments optiques.

LE SAVAIS-TU ?

Des objets venus de l'espace
Pour protéger les spationautes et les engins spatiaux des rigueurs de l'espace, les chercheurs mettent au point des matériaux performants : légers, solides, résistants au froid, au chaud… bref, à toute épreuve. Une fois testés là-haut, ceux-ci sont prêts pour une seconde vie. Des poêles en Téflon au mini-four en passant par les airbags des voitures, la peinture à séchage rapide ou les chaises roulantes ultralégères pour les personnes handicapées, ces matériaux sont utilisés pour fabriquer de nombreux objets de notre quotidien.

177

Objectif Terre

Embrasser la Terre d'un seul regard mais aussi scruter les moindres détails de sa surface, tout cela est maintenant possible grâce aux satellites. Les images qu'ils produisent nous permettent de comprendre le fonctionnnement de notre planète, de prévoir les phénomènes naturels qui la menacent et de mieux organiser son exploitation par l'Homme.

Prendre du recul

Comment faire pour mieux comprendre le monde qui nous entoure ? Comment percer les mystères du fonctionnement de notre planète et, ainsi, mieux prévoir son évolution future ? En prenant un peu de distance à l'aide des satellites d'observation de la Terre...

S'éloigner pour mieux voir

Pour bien cerner le détail des couleurs et étaler corrrectement la peinture sur la toile, le peintre doit travailler au plus près de son chevalet. Mais il est obligé de s'en éloigner pour avoir une idée de la composition de l'ensemble et apprécier l'œuvre dans sa globalité. De la même façon, afin d'appréhender le monde qui les entoure, les hommes n'ont pas eu d'autre choix que de prendre du recul. Des collines aux tours de guet, des forteresses escarpées aux avions de reconnaissance, ils ont depuis longtemps essayé d'observer d'un peu plus haut leur environnement...

Les satellites d'observation

Depuis l'arrivée des satellites, les possibilités d'observation se sont accrues. Placés à plusieurs centaines de kilomètres d'altitude, ces engins peuvent en effet fournir des images de zones très étendues : une région, un pays, un continent, et même reconstituer la Terre dans son ensemble. Ces images apportent des informations inédites aux géologues, climatologues, océanologues, géophysiciens et spécialistes de l'environnement, qui analysent le fonctionnement de notre planète.

Des jumelles performantes

Arrivés au terme de leur ascension, les alpinistes emploient souvent une paire de jumelles pour regarder plus précisément les éléments du paysage qu'ils dominent. En effet, si l'éloignement permet de faire des observations sur de larges étendues, il n'empêche pas une analyse détaillée.

OBJECTIF TERRE

Les satellites utilisent eux aussi des instruments (optiques ou radar) particulièrement performants : le satellite *SPOT 4*, en orbite à 820 km d'altitude autour de la Terre, peut voir des éléments d'un paysage avec une précision (ou résolution*) de 10 m ! Certains satellites militaires captent même des détails inférieurs au mètre, et identifient aisément, par exemple, une voiture stationnant au bord d'un chemin.

Deux postes de guet privilégiés

La majorité des satellites qui observent la Terre sont placés sur des orbites circulaires, afin de réaliser leurs images dans des conditions similaires d'éloignement. Deux altitudes sont particulièrement prisées :

● De 700 à 1 000 km (orbites moyennes, souvent polaires) :

ici se trouvent les satellites d'observation de la Terre comme les *Landsat* ou les *SPOT*. Ces altitudes permettent d'obtenir des images d'une grande précision.

LA PREMIÈRE PHOTOGRAPHIE AÉRIENNE

C'est le photographe français Félix Tournachon, dit Nadar (1820-1910), qui réalisa la première photographie aérienne en 1858. Ce pionnier de la photographie – on lui doit des portraits mythiques comme celui de Charles Baudelaire ou de Sarah Bernhardt – était aussi un aéronaute chevronné : à bord de sa montgolfière *Le Géant*, il réalisa le premier cliché aérien du monde, une vue de la Bièvre, affluent de la Seine au sud de Paris.

● 36 000 km (orbite géostationnaire*) : c'est le cas de la plupart des satellites de veille météorologique, qui couvrent en une seule prise de vue 40 % de la surface du globe.

***Image satellite** Landsat*

LE SAVAIS-TU ?

C'est plus facile pour le satellite !
Si les photographies prises par avion sont toujours utilisées et donnent souvent des images de très bonne qualité, il faut, pour les prendre, réunir différentes conditions : une météorologie favorable pour le décollage, une autorisation de survol du pays et un équipage d'au moins trois personnes qualifiées. En revanche, rien de tout cela n'est nécessaire pour obtenir une image satellitaire ! Celle-ci est plus chère à l'achat qu'une photographie aérienne, mais on peut en réaliser quand on veut, le satellite repassant régulièrement au-dessus ou près du même point.

Des images venues du ciel

Les satellites d'observation de la Terre font mieux qu'enregistrer ce qu'ils voient défiler: leur "regard" est toujours orienté par la volonté des hommes qui les ont conçus ou qui souhaitent utiliser leurs images. Choisir le bon mode d'observation, puis traiter de façon intéressante le résultat, rien n'est laissé au hasard pour recueillir un maximum d'informations!

Choix de la résolution de l'image

On appelle résolution* la dimension qu'a dans la réalité un point de l'image obtenue ; par exemple, si un stade de football est contenu dans un seul point de l'image, celle-ci a une résolution de 100 mètres. La résolution d'une image est fonction de ce que le satellite a pour mission d'observer. Une précision de l'ordre du mètre est conseillée si l'on souhaite, par exemple, repérer des véhicules militaires en déplacement (satellites militaires).

OBJECTIF TERRE

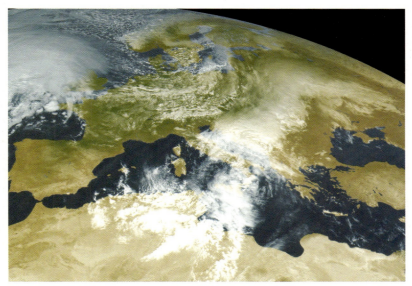

Couverture nuageuse de la Méditerranée, image Météosat.

LE SAVAIS-TU ?

Voir à travers les feuilles
Les satellites radar sont les seuls permettant d'analyser avec précision les sols des forêts tropicales… En effet, dans ces régions, la densité des arbres, dont la hauteur est parfois supérieure à 40 mètres, empêche la lumière du Soleil de parvenir jusqu'au sol, créant une profonde obscurité tout au long de la journée !

En revanche, ces détails n'ont que peu d'importance pour suivre l'évolution de la couverture nuageuse au-dessus d'une région du globe… La résolution de 2 500 mètres des images du satellite *Météosat* est ainsi largement suffisante pour prévoir le temps qu'il fera le lendemain.

Des modes d'observation adaptés

Les satellites n'observent pas tous notre planète selon la même méthode. Certains sont dits "actifs" car ils émettent des signaux vers la Terre : ils utilisent la technologie radar pour analyser les caractéristiques d'un paysage.
D'autres, au contraire, sont "passifs" car ils n'envoient pas de signaux, mais mesurent la quantité de lumière réfléchie naturellement par les différentes catégories de sol.
Par conséquent, ils ne peuvent produire des images qu'en plein jour. Ces satellites sont principalement utilisés pour l'analyse des évolutions paysagères lentes : déforestation, extension d'une ville, pollution de rivières.

OBSERVER MÊME DANS L'OBSCURITÉ

Les satellites optiques ne peuvent pas observer de nuit. Pour étudier des zones plongées dans le noir, mieux vaut faire appel aux satellites radar, comme le canadien *Radarsat*. Leurs instruments, qui émettent et recueillent des signaux jour et nuit, analysent les ondes radar réfléchies par le sol. Ils réalisent ainsi des images à partir de mesures radar, et non optiques.

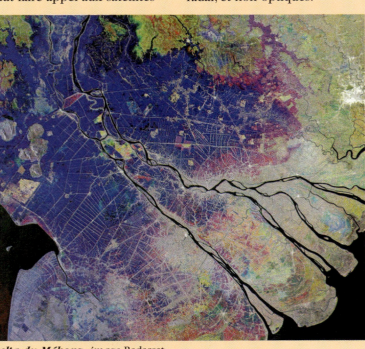

Delta du Mékong, image Radarsat.

De la mesure à l'image

À l'heure de la météo, la télévision nous présente régulièrement des "photos satellites". Un satellite n'est pourtant pas équipé d'un appareil photo classique et il aurait du mal à laisser tomber des paquets postaux remplis de photographies du haut de son orbite ! Il transmet plutôt vers le sol, grâce à ses antennes émettrices, des informations numériques complexes qu'il faut ensuite traiter pour obtenir des images lisibles.
Le schéma ci-dessous, à travers l'exemple de *SPOT*, montre les principales étapes que suivent les informations reçues avant de devenir de véritables images satellitaires.

SE PROCURER DES IMAGES SATELLITAIRES

Les images obtenues par satellite sont, la plupart du temps, commercialisées par des sociétés privées. La vente via Internet tend à se généraliser, certaines images y sont même disponibles gratuitement. Mais les données dites stratégiques – concernant par exemple l'état des cultures d'un pays concurrent – peuvent être vendues plusieurs milliers d'euro.

❶

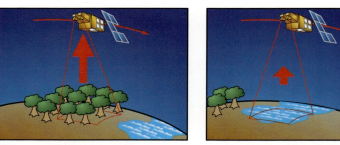
❷

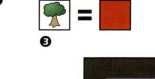
❸

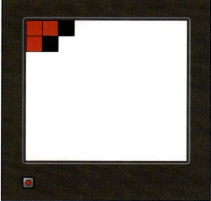
❹

❶ *Un satellite* SPOT *tourne en orbite autour de la Terre, à 822 km d'altitude. Ses instruments optiques embarqués captent la lumière réfléchie par les différents sols survolés. Ces "caméras" mesurent la quantité de lumière réfléchie par un sol éclairé par le Soleil. On appelle "réflectance" la fraction de lumière renvoyée par le sol.*

❷ *Tous les types de surface ne renvoient pas la même quantité de lumière, ce qui permet au satellite de différencier les sols entre eux. La réflectance est évaluée en moyenne sur des carrés au sol. Ils mesurent ici 20 m de côté.*

❸ *Des couleurs, qui ne correspondent pas aux couleurs réelles du sol, sont associées aux différentes valeurs mesurées par les caméras de* SPOT. *Chacune de ces couleurs est ensuite attribuée à un petit carré de l'image numérique finale, le pixel*. La taille du carré au sol correspondant détermine la résolution* de l'image satellitaire ; ici, elle est donc de 20 m.*

❹ *La zone ainsi colorée représente sur l'image le carré au sol à partir duquel la mesure a été réalisée. De cette manière sont colorés tous les pixels qui formeront l'image satellitaire complète.*

OBJECTIF TERRE

Traiter les images

Les images satellitaires étant toutes en fausses couleurs, il s'agit de les rendre lisibles en fonction des besoins de l'utilisateur. Le traitement des mesures et des coloris peut être réalisé de différentes manières : accentuation du contraste général ou coloration spécifique pour délimiter des zones distinctes, inversion des couleurs, superposition d'images réalisées à des dates différentes pour surveiller l'évolution de la végétation, utilisation de données supplémentaires pour recomposer l'image (météorologie, sol...), etc. Autant de techniques que devra maîtriser le photo-interprète.

SPOT'Art

La beauté des images satellitaires est évidente. Certains traitements colorés, particulièrement audacieux, permettent d'en faire de véritables œuvres d'art, qui sont ensuite l'objet d'expositions ou de livres. Ce courant artistique a été baptisé le SPOT'Art.

Le rôle du photo-interprète

Parmi les mesures collectées par le satellite, toutes ne sont pas indispensables suivant le résultat souhaité. Fort de sa connaissance de la géographie du lieu observé et des outils de traitement de l'image, le photo-interprète sélectionne les informations numériques correspondant à la commande du client : une carte des limites de champs et de forêts, une vision stéréoscopique (en 3D) d'un terrain pour l'implantation de constructions, l'évolution d'une marée noire, la localisation de cultures illicites (drogues), l'étendue d'une inondation...

Mesurer la Terre

Aucun point de la Terre n'échappe à la vigilance des satellites. Grâce à eux, on peut obtenir des informations sur des territoires peu fréquentés ou inaccessibles par voie terrestre. Même les perturbations de leurs orbites nous donnent de précieux renseignements sur les profondeurs de notre planète !

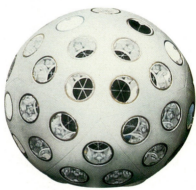

Le satellite Starlette est un des objets dont on surveille l'orbite en permanence.

Jusqu'au lancement de *Spoutnik 2*, on ne parvenait à mesurer la forme exacte de la Terre qu'en arpentant la planète pour localiser des points remarquables servant de repères. À partir de 1957, le survol répété du globe terrestre par les différents satellites a permis d'en déterminer les dimensions avec précision. Cette science des mesures de notre planète s'appelle la géodésie.

Découvrir des étendues invisibles

Grâce aux images réalisées en Antarctique par les satellites *ERS*, on s'est aperçu qu'aux abords de la base scientifique russe Vostok, 4 000 mètres de glace recouvraient un lac indétectable depuis la surface !

Des satellites pour cartographier la Terre

La cartographie spatiale est aujourd'hui appréciée pour des zones sur lesquelles on possède peu d'informations géographiques, comme les pays du tiers-monde ou l'Antarctique. Elle permet aussi de remettre régulièrement à jour des cartes anciennes sans organiser de lourdes missions de terrain. Grâce au traitement numérique des images, les professionnels peuvent avoir accès à des cartes thématiques où sont mises en valeur les informations qui les concernent plus particulièrement.

Mesurer le champ de gravité

Les satellites sont des projectiles et l'observation de leurs trajectoires permet d'analyser les forces auxquelles ils sont soumis, comme la gravité terrestre. Quelques petits satellites, tournant tout autour de la Terre, denses et recouverts

OBJECTIF TERRE

La Terre

Diamètre polaire : 12 713 km
Diamètre équatorial : 12 756 km
Circonférence : 41 710 km
Aplatissement : 1/298,25

Le géoïde

Grâce à la mesure du champ de gravité auquel sont soumis les satellites, on a pu calculer une surface théorique, le géoïde, sur laquelle la valeur de la pesanteur terrestre serait constante – gravité et pesanteur terrestre étant deux notions étroitement liées. À grande échelle, c'est un ellipsoïde de révolution, une sorte de sphère aplatie comme un pamplemousse. Mais la répartition des masses dans les profondeurs de la Terre n'est pas uniforme, aussi le géoïde est-il un "patatoïde" à la surface très irrégulière, reflétant les variations de gravité.

Selon leur échelle, ces anomalies peuvent aider la prospection minière ou l'exploitation des gisements et donner aux scientifiques des informations sur la structure profonde de la planète.

de réflecteurs sont observés depuis notre planète.
Les perturbations de leurs orbites sont utilisées pour déterminer les endroits où la gravité est plus ou moins importante. Le traitement de ces résultats complexes nécessite de puissants outils informatiques au sol.

RÉALISE DES SPATIOCARTES

Il te faut :
- trois ou quatre feuilles de papier calque,
- des crayons de couleur,
- une image satellite.
Tu peux aussi t'entraîner sur l'image ci-contre.

● Observe bien l'image satellitaire. Celle-ci a été obtenue le 27 juin 1992 au-dessus d'Amsterdam (Pays-bas) par le satellite SPOT.

● Pose une feuille de papier calque sur l'image et reportes-y en bleu le contour des côtes, les rivières, les canaux et les bassins portuaires : tu as réalisé une spatiocarte thématique du réseau hydrographique de la région.

● Change de feuille et décalque maintenant une spatiocarte thématique de l'occupation des sols : colorie en noir les zones habitées et en vert les parcelles cultivées.

● Sur d'autres images, tu peux également réaliser un calque de la couverture végétale ou des voies de communication entre les agglomérations.

● Tu peux aussi superposer tes calques sur l'image de fond et comparer le résultat avec une carte de la région que tu trouveras dans un atlas.

Ainsi, sans jamais te rendre à un endroit, tu viens d'en dessiner différentes cartes thématiques qui permettent de faire une première analyse du terrain !

La planète en colère

Non seulement elle tourne, mais en plus elle bouge tout le temps : les volcans crachent, tandis que les plaques qui portent nos continents glissent, se chevauchent et craquent, provoquant de violents tremblements de terre. Aussi, dans l'espace, d'infatigables veilleurs observent, mesurent et transmettent les messages annonciateurs des désastres.

Les convulsions naturelles de la Terre, séismes et éruptions volcaniques, sont souvent des conséquences de la tectonique des plaques*. Elles se situent donc principalement aux frontières de ces plaques. Ces zones à risque étant généralement peuplées, il est important de pouvoir prévoir les catastrophes. Certains des signes avant-coureurs peuvent être lisibles depuis l'espace.

Les signes avant-coureurs

Dans les zones où les plaques coulissent les unes contre les autres, la croûte terrestre commence par se déformer et on peut observer des déplacements du sol. Mais son élasticité est limitée et, après une certaine accumulation, c'est la rupture : le séisme.

Les éruptions volcaniques, elles, sont généralement précédées d'un réchauffement de la surface, de vibrations du sol et d'un gonflement du dôme du volcan sous la poussée du magma.

Des balises et des failles

La localisation spatiale fournit des mesures de l'ordre du centimètre. Certaines failles tectoniques actives, comme celle de San Andreas le long de laquelle se déplace la Californie, sont équipées

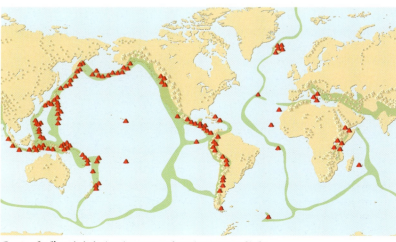

Carte de l'activité sismique et volcanique mondiale

OBJECTIF TERRE

Photographie aérienne de la faille de San Andreas, Californie.

LA SURVEILLANCE DES VOLCANS INDONÉSIENS

Plus de 120 volcans sont répartis sur les 7 000 km de long des îles indonésiennes. Leurs éruptions violentes sont précédées par une activité sismique qui peut être détectée plusieurs jours à l'avance. Des stations automatiques situées parfois à plus de 2 000 m d'altitude surveillent, entre autres, l'activité et la vitesse de déplacement du sol. Elles transmettent alors ces données via le système spatial Argos vers les observatoires où les volcanologues les analysent.
Ainsi, en 1992, une station Argos installée sur un radeau voguant sur le lac de cratère du Kelut a transmis jusqu'à l'explosion du volcan, la température au fond du lac et le bruit causé par les bulles de gaz volcanique. Cette surveillance a permis l'évacuation en temps voulu des villages les plus proches.

de balises. Grâce à elles, on repère depuis l'espace le moindre centimètre de mouvement qui pourrait annoncer une rupture imminente. Mais ces méthodes ne prévoient ni la localisation exacte du séisme, ni sa magnitude*.

L'interférométrie radar

En comparant des images radar prises sur un même site lors de passages successifs d'un satellite, on peut déceler les déformations survenues entre deux prises de vue : glissements de terrain, gonflements d'édifices volcaniques ou affaissements liés à une exploitation souterraine. L'image ainsi obtenue est appelée "interférogramme". Elle permet de détecter des mouvements du sol de l'ordre du millimètre.

Observer pour comprendre

L'observation spatiale ne permet pas encore la prédiction exacte des colères de la Terre et, en particulier, des séismes.

LE SAVAIS-TU ?

Des marées... terrestres !
En surveillant le moindre mouvement de l'écorce du globe, la géodésie spatiale a permis de mettre en évidence des soulèvements du sol sous l'influence de la Lune. Ces marées terrestres peuvent représenter en certains points des variations de 40 cm !

Néanmoins, les images satellitaires nous apportent une meilleure connaissance de ces phénomènes et du mécanisme de leur déclenchement. Les archives radar donnent par exemple accès aux déformations apparues lors des dix dernières années. Les scientifiques recueillent les informations venues de l'espace pour parfaire leur compréhension du fonctionnement de notre système Terre, tenter de le modéliser et prévoir ce que ses éléments nous réservent.

Interférogramme du volcan Etna, Sicile

Observer la grande bleue

Étudier la Terre, c'est aussi observer la mer, monde difficile d'accès par nature, dont on ne connaissait jusqu'ici que les routes suivies régulièrement par les bateaux ! La conquête spatiale a fourni les outils pour une observation globale et répétitive des océans.

Les couleurs de la mer

Nous sommes habitués à voir dans la mer le reflet des couleurs du ciel, plus ou moins bleues ou grises selon le temps qu'il fait. Grâce aux observations des satellites dans les longueurs d'onde visibles, on peut repérer à leur couleur des bancs de phytoplancton*, fort apprécié des poissons, ce qui constitue une aide précieuse pour les pêcheurs. Les observations dans le domaine infrarouge donnent, elles, la température des eaux de surface.

LE SAVAIS-TU ?

La planète Terre ?
Notre planète est plutôt mal nommée, puisque plus de 70 % de sa surface est couverte par l'océan. Heureusement, car il n'y a pas de vie sans eau ! C'est dans les océans que sont apparus les premiers signes de vie sous forme de bactéries puis d'algues unicellulaires, bien avant que des organismes sortis de l'eau ne colonisent les continents. À l'heure actuelle, plus que jamais, l'océan demeure le gardien de l'équilibre écologique de notre planète...

Des informations sur la forme...

Les satellites altimétriques mesurent en tous points la hauteur exacte des océans, dont la surface nous apparaît pleine de creux et de bosses ! Ces données sont utilisées pour cartographier les courants, étudier les saisons océaniques et mieux connaître les marées. D'autres informations très appréciées des marins nous sont fournies par l'écho radar :

OBJECTIF TERRE

Le principe de l'altimétrie radar

Depuis l'espace, l'altimètre radar embarqué sur le satellite envoie un signal qui voyage à la vitesse de la lumière jusqu'à rencontrer un obstacle majeur : la surface de l'océan. Là, il est renvoyé par un effet de miroir vers l'espace où l'antenne de l'altimètre capte le signal retour appelé "écho radar". Le temps écoulé entre l'émission du signal et la réception de l'écho permet de calculer la distance entre la surface et le satellite. Les appareils d'orbitographie embarqués donnent une localisation précise du satellite et l'on peut connaître la hauteur de la surface océanique à quelques centimètres près.

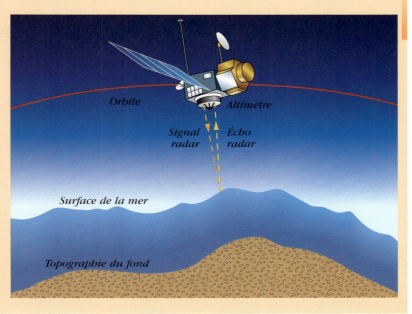

la hauteur des vagues modifie la forme de l'écho et la force du vent en surface disperse l'énergie du signal, ce qui diminue son intensité !

... et sur le fond

La topographie de la surface des océans reproduit, en l'atténuant, le relief des fonds sous-marins. Une bosse à la surface peut provenir d'une montagne sous-marine, dorsale ou volcan, dont l'excès de matière provoque un surplus de gravité qui retient une couche d'eau plus importante. Inversement, une fosse océanique sera couverte d'une moins grande masse d'eau. Ainsi est née l'idée d'obtenir par altimétrie une image du géoïde, les satellites nous dévoilant sous l'océan la carte des plaques qui constituent notre croûte terrestre.

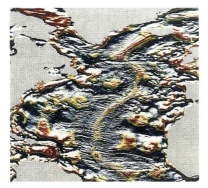

Géoïde altimétrique de l'Atlantique nord

LE SAVAIS-TU ?

La mer monte !
Depuis que le niveau des mers est mesuré par les satellites, on s'est aperçu que le niveau moyen s'était élevé de 1,5 à 2 mm par an. Même si on ne connaît pas exactement l'origine de ce phénomène, on pense qu'il est lié à la dilatation de l'eau et à la fonte des glaces sous l'effet du réchauffement de notre planète.

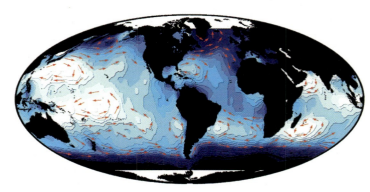

Carte des courants marins établie grâce aux mesures altimétriques de Topex Poseidon

Suivre El Niño

Au large de l'Amérique latine, les eaux froides du Pacifique, particulièrement riches en poissons, se réchauffent de façon inexpliquée tous les trois à sept ans, pendant la période de Noël. Drôle de cadeau pour les pêcheurs du Pérou et de l'Équateur qui ont surnommé cet étrange phénomène "El Niño", en référence à l'Enfant-Jésus.

La température de l'eau, qui est habituellement d'environ 20 °C dans ces zones, augmente en quelques mois pour atteindre 25 °C, parfois plus.
Une des conséquences de ce réchauffement de l'océan est la disparition d'un grand nombre de poissons, qui ne trouvent plus leur nourriture favorite, le plancton, désormais incapable de proliférer dans des eaux aussi chaudes. Pour mieux comprendre ce phénomène si catastrophique pour la pêche, les océanographes ont utilisé un satellite capable de mesurer la hauteur des eaux.

Un satellite de surveillance

Le satellite d'observation des océans *Topex-Poséidon*, réalisé conjointement et mis en orbite par le CNES et la NASA en 1992, a pu percer en partie le mystère de ce réchauffement brutal des eaux. On sait que plus le niveau des eaux est haut, plus elles sont chaudes et inversement. En effet, en se réchauffant, l'eau augmente de volume, alors qu'elle en perd en se refroidissant. Mesurer la hauteur moyenne de l'océan, c'est donc recueillir des informations sur sa température ! À partir de mars 1997, le réchauffement a été particulièrement marqué. *Topex-Poséidon* a observé le déplacement progressif d'une zone d'eau chaude – surélevée de 20 cm par rapport à la hauteur moyenne de

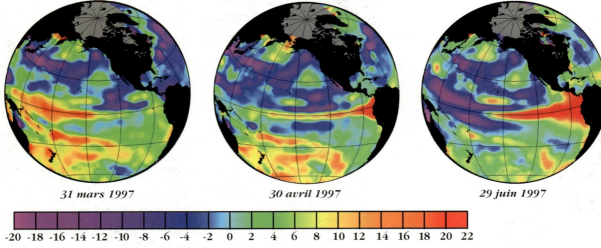

31 mars 1997   *30 avril 1997*   *29 juin 1997*

-20 -18 -16 -14 -12 -10 -8 -6 -4 -2 0 2 4 6 8 10 12 14 16 18 20 22

Anomalie du niveau de la mer (en cm).

OBJECTIF TERRE

Une année sans El Niño

Une année avec El Niño

OCÉAN ET CLIMATOLOGIE

Dès le début du printemps, par exemple, l'océan Atlantique nord emmagasine la chaleur atmosphérique et la conserve dans ses 200 premiers mètres d'eau. Avec l'arrivée de l'automne, le climat tend à se refroidir ; ce refroidissement est atténué par la chaleur que l'océan restitue à l'atmosphère pour équilibrer leurs températures. C'est ce qui permet aux riverains de l'Atlantique nord de bénéficier d'un climat tempéré jusqu'à la fin de l'hiver…

L'observation des océans par satellite permet de mieux comprendre ces interactions entre les fluides (océan et atmosphère), qui sont à la base des phénomènes climatiques. C'est pourquoi, pour prolonger la mission *Topex-Poséidon*, les scientifiques disposent depuis décembre 2001 d'un nouveau satellite océanographique, *Jason 1*, afin de percer les mystères de la climatologie.

l'océan Pacifique – des rivages de l'Indonésie jusqu'aux côtes péruviennes… Or ces eaux chaudes sont habituellement "bloquées" dans l'océan Pacifique ouest par les vents alizés*. Les scientifiques en ont déduit que c'était un affaiblissement de ces vents qui avait permis aux eaux chaudes de se déplacer ainsi d'ouest en est en direction des rives de l'Amérique du Sud.

Les ravages d'El Niño

Ce déplacement d'eau chaude a aussi des répercussions sur le climat global de la planète. Il provoque des pluies torrentielles et des inondations dans les terres : au Pérou bien sûr, mais aussi en Amérique Centrale et jusqu'en Californie. Une sécheresse inhabituelle sévit au contraire de l'autre côté du globe, provoquant de gigantesques incendies en Afrique du Sud, en Indonésie et aux Philippines. Le satellite *Topex-Poséidon*, en observant le phénomène à son stade initial, peut alerter les populations sur l'arrivée probable de ces catastrophes. Il leur permet ainsi de s'y préparer en construisant des digues, en renforçant les habitations, mais aussi en choisissant des cultures capables de résister à de telles intempéries.

5 novembre 1997

LE SAVAIS-TU ?

Le Peintre de Callao
Avant de disparaître, les poissons et le plancton décimés par El Niño pourrissent et produisent un gaz nauséabond : l'hydrogène sulfuré. Ce gaz réagit au contact de la céruse, colorant blanc à base de carbonate de plomb qui recouvre les coques des bateaux, et noircit leur peinture. C'est pour cette raison que les habitants de Lima, dont le port s'appelle Callao, ont surnommé El Niño le "Peintre de Callao".

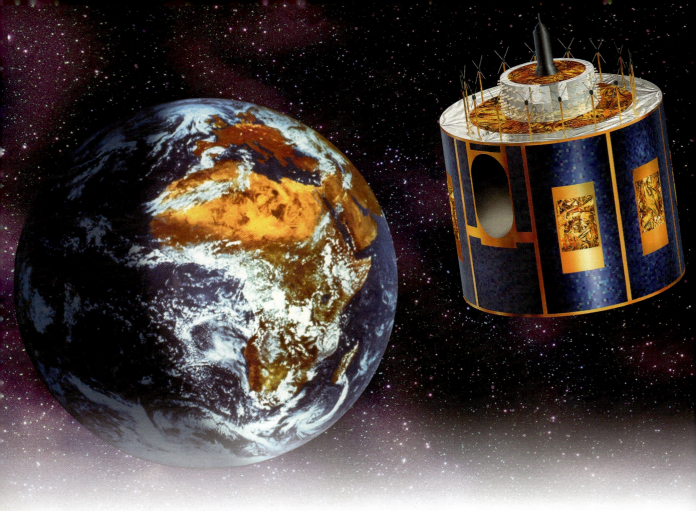

Quel temps fera-t-il demain ?

Le bulletin météo diffusé à la télévision, à la radio ou dans les journaux permet de connaître, en avant-première, les caprices de l'atmosphère pour se préparer à la pluie ou au beau temps. Mais d'où viennent ces informations ?

Atmosphère sous haute surveillance

Pour prévoir le temps qu'il fera dans les prochains jours, il faut connaître l'état de l'atmosphère à un moment déterminé. Un réseau mondial de 12 000 stations météorologiques terrestres mesure la pression, la température, la vitesse et la direction du vent, renseigne sur la présence ou non de nuages (nébulosité) et enregistre les quantités de précipitations...

Station météorologique de Poindimié, Nouvelle Calédonie

Pour compléter ces observations, environ 4 000 ballons-sondes et plus de 7 000 navires et avions effectuent quotidiennement des mesures sur les océans et en altitude.

L'apport des satellites météorologiques

Les caractéristiques de l'atmosphère relevées à un endroit donné sont étroitement liées à celles des régions voisines. Or, sur certains territoires – comme les zones océaniques – et dans de nombreux pays en voie de développement, les stations météorologiques sont peu nombreuses. Les images satellitaires constituent donc de précieux outils pour

OBJECTIF TERRE

le prévisionniste. Elles apportent toutes les 30 minutes – bientôt tous les quarts d'heure – des informations sur l'humidité, la répartition, la forme et la taille des systèmes nuageux sur l'ensemble de la planète.

Les outils de la prévision

Pour faciliter le calcul, l'atmosphère est divisée en boîtes mesurant quelques centaines de mètres verticalement et de 10 à 100 km horizontalement, suivant la précision des mesures à faire. Ces millions de données sont transmises vers les services météorologiques nationaux où elles sont traitées par des ordinateurs puissants, à l'aide de formules mathématiques : les modèles. Ces derniers simulent le comportement de l'atmosphère et calculent son évolution probable, pour une échéance allant de 3 heures à 10 jours. Les résultats obtenus donnent les valeurs des différentes variables : la pression, la température, l'humidité, la vitesse et la direction des vents ainsi que les précipitations. Mais cela n'achève pas le processus de prévision du temps : ces informations servent de base de travail aux prévisionnistes, qui analysent les modèles numériques et confrontent les nombreuses observations entre

elles avant d'établir la prévision proprement dite. Entre les premières mesures et la diffusion des bulletins météo, il ne s'écoule que quelques heures !

LE SAVAIS-TU ?

Quand la météo a tout faux !
Pourquoi les prévisions sont-elles toujours moins fiables à l'échelle locale qu'à l'échelle nationale ? D'abord, parce que les observations de l'atmosphère qui conditionnent la qualité de la prévision ne sont ni assez précises ni assez nombreuses. De plus, un phénomène de grande taille (dépression, anticyclone, météorologie d'un pays) ou un type de temps (sec, humide, nuageux) est plus facile à prévoir qu'un phénomène limité et isolé comme un orage. Enfin, les unités de mesure des modèles sont trop grandes : le temps à l'intérieur de chacune de ces boîtes est considéré homogène alors que, bien souvent, ce n'est pas le cas !

UN MÉTIER : PRÉVISIONNISTE

Malgré la puissance des logiciels utilisés et la richesse des informations recueillies, l'intervention humaine demeure indispensable pour obtenir une prévision correcte du temps. Fort de son excellente compréhension des systèmes atmosphériques et de sa connaissance précise du climat analysé, le prévisionniste ajuste les résultats de la simulation numérique. Il traduit ensuite ses prévisions en termes de températures, de durée et d'intensité de précipitations, d'arrivée de brouillards, d'orages ou de rafales de vent… des notions compréhensibles par tous.

Avis de cyclone tropical

Impossible d'échapper aux quatre-vingts cyclones qui frappent chaque année dans le monde! Heureusement, l'observation spatiale de ces phénomènes dévastateurs et meurtriers est particulièrement efficace: elle permet de détecter les signes avant-coureurs, de suivre leur évolution et d'alerter les populations...

La veille météorologique mondiale

Grâce aux satellites, la vision météorologique du monde a changé. Aujourd'hui, huit satellites géostationnaires* (deux américains, un chinois, deux européens, un indien, un japonais et un russe) répartis tout autour de la planète offrent une vision presque totale et continue du système Terre-atmosphère. De plus, des satellites défilant en orbite polaire (américains et russes) permettent de surveiller les régions des pôles non accessibles aux satellites géostationnaires. Enfin, neuf centres répartis dans les régions tropicales de la planète se chargent de récolter les informations, de les traiter et d'avertir les pays situés dans leur zone de surveillance en cas de cyclone tropical.

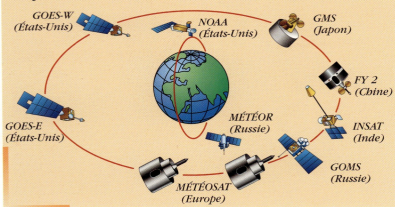

LE SAVAIS-TU?

Question de vocabulaire
Quelle est la différence entre un ouragan, un typhon et un cyclone ? Aucune. C'est le même phénomène, mais, selon la partie du monde dans laquelle il frappe, les habitants des lieux lui ont donné un nom différent. On le nomme "ouragan" – du mot caraïbe *hurracan* – dans l'Atlantique ouest et dans les pays d'Amérique ; "typhon" – du grec *tuphon* qui veut dire tourbillon – dans le Pacifique Occidental (Mer de Chine, Japon, Philippines) ; et "cyclone", tout simplement, dans l'Océan Indien. Un cyclone est en réalité un mouvement tournant d'air. Les ouragans et les typhons sont des cyclones tropicaux très violents.

OBJECTIF TERRE

Vie et mort d'un cyclone

Les cyclones sont des phénomènes saisonniers qui se forment à la fin de l'été et en automne, sur les océans des régions tropicales. Ils constituent l'aboutissement d'un fort creusement d'une dépression, liée à un amas en développement de gros cumulonimbus, des nuages très épais. Au départ, une sorte de cheminée aspire l'air chaud et humide de la mer vers le haut. La chaleur libérée par la condensation de la vapeur d'eau en altitude s'accumule. Lorsque le cyclone atteint son plein développement, cette formidable quantité d'énergie soulève la surface de l'océan et le monstre s'élance lentement en tourbillonnant.

Prévoir le cyclone

Sur les images fournies par les satellites d'observation de l'atmosphère, les météorologues observent deux à quatre jours à l'avance l'apparition des structures nuageuses caractéristiques du danger. À partir de cette analyse, ils évaluent sa trajectoire possible, le moment, le lieu et la force de son impact. Ces informations permettent d'alerter rapidement les populations et d'acheminer des moyens adaptés vers les territoires concernés. Après la crise, les spécialistes pourront également établir un premier bilan de l'état des routes, des aéroports et des villages touchés, grâce aux images fournies par les satellites.

L'œil du cyclone
Au cœur d'un cyclone tropical, on observe une zone relativement calme, sans vent et sans nuages, de 20 à 50 km de diamètre : c'est l'œil du cyclone.

Le cyclone
Autour de l'anneau, nourris par la masse de vapeur d'eau dégagée par l'océan, les cumulonimbus tournent dans un violent mouvement de tourbillon et produisent de fortes précipitations. Pouvant atteindre un rayon de 500 km, le cyclone se maintient pendant deux à trois semaines puis disparaît.

Le pourtour de l'œil
L'œil du cyclone est entouré d'un mur en anneau de 150 à 250 km d'épaisseur, formé de cumulonimbus organisés en spirale. C'est sur le pourtour de cet anneau central que la vitesse des vents est la plus élevée : elle peut dépasser les 200 km/h ! Dévastant tout sur leur passage, les vents sont accompagnés de pluies torrentielles et de montées des eaux de mer jusqu'à 6 ou 7 m de hauteur.

Le cyclone Georges
Réalisée le 19 septembre 1998, cette image satellitaire ne laisse planer aucun doute sur la nature du phénomène se déplaçant vers les Antilles : Georges, le cyclone, s'apprête à frapper ! Encore situé à plusieurs centaines de kilomètres des îles, l'alerte a permis aux secours de s'y préparer. Georges passera finalement au nord de la Guadeloupe qui sera relativement épargnée. En revanche, il touchera très violemment les grandes Antilles, Porto Rico en particulier.

SPOT, un chasseur d'images

Les images obtenues par les satellites d'observation de la Terre ont révolutionné les pratiques de nombreux secteurs d'activités. Leur interprétation permet aussi bien de prévoir l'aménagement du territoire que de suivre l'évolution et les conséquences d'un phénomène naturel...

Les images SPOT constituent de précieux outils de travail et d'aide à la décision dans des domaines très diversifiés grâce à la vision globale qu'elles donnent des zones observées et à la régularité des observations. Les Satellites pour l'observation de la Terre (SPOT 1, 2, 4 et 5) sont les leaders dans l'acquisition d'images satellitaires de la planète.

Améliorer les stratégies agricoles

En observant l'organisation des parcelles cultivées sur cette image, la frontière entre les États-Unis et le Mexique est facilement repérable : au nord, les champs semblent rangés à la façon d'un damier alors qu'au sud, ils forment une mosaïque sans organisation visible ! Les images SPOT servent d'outils pour dresser un état des lieux des surfaces cultivées, reconnaître la nature des sols et évaluer les ressources en eau. Au fur et à mesure de l'année, en comparant des images, l'évolution des cultures et le dépistage des maladies de la végétation sont suivis attentivement. Des enquêtes sur le terrain complètent ces informations afin de prévoir la production future et l'organisation optimale de la récolte.

Étudier le relief

À partir d'une image de la zone prise à la verticale et d'une image de la même zone prise en oblique, un logiciel permet d'obtenir directement une image en relief. Celle-ci servira, par exemple, à choisir le meilleur site d'implantation d'une antenne pour le téléphone portable. Les ingénieurs des sociétés de télécommunication repèrent une zone appropriée directement sur l'image. L'ordinateur réalise une simulation pour déterminer si les ondes émises par ce type d'antenne peuvent se déplacer dans toutes les directions, sans rencontrer aucun obstacle. Si c'est le cas, des techniciens iront sur le terrain pour installer l'antenne. Ce travail sur image évite plus de 400 mesures sur le terrain pour étudier une zone de 60 km de côté ! Un gain de temps et d'argent important...

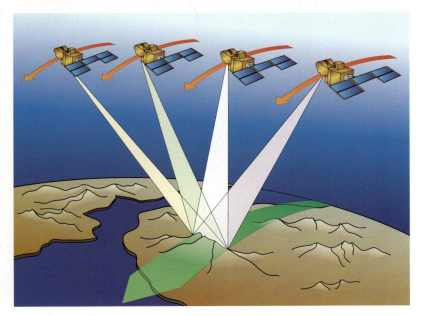

OBJECTIF TERRE

Dompter le cours d'un fleuve
Le Bangladesh est régulièrement
le théâtre de crues importantes.
Grâce à des images réalisées par *SPOT*
à différents moments, l'étude précise
de l'évolution des crues du fleuve
Jamuna et le repérage des zones
inondables ont été entrepris. L'image
ci-dessous montre le fleuve entre mars
1987 (en bleu clair) et mars 1989 (en
bleu foncé). Les ingénieurs étudient sur
ordinateur l'endroit le plus judicieux
pour construire une digue sans que
cette dernière soit débordée l'année
suivante ! Résultat : une digue
construite à l'ouest de la capitale
a sauvé une partie de la ville lors
des inondations de 1998.

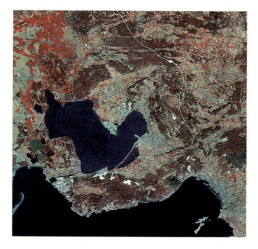

Aménager le territoire
Avant de débuter les travaux
de construction d'une
autoroute rejoignant
la ville de Marseille,
les ingénieurs du génie civil
ont travaillé sur des images
du satellite *SPOT* du site.
Ainsi, en prenant en compte
les contraintes du paysage,
comme la qualité des sols
ou le relief, ils ont établi
le tracé de l'autoroute (ligne
blanche). Par des simulations
sur ordinateur, ils ont envisagé
différentes possibilités et
visualisé l'aspect définitif
de l'ensemble de l'ouvrage.

Évaluer les dégâts
En novembre 1999, des pluies
diluviennes accompagnées
de précipitations importantes
se sont abattues sur le département
de l'Aude. En comparant
et en interprétant des images
du satellite *SPOT* réalisées avant
et après la crise (voir images ci-contre),
des cartographes ont dressé des cartes
très précises des zones inondées.
Ces précieux outils ont servi de base
pour évaluer les dommages affectant
les villages et les routes, pour mieux
comprendre les causes de ce sinistre
mais surtout pour élaborer un plan
de réhabilitation des zones sinistrées.

Forêt en danger !

L'observation spatiale est aujourd'hui devenue l'un des meilleurs moyens dont disposent les spécialistes pour apprécier la menace des activités humaines sur l'environnement. Grâce aux images fournies par les satellites, ils évaluent, par exemple, d'une année sur l'autre, l'ampleur de la destruction de la forêt tropicale en Amérique du Sud.

D'une superficie de 5 600 000 km², soit environ dix fois la France, la forêt amazonienne disparaît un peu plus chaque année. Les arbres sont abattus pour faire place à de grandes exploitations agricoles. Sur les zones dégagées, le bois est vendu et les sols sont brûlés pour être occupés par des cultures ou de l'élevage. Mais les agriculteurs sont rapidement confrontés à un double problème…

D'une part, les sols brûlés sont difficiles à exploiter, et, d'autre part, les cultures appauvrissent la terre. Ils défrichent alors une nouvelle zone de forêt vierge… Les images satellitaires permettent aux spécialistes de suivre l'évolution de la destruction de la forêt et de dresser chaque année des cartes précises.
Toutes ces informations aident le gouvernement brésilien et les organisations internationales à réaliser des contrôles, prendre des mesures pour protéger la forêt et mettre en place des programmes agricoles adaptés.

ENVISAT, LE SATELLITE VERT

Les données spatiales sont très utiles pour préserver l'environnement sur notre planète. En effet, il est indispensable de connaître le fonctionnement de l'atmosphère, de l'océan et des glaces pour mesurer l'ampleur des dérèglements que les activités humaines risquent d'entraîner. C'est pourquoi l'Europe a lancé en février 2002 sur une orbite polaire un nouveau satellite d'observation de la Terre, spécialiste de l'environnement : *Envisat*. Il est équipé de nombreux instruments d'analyse de l'atmosphère et d'un radar imageur, pour une surveillance précise de l'évolution des paysages.

OBJECTIF TERRE

État du Parà, Brésil, juillet 1989
Cette image de *SPOT* montre une zone située en plein cœur de l'Amazonie. La réflectance en infrarouge de la chlorophylle contenue dans les feuilles des arbres permet de distinguer la forêt. Pour bien différencier les zones cultivées des zones forestières, un logiciel informatique retravaille l'image. On obtient ainsi une image en deux couleurs : le rouge indique la forêt, le bleu les zones sans forêt. Sur cette image, on peut compter le nombre de pixels* rouges et le nombre de pixels bleus. Comme chaque pixel de l'image correspond à un carré de 20 x 20 m au sol (*Voir p. 184-185*), la surface boisée et la surface déforestée peuvent être évaluées.

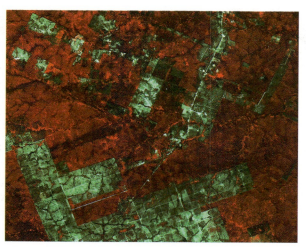

Trois ans plus tôt...
Les images satellitaires sont archivées, ce qui permet de retrouver facilement une image de la même zone, réalisée trois ans plus tôt. En comparant visuellement les deux images, la conclusion est immédiate : pendant cette période, de nouvelles zones de forêt ont disparu. À partir de telles données, les spécialistes peuvent dresser une courbe de l'évolution de la destruction de la forêt dans cette zone et prévoir sa disparition, si la déforestation continue à ce rythme.

Calcul de la déforestation
Les deux images de *SPOT*, réalisées à deux moments différents, sont enregistrées sur un ordinateur pour être traitées par des logiciels spéciaux. Le résultat de ce travail est une nouvelle image sur laquelle apparaissent en rouge les zones de forêt disparues pendant les trois années. L'ordinateur peut calculer rapidement la différence. En une heure, il donne la déforestation sur une région de 60 x 60 km, soit ici 19 854 sur 360 000 hectares.

Plus vrai que nature...
Il existe aussi des traitements colorés qui rendent les images satellitaires plus lisibles pour les non-spécialistes.
Ici l'image de 1986 avec la forêt en... vert !

Des satellites-espions

Un satellite ne connaît pas les frontières et n'a pas besoin d'autorisation pour survoler, à quelques centaines de kilomètres d'altitude, n'importe quel pays du globe. De plus, il transmet les informations récoltées au moment même où il les obtient : c'est donc un instrument d'espionnage particulièrement efficace !

Des satellites plus performants

Du point de vue du fonctionnement, il n'existe pas de grande différence entre un satellite d'observation, à usage civil, et un satellite-espion, à des fins militaires. Pourtant, quand des satellites civils comme *SPOT* ou *Landsat* réalisent des images d'une résolution* de 10 mètres, les satellites militaires fournissent des photos dont la résolution est inférieure au mètre. Cela permet de repérer aisément des détails d'importance stratégique comme, par exemple, des véhicules blindés en position.

LE SAVAIS-TU ?

Une armée gonflée !
En 1991, lors de la guerre du Golfe, l'armée irakienne utilisa de faux véhicules militaires gonflables. Malgré leur grande précision, les satellites-espions envoyés par le camp adverse n'ont pas permis de détecter la supercherie : vus de l'espace, ces blindés semblaient tout à fait authentiques…

Espionnage américain, russe et européen

Dès 1959, deux ans seulement après la mise en orbite de *Spoutnik 1*, les Américains envoient des robots d'observation autour de la Terre pour mieux surveiller les faits et gestes de leurs voisins. En pleine guerre froide, l'URSS ne tarde pas, elle aussi, à prendre la voie de l'espace à des fins d'espionnage. Des centaines de satellites-espions sont ainsi mis en orbite par ces deux puissances dans les années 1960-1980. Les *Kosmos* soviétiques et les *Key Hole* américains (que l'on traduit par « trou de serrure »)

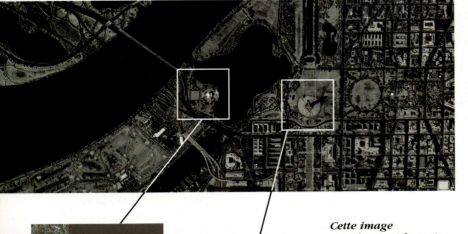

Cette image représentant le centre de Washington est la première retransmise par le satellite Ikonos *le 30 septembre 1999. Les agrandissements sur les monuments montrent l'impressionnante résolution de cet engin.*

OBJECTIF TERRE

n'avaient en général qu'une durée de vie de quelques dizaines de jours. En effet, pour réaliser des images d'une grande précision, ils gravitaient à des altitudes très basses (entre 100 et 300 km). Ces satellites subissaient donc un freinage atmosphérique important qui les faisait retomber assez rapidement dans les basses couches de l'atmosphère pour y être désintégrés. Les satellites-espions les plus récents sont situés un peu plus haut, car leurs instruments d'observation sont plus perfectionnés. Ainsi, les satellites franco-italo-espagnols *Hélios*, lancés en 1995 et en 1999, survolent la quasi-totalité de la planète vers 680 kilomètres d'altitude.

Des satellites-espions pour tous !

Depuis le milieu des années 1990, sont apparus de nouveaux satellites-espions : ils ont la même précision que certains satellites militaires mais sont civils ! Et les organismes (américains pour la plupart) dont ils dépendent vendent librement, mais non gratuitement, leurs images sur Internet ! C'est le cas par exemple du satellite *Ikonos* lancé en 1999 : avec une résolution de 1 mètre, ses images sont suffisamment précises pour remplacer les clichés top-secrets des militaires. D'où une inquiétude quant à l'achat et l'utilisation de ces images par des chefs d'État particulièrement mal intentionnés...

Transmise par le Key Hole 11, cette image montre un porte-avion en construction dans les chantiers navals russes.

Le satellite *franco-italo-espagnol* Hélios

UNE ARMADA EN ORBITE

Durant la guerre du Golfe (début 1991), pas moins de 50 satellites américains et alliés, dont les informations étaient coordonnées par plus de 1 000 personnes, ont renseigné les forces armées qui combattaient les Irakiens :
- 2 satellites imageurs et pirateurs de télécommunication,
- 15 satellites de positionnement permettant aux troupes de se repérer sur le terrain et de connaître les positions ennemies,
- 3 satellites de surveillance capable de détecter les missiles en vol,
- 3 satellites militaires de météorologie,
- 20 satellites militaires et plus d'une dizaine de satellites civils de télécommunication et d'observation.

Des satellites pour communiquer

L'avènement des satellites au milieu du XXe siècle a totalement révolutionné les moyens de communication entre les hommes. Désormais, on peut joindre une personne de n'importe où, à n'importe quelle heure ! Grâce aux satellites, retrouver sa route au fin fond du désert est aujourd'hui possible…

Petite histoire de la communication

*De plus en plus loin, de plus en plus vite, de plus en plus d'informations...
Au fur et à mesure du développement des techniques, l'homme a cherché
à augmenter la distance à laquelle il pouvait faire parvenir un message
et à diminuer le temps nécessaire à sa transmission.*

Les premières télécommunications

De nombreuses civilisations ont très tôt imaginé des moyens de communiquer à distance grâce à des signaux audibles ou visibles de loin et retransmis depuis des lieux élevés. Ainsi, pour avertir leur camp de l'approche d'un danger, les premiers guetteurs sont postés sur des collines, les Papous battent tam-tams et tambours, les Romains installent des tours à feu autour de la Méditerranée et les Indiens d'Amérique du Nord utilisent des signaux de fumée.

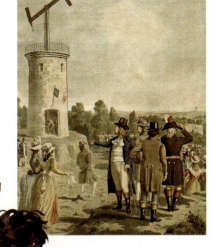

Le télégraphe optique

En 1793, l'ingénieur français Claude Chappe (1762-1805) invente le télégraphe aérien, un réseau de potences installées sur des points élevés, dont on peut manipuler les bras. Chaque position, correspondant à un signal particulier, est observée et reproduite par l'opérateur du relais pour informer les tours suivantes. Grâce à ce système, le 30 août 1794, le message de la reprise de Condé-sur-l'Escaut par les troupes républicaines ne mettra que 30 minutes pour parvenir à Paris, alors qu'un courrier aurait pris au moins 24 heures.

QU'EST-CE QUE LA COMMUNICATION ?

Communiquer c'est échanger de l'information au moyen de signaux circulant d'un émetteur à un récepteur. Cette définition reste valable qu'il s'agisse du brame du cerf, de la parole humaine, des messages codés des services secrets ou de la télévision par satellite. On parle de télécommunication, du grec *télé*, à distance, quand l'émetteur et le récepteur final sont éloignés.

DES SATELLITES POUR COMMUNIQUER

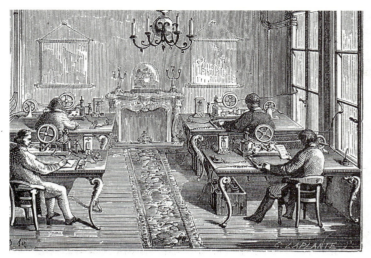

Réception de télégraphie électrique sur des appareils Morse

Le télégraphe électrique
La première moitié du XIXᵉ siècle voit le développement du premier moyen de télécommunication moderne, la télégraphie électrique. Deux innovations permettent sa mise en place : la maîtrise de l'électricité et l'invention de l'alphabet Morse. Selon un système de points et de traits associés à chaque lettre de l'alphabet, le télégraphiste frappe sur un petit appareil une succession d'impulsions brèves ou longues qu'un câble électrique transporte jusqu'au récepteur d'un autre poste télégraphiste. À l'arrivée, il ne reste à l'opérateur qu'à décoder le message.

Le télégraphe parlant
Quand, le 10 mars 1876, l'Américain Alexander Graham Bell (1847-1922) invente le téléphone, sa découverte est qualifiée de « merveille des merveilles ». Elle est basée sur un appareil traduisant les oscillations acoustiques de la parole en oscillations électriques qu'un nouveau réseau de câbles peut transporter dans des lieux de plus en plus éloignés. Ainsi en 1930, entre télégraphe et téléphone, c'est une pelote de 650 000 km de câbles qui court dans toutes les mers du globe pour transporter les nouvelles d'un continent à l'autre.

Le télégraphe sans fil
C'est l'Italo-Irlandais Guglielmo Marconi (1874-1937) qui réussit, le 28 mars 1896, à envoyer le premier radiotélégramme à travers le Pas-de-Calais. Sa technique s'affranchit des câbles en utilisant les ondes radio qui n'ont pas besoin de support pour voyager.

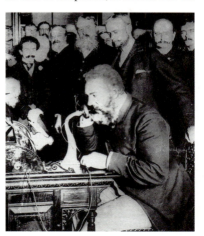

Répandue dès le début du siècle pour la communication avec des points isolés comme les bateaux, la TSF (télégraphie sans fil) rendra de nombreux services aux militaires pendant la Deuxième Guerre mondiale, puis prendra son essor avec la radiodiffusion.

LE SAVAIS-TU ?

Télécommunication sifflée
Certains bergers pyrénéens utilisent encore des langages sifflés pour communiquer d'une crête à l'autre. Dans des conditions optimales de vent et de relief, cela leur permet d'échanger des informations avec des records à 10 km de distance.

Les premiers tags
Il y a 30 000 ans, l'homme de Cro-Magnon invente un mode de communication qui a fait son chemin depuis : l'art de peindre sur les murs ! Les techniques ont un peu changé aujourd'hui, mais le principe reste le même : il faut avoir quelque chose à dire et une bonne maîtrise de l'art pictural !

Par la voie des ondes

Il arrive fréquemment de voir une émission de télévision dans laquelle un journaliste discute avec un spationaute voyageant autour de la Terre. De notre poste de télévision, on entend parfaitement leurs voix : comment peuvent-elles parcourir de telles distances aussi facilement ?

Formation des ondes sonores

En réalité, ce ne sont pas les voix qui circulent, mais leur traduction en ondes. Le journaliste et le spationaute s'expriment chacun devant des microphones branchés sur des circuits électriques. Ils produisent des ondes sonores qui se propagent dans l'air et font vibrer une membrane située dans le micro, de la même manière que la vitre d'une fenêtre au passage d'un camion dans la rue. Cette membrane met alors en contact deux parties du circuit électrique, laissant passer un courant plus ou moins fort.

Traduction en ondes électromagnétiques

Entre la station spatiale et la Terre, pas de fil électrique. Transmise à l'antenne de la station, l'électricité crée des ondes électromagnétiques, c'est-à-dire une aimantation causée par le passage du courant électrique. Ces ondes, appelées aussi "ondes radio", se propagent tout autour de l'antenne à la vitesse de la lumière (300 000 km/s). Elles n'ont pas besoin de support pour se déplacer : contrairement aux ondes sonores, elles peuvent traverser le vide de l'espace. Ces ondes radio sont captées au sol par des antennes reliées à des récepteurs, qui les retransforment en courant électrique.

Nom d'une radio !
En 1895, Marconi déposa le premier brevet sur un appareil complet qui permettait la télégraphie sans fil (TSF). Depuis, on appelle cet appareil la « radio » car ce sont les ondes radio qui transportent les messages.

Un aimant électrique

C'est le physicien danois Oersted qui découvrit le premier, en 1820, qu'un courant électrique est accompagné de magnétisme. Il approcha un fil électrique d'une aiguille aimantée, et celle-ci se tourna en direction du champ magnétique du courant électrique, comme attirée par un aimant. Par la suite, le Français Ampère montra en 1826 qu'à chaque fois qu'il y a du courant électrique, il y a du magnétisme, et à chaque fois qu'il y a du magnétisme, il y a de l'électricité.

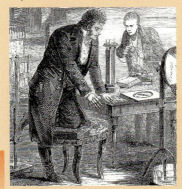

Christian Oersted (1777-1851)

DES SATELLITES POUR COMMUNIQUER

Retour aux ondes sonores

C'est ce même courant qui circule, à travers des fils conducteurs, jusqu'à des haut-parleurs, placés dans le studio et sur le poste de télévision. Le courant électrique fait vibrer leur membrane, qui produit ainsi des ondes sonores se propageant dans l'air, jusqu'aux oreilles. Grâce à leurs récepteurs, les techniciens au sol peuvent traduire les ondes captées par leurs antennes en informations compréhensibles. Ils peuvent aussi envoyer des données et des "ordres" aux satellites grâce à leurs émetteurs.

Et les images ?

Les images suivent le même chemin que le son depuis la caméra jusqu'aux récepteurs de télévision. Des capteurs sensibles à la lumière transforment celle que leur envoie les personnes filmées en courant électrique. L'antenne émettrice de la station ou du studio de télévision les laissera alors échapper sous forme d'ondes radio.

FABRIQUE DES ONDES ÉLECTROMAGNÉTIQUES

Il te faut :
- une pile de 4,5 V,
- un fil électrique de 15 cm de long.

● Allume un poste de radio et règle-le sur "petites ondes" (PO), en cherchant une zone où il n'y a pas de station audible.

● Dénude les extrémités du fil électrique. Accroche l'une d'elles à une lame de la pile, placée à une vingtaine de centimètres du poste de radio, puis frotte l'autre extrémité sur l'autre lame : des étincelles apparaissent et l'on entend des craquements dans le poste ! Pourtant, il n'y a aucun contact entre la pile et celui-ci : cela signifie qu'une transmission sans fil a eu lieu sur quelques dizaines de centimètres.

En effet, les minuscules étincelles ont provoqué une perturbation électromagnétique qui s'est propagée dans la pièce. Quand cette perturbation a rencontré l'antenne de la radio, elle a permis le passage d'un petit courant électrique qui s'est trouvé amplifié par le poste.

Le haut-parleur a alors vibré et a envoyé du son dans l'air : ce sont les craquements que tu as entendus.

CRR CRRR

En direct du monde

Les satellites de télécommunication relaient, en direct, des signaux d'un bout à l'autre de la Terre. Résultat : en allumant la radio, la télévision ou en décrochant le combiné du téléphone, des sons, des mots, des images, provenant de partout, nous arrivent en un clin d'œil…

Les satellites : des relais uniques

Aujourd'hui, les télécommunications empruntent de plus en plus les voies de l'espace. Les satellites jouent le rôle de relais : un émetteur leur envoie des signaux qu'ils retransmettent vers un autre point. Ainsi, ils aident à la diffusion des programmes télévisés ou radiophoniques et des conversations téléphoniques, n'importe où dans le monde. Ils permettent aussi d'échanger des données et de rester en contact radio permanent avec des navires, des plates-formes, des avions, des trains, des camions, des courses itinérantes ou des missions d'exploration…

❶ Une personne habitant dans la ville A est en grande conversation avec une autre personne, habitant dans la ville B, distante de 2 000 km. Chacun des deux interlocuteurs utilise un visiophone, sorte de téléphone comportant un écran. Lors de la communication, les sons et les images émis sont transformés en ondes radio-électriques.

Relais terrestre

Antenne d'émission

Ville A

❷ Les ondes radioélectriques ont la particularité de se propager en ligne droite. Mais certains gros obstacles arrêtent ces ondes : le relief, bien sûr, mais surtout la courbure de la Terre. Entre deux villes éloignées de 100 km, cette courbure, appelée aussi "rotondité", représente une colline de 200 m ! Entre les villes A et B, l'obstacle majeur à la propagation des ondes radioélectriques est donc comparable à une colline de 4 000 m !

4 000 km

DES SATELLITES POUR COMMUNIQUER

UNE FICTION DEVENUE RÉALITÉ

En 1945, le Britannique Arthur Charles Clarke, auteur de science-fiction (une de ses nouvelles inspira Stanley Kubrick pour son film *2001, l'Odyssée de l'espace*), publia un article exposant une idée bien farfelue pour l'époque : il avait imaginé qu'une onde partant d'un point A pourrait rejoindre un point B, situé de l'autre côté du globe, en passant par un satellite artificiel en orbite autour de la Terre. Ses prévisions furent pourtant confirmées le 11 juillet 1962. Cette nuit-là, l'humanité entra dans l'ère des télécommunications spatiales : pour la première fois, des images de télévision franchirent en direct l'océan Atlantique, relayées par le satellite américain *Telstar 1*.

❸ Le satellite facilite aussi la transmission du message en jouant le rôle de relais. Grâce à sa très haute altitude (36 000 km), il relie directement deux antennes éloignées de plusieurs milliers de kilomètres. Ainsi, sans rencontrer d'obstacle, les ondes radioélectriques quittent le point A pour rejoindre directement l'antenne de réception du satellite.

❺ Pour ne pas mélanger les signaux qui arrivent et ceux qui repartent, le satellite possède des fréquences différentes pour la réception et l'émission des signaux. Dès leur réception, il modifie la fréquence des signaux collectés, les amplifie puis les retransmet vers le sol en direction de l'antenne du correspondant.

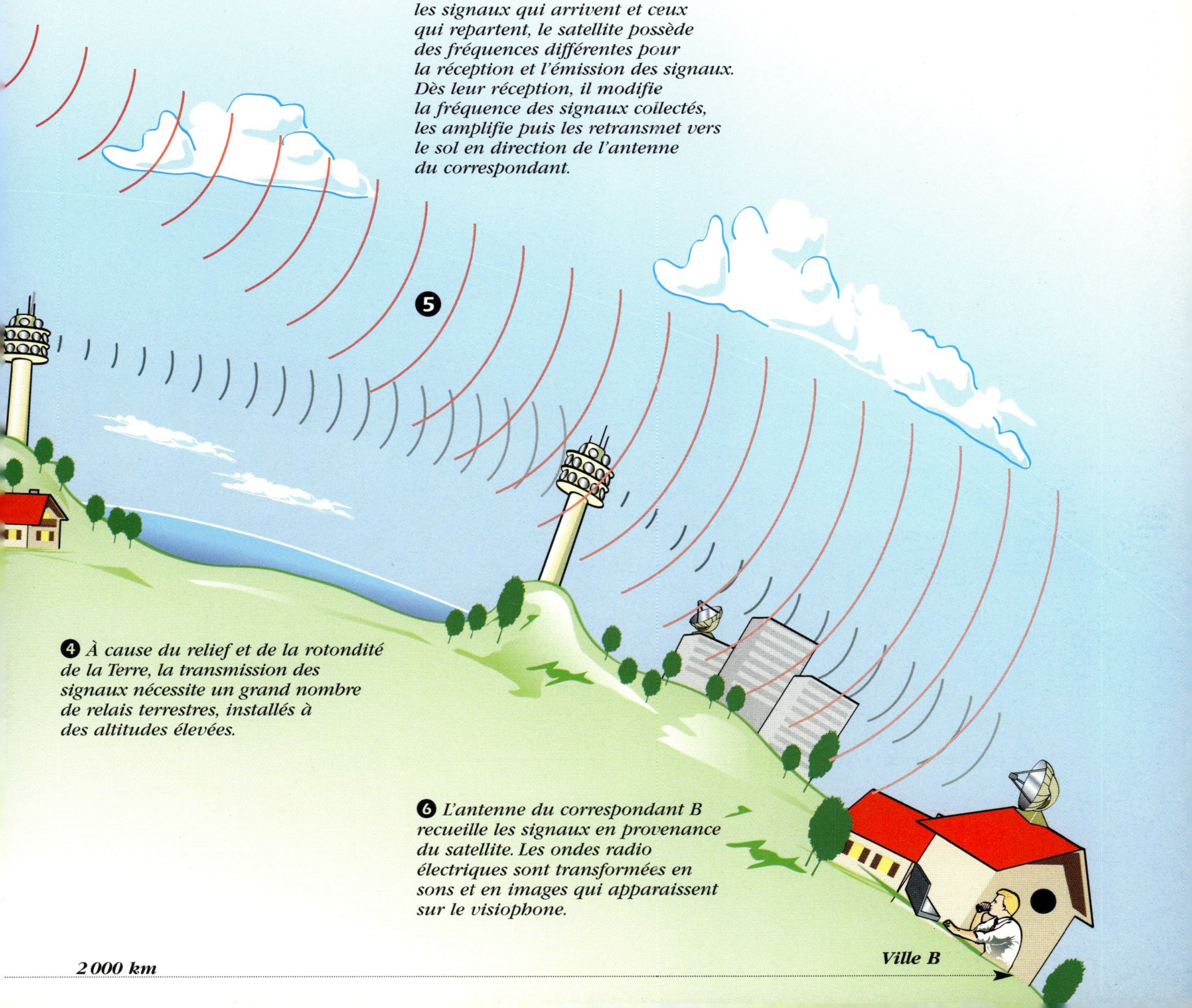

❹ À cause du relief et de la rotondité de la Terre, la transmission des signaux nécessite un grand nombre de relais terrestres, installés à des altitudes élevées.

❻ L'antenne du correspondant B recueille les signaux en provenance du satellite. Les ondes radio électriques sont transformées en sons et en images qui apparaissent sur le visiophone.

2 000 km

Ville B

Simple comme un coup de fil

En un siècle, grâce à l'électronique, le téléphone s'est considérablement modernisé. Aujourd'hui, il ne transporte pas seulement la voix, il transmet aussi des documents écrits (fax), des données informatiques et des informations visuelles ou sonores (Internet) tout autour de la Terre.

De réseaux en réseaux

Une fois la communication téléphonique établie, l'information circule à la vitesse de la lumière, en empruntant différents chemins, appelés réseaux. Le point de départ est toujours le même : les vibrations sonores de la voix, transformées en signaux électriques, rejoignent le centre de traitement local qui les oriente jusqu'au correspondant, via d'autres centres de traitement.
Lors de ce parcours, les signaux électriques sont transportés sous diverses formes. Si les fils de cuivre sont encore nombreux, ces signaux peuvent être traduits en signaux lumineux et acheminés par fibre optique*.

Téléphone relié au système Inmarsat.

Cependant, ils sont de plus en plus souvent transformés en ondes radio et véhiculés par le réseau hertzien*. La communication est alors relayée par des antennes en hauteur ou par des satellites situés à 36 000 km de la Terre. La plus grande partie des liaisons transocéaniques s'effectue aujourd'hui via des satellites géostationnaires* (*voir p. 140-141*).

Garder le contact

Dès le début des années 1980, il a été possible de téléphoner de n'importe quel point du globe (sauf des pôles de la Terre) depuis un véhicule en mouvement, un navire en mer ou un avion en vol.
Avec 34 stations terrestres et 4 satellites géostationnaires, le système Inmarsat (*International Maritime Satellite*) desservait alors 135 pays ! Mais ces satellites étant très éloignés de la Terre, il fallait des appareils très puissants pour les joindre. Par conséquent, les premiers téléphones de voyage, essentiellement destinés aux professionnels des transports, avaient la taille d'un ordinateur portable doté une antenne encombrante.

DES SATELLITES POUR COMMUNIQUER

Satellites en orbite basse

Pour pallier cet inconvénient, les ingénieurs ont trouvé un moyen de raccourcir le trajet du signal : le faire passer par des satellites en orbite basse (moins de 1 000 km d'altitude). Seule difficulté : pour couvrir l'ensemble de la planète, plusieurs dizaines de satellites sont nécessaires. Fin 1998, Iridium, le premier système de téléphonie mobile accessible partout sur Terre, procéda au lancement, à 765 km d'altitude, d'une constellation de 66 satellites ! Quant à Globalstar, le projet concurrent lancé fin 1999, il mit en orbite 48 satellites à 1 400 km d'altitude. Il est destiné plutôt à des professionnels se déplaçant dans des zones isolées (géologues, navigateurs, explorateurs).

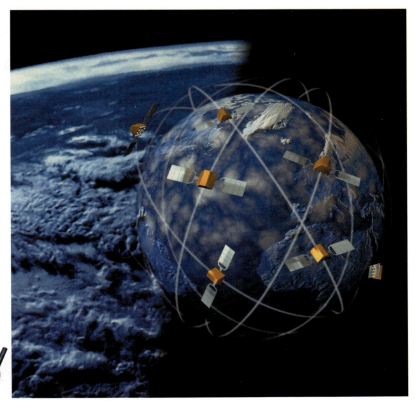

Skybridge, un projet de constellation de satellites en orbite basse

Quand l'abonné du système Iridium téléphone, le signal est capté par le satellite le plus proche, puis il est renvoyé d'un satellite à un autre jusqu'à sa destination. Mais Iridium n'a pas remporté le succès commercial escompté, l'obstacle majeur résidant dans le coût du service : 3 500 € le téléphone et 2,3 € la minute... Pourtant, pas moins de sept autres projets ambitieux de satellites géostationnaires ou de constellations de satellites en orbite basse sont en préparation. Affaire à suivre...

LE SAVAIS-TU ?

Tout le monde n'est pas connecté !
En 1879, trois ans après son invention, il y a déjà 27 000 téléphones en service dans le monde. Mais c'est bien peu de chose à côté des 700 millions de lignes actuelles ! Pourtant, la moitié de la population mondiale n'a pas accès à cette invention. On compte plus de 60 lignes pour 100 habitants en Amérique du Nord, mais moins de 2 lignes pour 100 habitants dans le tiers-monde.

4 000 FOIS PLUS !

C'est le satellite surnommé *Early Bird* (*Intelsat 101*) qui marqua en 1965 le début des transmissions téléphoniques par satellite : il assurait simultanément 240 liaisons téléphoniques. En une trentaine d'années, les satellites se sont considérablement perfectionnés. Aujourd'hui, par exemple, un satellite *Intelsat* transmet jusqu'à 100 000 liaisons téléphoniques à la fois.

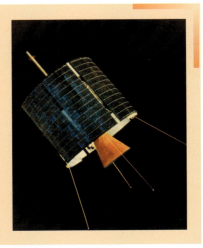

Recevoir toutes les télévisions

Grâce à la transmission par satellite, un même événement peut être vu simultanément sur tous les postes de télévision de la planète. Mais quels chemins empruntent les ondes pour arriver jusqu'à nous ? Petit inventaire des différentes techniques utilisées...

Du satellite à la Terre

Un satellite de télédiffusion est un "répéteur" : après avoir reçu les ondes en provenance des centres de production d'images, il les retransmet à la Terre. Pour recevoir ces ondes, le particulier peut choisir entre trois solutions techniques. La première, la plus ancienne, est supportée par les antennes métalliques recueillant les ondes hertziennes envoyées par de grandes antennes terrestres. L'émission télévisée est donc redistribuée à partir d'un récepteur fixe qui diffuse jusqu'à 100 km à la ronde. La seconde passe par de vastes antennes paraboliques de réception mesurant 30 m de diamètre. Installées par exemple sur le toit d'un immeuble, elles redistribuent les programmes à l'ensemble des appartements par l'intermédiaire d'un réseau câblé.

INSTALLER UNE ANTENNE PARABOLIQUE

Il n'est pas nécessaire d'installer une parabole au point culminant d'un bâtiment, comme c'est le cas pour les antennes métalliques. Les satellites de télécommunications étant tous géostationnaires*, il suffit en effet d'orienter l'antenne parabolique vers l'équateur. Dans l'hémisphère Nord, il faut diriger la parabole vers le sud, et inversement. À l'équateur, il faut l'orienter au zénith. Par ailleurs, si l'on souhaite recevoir des émissions passant par plusieurs satellites, il faut posséder une antenne motorisée, capable de s'orienter à la demande vers le satellite diffusant la chaîne recherchée. Son diamètre doit également mesurer 1,4 m au minimum pour pouvoir recueillir un maximum d'ondes.

DES SATELLITES POUR COMMUNIQUER

L'INTÉRÊT DE LA PARABOLE

Il te faut :
- une lampe de poche à pile plate,
- une lampe orientable,
- de la pâte à modeler,
- une baguette de bois d'environ 15 cm de long et 0,5 cm de diamètre (crayon ou pinceau par exemple).

• Retire le cache en plastique et l'ampoule de la lampe de poche. Forme une petite boule avec la pâte à modeler et pose-la à la place de l'ampoule. Plante la baguette dans la pâte à modeler et installe le tout sous la lampe orientable.

• Allume la lampe orientable : un anneau de lumière entoure la baguette !

• Penche la lampe en direction du miroir de la lampe de poche : l'anneau apparaît toujours.

La forme du miroir de la lampe de poche est appelée "parabole". Elle a la particularité de renvoyer tout ce qu'elle réfléchit vers un même point, le foyer. Dans cette expérience, le foyer est le centre de l'anneau de lumière, situé au milieu de la baguette. Une antenne parabolique de télévision reflète les ondes qu'elle reçoit vers un capteur qui retransmet l'information en direction des récepteurs.

Le troisième type de réception est celui qui permet à une habitation de recevoir directement l'émission depuis le satellite.

La télévision numérique

Dans les années 1990, la numérisation révolutionne la télévision : au lieu d'envoyer un signal électrique dont la tension, exprimée en volts, est proportionnelle à la luminosité d'un point (transmission analogique), on transmet désormais une donnée chiffrée correspondant à la valeur de la luminosité de ce point.
En compressant le signal, la numérisation permet de fournir un volume d'informations plus important et donc d'augmenter le nombre de programmes transmis par un seul répéteur (voir p. 219). Ainsi apparaissent en 1996 les bouquets numériques DirecTV aux États-Unis et Canal Satellite en Europe qui retransmettent plus d'une centaine de chaînes. Depuis, les bouquets se sont multipliés.
Dans quelques années, on prévoit que toute la diffusion directe par satellite sera numérisée.

Multiplication des programmes

De véritables réseaux satellitaires se mettent en place et la multiplication des répéteurs permet une foule de communications à l'échelle de la planète. Le système américain Intelsat (plus de vingt satellites) et l'européen Eutelsat (quinze satellites) assurent des missions très diverses : communications téléphoniques à grande distance, échanges mondiaux de programmes télévisés et de données informatiques ou contacts radio permanents avec des mobiles (navires, plates-formes, avions, trains…).

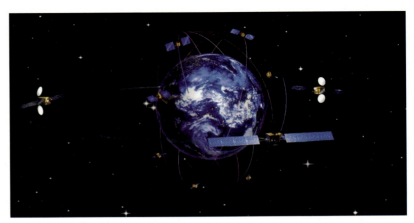

Les constellations de satellites ne sont pas l'apanage des télécommunications : le système européen Galileo, composé de 30 satellites lancés entre 2004 et 2008, servira essentiellement à la navigation et au positionnement.

Ce qui se cache derrière l'écran

Le principe de la prise d'images et de leur retransmission par voie électrique a été découvert il y a 120 ans et n'a pas beaucoup changé depuis. Mais comment transforme-t-on l'électricité en images ?

L'ancêtre de la télévision

Au début des années 1880, l'Allemand Paul Nipkow (1860-1940) mit au point le premier appareil capable de retransmettre des images. Ce dernier comportait un disque percé de petits trous qui, lorsqu'il tournait, balayait l'image. Une cellule photoélectrique traduisait alors la quantité de lumière reçue en signaux électriques et les transmettait à un disque de réception analogue. Cette invention fut à l'honneur lorsque, dès 1927, les premières émissions de télévision apparurent. De nos jours, les caméras vidéo ne comportent plus de pièces mobiles. Elles possèdent désormais un ensemble de microscopiques cellules photoélectriques qui transmettent l'image point par point.

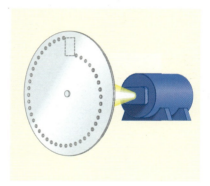

Disque de Nipkow

Le tube cathodique

C'est un tube en verre épais qui contient un canon à électrons* et un écran électroluminescent* en face du canon. Le tube est entouré de fils électriques resserrés en bobines, qui créent une aimantation, ou "champ magnétique". Dans les appareils de télévision, le champ magnétique des bobines est contrôlé pour viser très précisément les points de l'image qui apparaîtront à l'écran. Les tubes cathodiques seront peu à peu remplacés par des technologies permettant d'obtenir des écrans plats, comme, par exemple les cristaux liquides à matrice active.

DES SATELLITES POUR COMMUNIQUER

LE SAVAIS-TU ?

Le bruit de la télé
Sur une télévision classique, il y a 25 images par seconde. Chaque image comportant 625 lignes, cela fait 15 625 lignes par seconde. Avec une bonne oreille, on entend un sifflement très aigu et très faible quand on allume un poste de télévision : c'est le champ magnétique produisant le balayage qui fait vibrer le tube 15 625 fois par seconde !

Dessiner des images

Sur les tubes de télévision, l'image est obtenue par un point lumineux qui se déplace très vite à l'écran. Il commence son parcours en haut à gauche de l'écran et trace une ligne horizontale jusqu'au bord droit. Puis il dessine la deuxième ligne juste en dessous... et ainsi de suite jusqu'en bas de l'écran. Là, il recommence un nouveau cycle. L'œil, qui n'est pas assez rapide pour distinguer les points et les lignes voit une image.

L'écran couleur

Lorsqu'on regarde de près un écran de télévision couleur, on distingue des pastilles rouges, vertes et bleues, plus ou moins illuminées suivant la zone. En réalité, un tube couleur est formé de trois canons à électrons, contrôlant chacun le niveau d'une couleur. L'écran, quant à lui, est recouvert de trois substances qui s'illuminent sous le choc des électrons : l'une en rouge, l'autre en vert, et la troisième en bleu. En jouant sur l'intensité des trois canons, on peut recréer toutes les couleurs que l'on voit à la télévision.

CONSTRUIS UN TÉLÉTROSCOPE

Il te faut :
- une photorésistance 30 K à l'obscurité (LDR),
- une diode électroluminescente (LED),
- une pile de 4,5 V,
- 50 cm de fil électrique,
- des dominos électriques.

• Réalise le montage représenté sur le schéma ci-contre.

• Place la photorésistance dans le noir, puis éclaire-la en jouant sur la variation de sa luminosité. Si ça ne marche pas, inverse le sens de la pile. Attention, ne branche jamais la diode directement sur la pile, ça la détruirait !

• Lorsque la photorésistance est à l'ombre, la diode est éteinte. Quand elle est en présence de lumière, la diode s'allume. La photorésistance est un composant qui s'oppose au passage du courant dans l'obscurité. Mais plus elle est éclairée intensément, plus elle laisse passer un courant important : elle code le signal lumineux en un signal électrique qui sera alors décodé par la diode pour reproduire un signal lumineux.

La première transmission d'une image sur une courte distance utilisait ce principe : un ensemble de capteurs de lumière sur lesquels on projetait une image sous forme électrique, à travers un faisceau de fils, vers un tableau de lampes disposées en écran. Ces ampoules reproduisaient grossièrement l'image projetée sur les capteurs.
Cette première télévision s'appelait le "télétroscope".

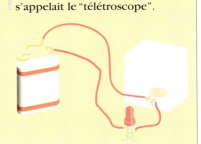

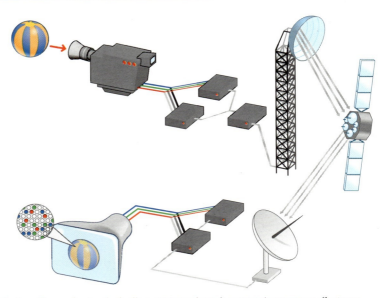

La lumière colorée du ballon *est transformée successivement en électrons (caméra, satellite, poste de télévision) puis en ondes électromagnétiques invisibles (trajets entre antennes et satellite) pour être enfin restituée en lumière colorée (écran).*

Les télécommunications du futur

Quand l'informatique, l'audiovisuel et la téléphonie se connectent, cela provoque une révolution dans les outils de télécommunication... Histoire d'une rencontre.

De l'armoire au portable

Dans les années 1950, un ordinateur se présentait sous la forme de 50 plateaux magnétiques de 60 cm de diamètre rangés dans une armoire. Cet engin pouvait alors stocker 5 millions de séquences d'information de 1 octet (8 bits), soit 5 mégaoctets (Mo). Aujourd'hui, la capacité de stockage d'un disque de moins de 1 cm d'épaisseur mesurant quelques centimètres de diamètre atteint 5 milliards d'octets, soit 5 gigaoctets (Go) : on stocke 1 000 armoires de 1950 dans un ordinateur portable !

Un disque dur

Analogique…

On qualifie d'analogique une grandeur physique (un courant électrique par exemple) dont l'intensité varie. Ainsi, lors de sa transmission, il y a analogie entre le signal émis et le signal restitué. Cette transmission nécessite une liaison permanente entre l'émetteur et le récepteur, le volume de cette information étant incompressible, sous peine d'en perdre une partie.

… contre numérique

La traduction du signal en données numériques permet de n'avoir à transmettre que des séries de deux signaux électriques représentant les niveaux logiques 0 et 1 (les bits de l'informatique). Les données

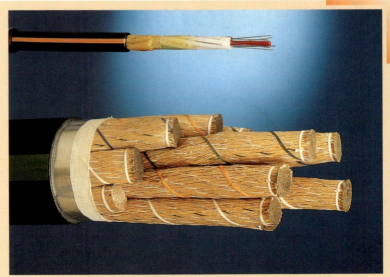

Un câble à fibre optique (en haut) et des fils de cuivre (en bas)

LES SUPPORTS DE L'INFORMATION

Pour acheminer l'information de l'émetteur au récepteur, différents types de supports coexistent aujourd'hui. Le fil de cuivre – ou "paire torsadée" – n'est plus utilisé que pour relier les postes téléphoniques fixes des utilisateurs aux centraux téléphoniques. Pour les circuits à moyenne et longue distance, on préfère le câble coaxial : il est composé d'un câble en cuivre entouré d'une couche d'isolant, elle-même blindée d'une tresse en cuivre, l'ensemble étant coulé dans une gaine en plastique. Sa capacité est environ 300 fois supérieure à celle de la paire torsadée. Quant au câble à fibre optique*, il permet de multiplier par 1 000 la capacité de diffusion par rapport au câble coaxial. Les signaux passent sous forme lumineuse, ce qui les rend insensibles aux perturbations électromagnétiques ou électrostatiques. Enfin, les réseaux hertziens (ondes électromagnétiques) terrestres et satellitaires n'ont pas besoin de supports physiques au sol autres que les antennes.

numérisées atteignent des volumes plus importants que les données analogiques lorsqu'il s'agit de sons, d'images et, a fortiori, d'images animées. Pour faciliter leur transport, on les compresse : il s'agit de trier les signaux pour supprimer les informations redondantes, celles-ci étant recomposées au point d'arrivée de l'information. Pour des images animées, par exemple, il existe de nombreux éléments quasiment identiques d'un visuel à l'autre. Cette part commune est donc transmise un nombre restreint de fois et non autant de fois qu'il y a d'images, comme c'est le cas en transmission analogique. La compression des programmes de télévision en mode numérique permet de transmettre huit programmes sur un support qui ne diffuse qu'un seul programme en mode analogique.

LE SAVAIS-TU ?

Une puce toute micro !
Véritable cerveau de l'ordinateur, le processeur est un circuit électronique équipé de transistors qui lisent et exécutent les séquences d'instructions des programmes informatiques. Les millions de transistors intégrés sur la minuscule puce d'un processeur actuel (quelques centimètres carrés) auraient exigé une surface de plus de 100 m² avec des transistors classiques !

Surveiller à distance

Mesurer la température à la surface de la mer, la vitesse du vent ou le rythme cardiaque d'un animal en migration ne nécessite plus de s'armer d'équipements, de véhicules et d'organiser des missions de plusieurs mois. Cela grâce à un système de satellites et de balises émettant des ondes radio !

Le système Argos localise des objets mobiles répartis sur l'ensemble de la planète et collecte les données qu'ils émettent. Les objets surveillés sont équipés d'une balise qui recueille diverses mesures et les diffuse en permanence, par radio, à un satellite. Celui-là stocke les informations sur des enregistreurs magnétiques et les retransmet immédiatement au sol vers une station de réception régionale, puis vers une des trois stations principales de réception. Les centres de traitement de Toulouse ou de Largo (États-Unis) récupèrent alors ces données pour les redistribuer aux divers utilisateurs.

Capables de fonctionner sans aucune intervention humaine, les balises Argos comportent toutes un émetteur radio, des instruments de mesure, et une source d'énergie. Depuis le début 2002, les nouvelles balises sont également capables de recevoir des messages.

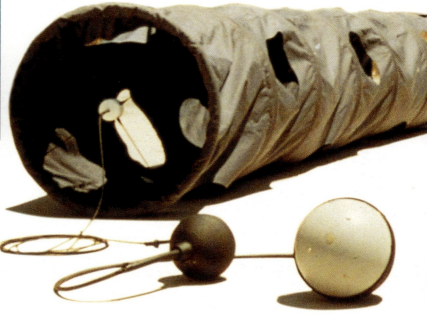

Bouées dérivantes océanographiques
Situées à 20 mètres de profondeur, ces bouées se présentent sous la forme d'une chaussette trouée dérivant au gré des courants de surface. Elles sont suspendues à des flotteurs équipés de balises Argos qui permettent aux océanographes de localiser leurs mouvements et, ainsi, de percer le secret des phénomènes océaniques.

Bouées dérivantes météo
Larguées par avion ou bateau, la moitié des balises suivies par Argos naviguent sur les océans. Ces bouées dérivent à la surface des mers et réalisent des mesures de pression atmosphérique*, de direction et de vitesse des vents, de température de l'air et de l'eau... Les informations recueillies alimentent régulièrement les centres de météorologie du monde entier.

DES SATELLITES POUR COMMUNIQUER

Accompagner les animaux
En équipant un animal d'un émetteur Argos, le zoologue peut suivre ses déplacements à travers toute la planète, tout en surveillant de près son état de santé. De la taille d'une boîte d'allumettes, la balise est collée sur la peau ou sur les plumes de l'animal. Elle tombe après quelques mois. Cette balise peut aussi être fixée au moyen d'un harnais ou d'un collier, mais, dans ce cas, il faut aller la récupérer sur l'animal !

Vols long-courriers
Sur l'écran de son ordinateur, l'ornithologue observe les trajets parcourus par les oiseaux migrateurs. Il localise au jour le jour les étapes de leurs parcours… Des surprises sont souvent au rendez-vous. En août 1996, un albatros à la recherche de nourriture a parcouru 50 000 km en près de 200 jours : le plus long vol jamais enregistré !

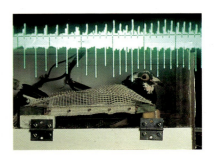

Des balises pour les courses
Lors des courses de voiliers comme The Race, les balises Argos permettent de localiser les concurrents, d'établir le classement, la vitesse et de prévoir l'heure d'arrivée. Elles améliorent également la sécurité des skippers en leur fournissant des informations sur la température et la pression atmosphérique.

Transports à risque
Suivre un camion, un train ou encore un bateau, tout en surveillant la température et la pression de sa dangereuse cargaison (produits chimiques, pétrole, etc.) est désormais possible ! Placées sur un wagon ou un conteneur, les balises Argos informent les transporteurs sur le trajet, les étapes, ou les conditions du voyage…

Le système Argos

Nom : système Argos
Nationalité : franco-américaine
Date de naissance : 1978
Nombre de balises émettrices : plus de 8 000
Nature des satellites principaux : 2 satellites météorologiques NOAA en orbite polaire à 830 et 870 km d'altitude (passage au-dessus des pôles toutes les 102 minutes environ)
Fréquence de survol des balises : 6 à 28 fois par jour
Rayon d'action au sol du satellite : 2 500 km (avec une précision d'environ 300 m)
Stations de réception au sol : 3 principales (1 en France, 2 aux États-Unis) et 8 régionales (1 aux États-Unis, 1 en Antarctique, 3 en Australie, 1 en Nouvelle-Zélande, 1 à La Réunion et 1 en Afrique du Sud)
Centres de traitement des données : 1 à Toulouse (France) et 1 à Largo (États-Unis)
Temps entre l'émission et l'utilisation des informations : de 15 min à 1 h

Satellite, dis-moi où je suis

Pour s'orienter dans le désert, au-dessus des nuages ou dans une ville inconnue, on peut bien sûr attendre la nuit et observer les étoiles... Mais, pour connaître instantanément sa situation géographique, mieux vaut utiliser les systèmes de positionnement par satellite.

Se repérer dans le désert

Une tempête de sable a isolé les concurrents d'un raid automobile et leurs véhicules sont perdus au milieu des dunes. Pour déterminer sa position et rejoindre l'étape du soir, chaque équipe consulte son système de navigation : le récepteur mobile installé sur la voiture capte le signal radio émis par des satellites. Il mesure le temps de propagation des ondes radio entre ces satellites et le récepteur, puis en déduit la distance qui les sépare. À l'aide de plusieurs distances, le calculateur affiche avec précision l'heure locale, la latitude, la longitude et l'altitude du mobile. Le plan de route ayant été enregistré la veille, il ne reste plus aux équipiers qu'à suivre la direction indiquée par le récepteur pour rejoindre le bivouac.

Assistance GPS *sur le tableau de bord d'un véhicule*

De plus en plus précis

Pour atteindre le récepteur, le signal émis par le satellite a voyagé à la vitesse de la lumière, soit 300 000 km par seconde. Il suffit donc de multiplier par 300 000 le temps de propagation en secondes pour connaître la distance exacte en kilomètres qui sépare le mobile du satellite. Ce système de calcul est calé sur une mesure de temps très précise, grâce à des horloges atomiques embarquées sur les satellites. D'autre part, des viseurs stellaires se repèrent avec les étoiles et l'on réalise des repositionnements réguliers des satellites grâce à un système de balises au sol installées sur des points de référence.

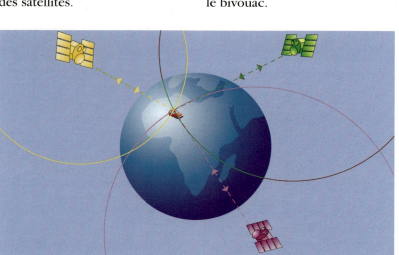

DES SATELLITES POUR COMMUNIQUER

Galileo

Nom : *Galileo*
Nationalité : européenne
Caractéristiques : constellation civile comprenant entre 20 et 30 satellites dont le lancement a été prévu pour 2008. Elle sera la composante spatiale européenne du système mondial *GNSS.2 (Global Navigation Spatial System)* qui s'appuiera aussi sur les autres constellations *GPS* et *Glonass*.

Des applications multiples

Mis au point dans les années 1980 par l'armée américaine, les systèmes de navigation par satellite ont été conçus initialement à des fins stratégiques, pour localiser et guider les engins militaires. Depuis cette époque, ces technologies ont trouvé des applications dans des domaines plus variés : elles peuvent remplacer le sextant des marins, permettre aux avions d'atterrir sans visibilité dans n'importe quel aéroport et faciliter la gestion des transports (suivi des matières dangereuses ou contrôle du trafic routier, par exemple).

Atterrissage possible par tous les temps

GPS

Nom : *GPS (Global Positioning System)*
Nationalité : américaine
Caractéristiques : constellation de 29 satellites *Navstar* lancés depuis 1989.
Répartition : sur 6 orbites circulaires inclinées de 55° par rapport à l'équateur.
Altitude : 20 200 km

Glonass

Nom : *Glonass (Global Orbiting Navigation Satellite System)*
Nationalité : russe
Caractéristiques : constellation de 24 satellites *Ouragan* lancés entre 1982 et 1995.
Répartition : sur 3 orbites circulaires inclinées de 65° par rapport à l'équateur.
Altitude : 19 100 km
Signe particulier : les difficultés de l'économie russe n'ont pas permis de renouveler la constellation ; seuls 18 des 24 satellites restaient opérationnels en 2003.

UNE CHASSE AU TRÉSOR TRIANGULAIRE

Pour réaliser cette activité, vous devez être au minimum quatre personnes.

Il te faut :
- un trésor (bonbons, cadeau),
- trois cordes.

• Choisis trois points fixes (piquets, arbres…) assez éloignés les uns des autres et attache les cordes à ces points.
• La première équipe cache le trésor dans un endroit si possible surélevé par rapport au sol (arbre, muret, etc.) et mesure grâce aux cordes la distance qui le sépare des points fixes. Elle fait un nœud à chacune d'entre elles pour marquer cette distance.
• La deuxième équipe, constituée d'au moins trois personnes, doit retrouver le trésor à l'aide des trois distances : chacun pivote autour du point fixe en tenant la corde tendue jusqu'à trouver le point de rencontre de leurs trajectoires, qui correspond à l'emplacement du trésor.

Ce faisant, cette équipe réalise une triangulation : en effet, au-dessus de la surface du sol, il n'existe qu'un seul point répondant exactement à trois distances ; mais, si l'on pouvait creuser, il aurait un symétrique sous terre. C'est pour cela que dans l'espace, il faut quatre distances pour se positionner à coup sûr !

Les aventuriers de l'espace

Qui n'a jamais rêvé de voler très haut dans le ciel et de pouvoir admirer la Terre sous ses pieds ? Est-ce pour réaliser ce désir fou que l'homme a inventé les fusées, les navettes puis les stations spatiales ? Se déplacer en "flottant", mener toute sorte d'expériences, sortir dans le vide, poser un pas sur la Lune… Même si ce n'est encore réservé qu'à un petit nombre d'hommes et de femmes, les vols spatiaux se font de plus en plus nombreux. Alors, prêt pour l'entraînement ?

Renversante impesanteur

Les photos des spationautes flottant dans une station orbitale sens dessus dessous nous permettent de nous représenter l'un des effets les plus surprenants des voyages dans l'espace : l'impesanteur. Comment expliquer ce curieux phénomène ?

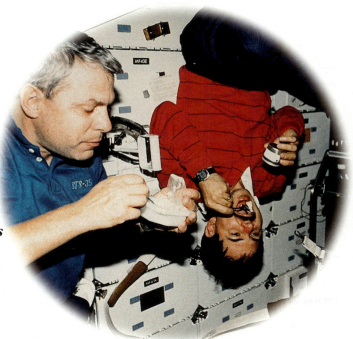

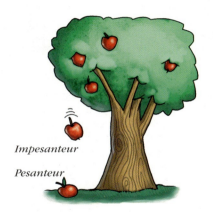

Impesanteur
Pesanteur

La pesanteur

Sur Terre, quoi que nous fassions, une force invisible nous attire sans cesse vers le sol. C'est la pesanteur. Cette force nous donne également notre sensation de poids. Être en impesanteur, au contraire, c'est ne plus sentir son poids. Le seul moyen de connaître cet état est la chute ! Lors d'une longue chute (celle d'un parachutiste avant l'ouverture de son sac, par exemple), nous pouvons en effet ressentir l'impression de ne plus rien peser du tout. Puis, très vite, le frottement que l'air exerce sur nous nous ralentit et nous donne à nouveau la sensation de poids : nous sortons de l'impesanteur pour rentrer en pesanteur. En orbite dans le vide de l'espace, rien ne s'opposant à la chute des corps, ces derniers sont en état d'impesanteur continuel.

Échapper à la pesanteur

Imaginons maintenant la chute d'une boîte contenant des cailloux. À l'intérieur de la boîte, les cailloux semblent flotter, ils tombent à la même vitesse que la boîte. C'est le même phénomène que l'on observe à bord d'une station spatiale : il n'y a pas de différence entre la vitesse de déplacement de la station et celle des occupants. Ceux-ci semblent immobiles alors qu'ils se déplacent à quelque 8 km/s autour de la Terre ! Le voyage dans l'espace se résume donc à un état de chute.

LES AVENTURIERS DE L'ESPACE

L'impesanteur sur Terre

D'importants moyens sont mis en œuvre pour reproduire les conditions particulières de l'impesanteur. Les chercheurs ont à leur disposition de longues colonnes verticales de quelques centaines de mètres dans lesquelles règne le vide : les puits d'impesanteur. Les scientifiques installent l'objet de leurs expériences dans une capsule en forme d'obus qu'ils laissent tomber le long de la colonne. Pendant une période variant entre 2,2 et 10 secondes (selon la hauteur du puits), la capsule tombe et se trouve donc en impesanteur. Un autre moyen pour recréer cet état consiste à embarquer à bord d'un avion effectuant une série de vols paraboliques. Après une phase ascendante, le pilote réduit fortement la poussée des moteurs : l'appareil suit alors la trajectoire qu'il décrirait dans le vide parfait. Il est en chute libre et ses passagers en impesanteur pour une période de 25 secondes environ.

Période d'impesanteur en vol parabolique

Un laboratoire d'impesanteur permanent

Une station spatiale en orbite autour de la Terre est un laboratoire exceptionnel, sans équivalent terrestre, puisqu'elle chute en permanence autour de la planète ! Elle offre un état d'impesanteur de grande qualité pendant des périodes presque illimitées. Dans ces conditions de travail tout à fait originales, les scientifiques peuvent mener des expériences de physique, de chimie et de biologie afin de comprendre l'implication de la pesanteur dans certains phénomènes terrestres et d'en tirer les conséquences (*voir p. 250-253*). Ils étudient aussi les modifications importantes que subit le corps humain.

LE SAVAIS-TU ?

Comme des spationautes
Aux Jeux olympiques, les plongeurs de haut vol arrivent à exécuter des figures impressionnantes. Durant leur chute ils sont en impesanteur : rien ne les retient et tout mouvement amorcé (vrille, saut périlleux…) se poursuit sans être freiné.

TESTE L'IMPESANTEUR

Sans vivre nécessairement dans une station orbitale, tu peux expérimenter un court moment les effets de l'impesanteur !

Il te faut :
- un objet lourd, assez petit pour bien tenir dans tes mains (une bille de plomb par exemple),
- une chaise.

Prends l'objet dans ta main et saute du haut de la chaise. Toujours avec l'objet, cours et fais des petits sauts en hauteur.

Tu viens de vivre en direct des petites périodes d'impesanteur. Au moment des sauts, l'objet s'allège par rapport à ce qu'il pesait lorsque tu étais au sol. L'objet semble ne rien peser parce qu'il tombe vers le sol à la même vitesse que toi. Si pendant ces expériences, tu observes ton corps, tu remarqueras que tes différents membres se comportent de la même façon que l'objet : tout ton corps est en état d'impesanteur !

La science-fiction

La science-fiction est née de la mythologie grecque. Vers 120-180, Lucien de Samosate reprend le mythe d'Icare dans son Icaroménippe *et, pour la première fois, il décrit un voyage vers la Lune : Ménippe, aidé d'une paire d'ailes, réussit à atteindre notre satellite avant de continuer vers l'Olympe.*

L'essor de l'astronomie

Au XVIIe siècle, les découvertes scientifiques inspirent un certain nombre d'œuvres de fiction. Dans *Le Songe* (1634), Kepler décrit les cieux par le biais d'un observateur imaginaire situé sur la Lune. Mais c'est Fontenelle, avec *Entretiens sur la pluralité des mondes* (1686), qui joue le plus grand rôle dans la naissance de la science-fiction moderne. En supposant que les causes ayant produit la vie sur Terre ont eu les mêmes effets ailleurs, il imagine que d'autres planètes peuvent également être habitées. Voltaire n'est pas en reste : dans *Micromégas* (1752), il décrit l'arrivée sur Terre du premier visiteur extraterrestre.

La quête du vraisemblable

La science se popularisant au XIXe siècle, les auteurs abandonnent peu à peu l'atmosphère de contes de fées pour rechercher le vraisemblable dans l'abondance des détails techniques. L'œuvre la plus représentative de cette époque est évidemment celle de Jules Verne. Dans *De la Terre à la Lune* (1865) et *Autour de la Lune* (1870), il décrit le périple de voyageurs dans un obus tiré par un canon géant et satellisé autour de la Lune. En 1877, Giovanni Schiaparelli découvre ce qu'il croit être des canaux à la surface de Mars. Aussitôt, la science-fiction s'empare du thème : la civilisation martienne, plus ancienne et plus évoluée que l'Humanité, lutte pour survivre sur sa planète aride. Et H. G. Wells imagine la première invasion extraterrestre dans *La Guerre des mondes* (1898).

De la Terre à la Lune *de Jules Verne*

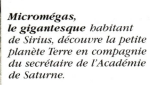

***Micromégas**, le gigantesque habitant de Sirius, découvre la petite planète Terre en compagnie du secrétaire de l'Académie de Saturne.*

La Guerre des mondes *de H. G. Wells*

LES AVENTURIERS DE L'ESPACE

Une Femme dans la Lune *de Fritz Lang*

Prolifique XXᵉ siècle

En 1902, Méliès réalise le premier film de science-fiction : *Le Voyage dans la Lune*. À la même époque, les précurseurs de l'astronautique, tels Tsiolkovski et Oberth, présentent la fusée comme le véhicule idéal pour le vol spatial. La science-fiction trouve en elle un sujet inépuisable. Le public assiste alors à la naissance de deux courants majeurs :
• Une lignée d'auteurs, persuadés que l'âge de l'espace est proche et qu'il faut y préparer les esprits, se rapproche des scientifiques. Fritz Lang réalise ainsi le film *Une Femme dans la Lune* (1929) avec Oberth pour conseiller technique. Arthur C. Clarke est sans doute le meilleur représentant de cette ère de techniciens. Dans ses écrits, il énumère des solutions à des problèmes pratiques, et il décrit les satellites artificiels, la Lune, Mars et le principe de l'orbite géostationnaire qu'il a lui-même découvert.
• L'autre courant est constitué d'auteurs qui veulent aller plus loin que la simple description des voyages en fusée. Dans leurs écrits, appelés *space operas* dès 1941, ils créent une science imaginaire qui leur permet de contourner les difficultés théoriques (*voir p. 260-261*). Le premier ouvrage de ce style est *La Curée des astres* (1928) de Edward E. Smith. Ces deux conceptions de la science-fiction se retrouvent dans tous les films de la seconde moitié du XXᵉ siècle.

LE SAVAIS-TU ?

Au secours, des soucoupes !
En 1947, un événement transforme radicalement la science-fiction : un pilote civil déclare avoir observé des soucoupes volantes dans le ciel. Ces engins envahissent la littérature puis le cinéma à partir de 1951 : avec *Le jour où la Terre s'arrêta* de Robert Wise et *Planète interdite* de Fred Wilcox, l'espace devient alors un lieu inquiétant.

Préparez-vous au départ...

Ils nous font rêver, ces hommes et ces femmes qui, un jour, prennent le chemin de l'espace pour séjourner hors des limites de notre atmosphère terrestre... Mais derrière chaque départ se cachent une sélection rigoureuse et des années d'entraînement intensif, où rien n'est laissé au hasard.

LE SAVAIS-TU?

Le juste mot
Quelle peut bien être la différence entre un astronaute, un cosmonaute et un spationaute? Il n'y en a aucune. Le premier est américain, le deuxième russe, le troisième français... Et ils sont maintenant rejoints par le premier taïkonaute chinois!

Aspirants spationautes

La procédure de recrutement est toujours la même lorsque l'on sélectionne de nouveaux candidats pour des vols habités en collaboration avec les États-Unis ou la Russie, seules nations à l'heure actuelle à accueillir des spationautes étrangers dans leurs véhicules spatiaux. Un appel à candidature est tout d'abord lancé dans les pays concernés par un futur voyage. Il est suivi d'une sélection très stricte sur dossier, basée sur des critères que les candidats doivent impérativement remplir. Une expertise médicale physique et psychologique approfondie est ensuite menée sur les sujets retenus : ces derniers sont soumis à divers tests spéciaux tels que celui du tabouret tournant, de la table basculante ou de la centrifugeuse (*voir p. 232-233*). Seuls les plus résistants restent en course...

LES AVENTURIERS DE L'ESPACE

Entraînement en piscine pour une sortie extravéhiculaire

Intégrer une mission

La seconde étape pour les candidats sélectionnés est d'intégrer l'équipe d'une future mission spatiale. Dans le cas d'un voyage américain, les spationautes recrutés intègrent le centre d'entraînement de Houston, le Johnson Space Center. Pour un vol russe, c'est à la Cité des étoiles de Moscou qu'ils se prépareront. Tous les sélectionnés ne partiront pas : par exemple, les équipages russes sont toujours secondés par des équipes "doublures" qui ne les remplaceront qu'en cas de défaillance de l'un de leurs membres.

Des années d'expérience !

Qu'elle se passe à Houston ou à Moscou, la préparation des spationautes est en général très longue : au moins deux ans en moyenne, de la sélection au départ en mission. Pendant cette période, les membres de l'équipage s'entraînent ensemble et apprennent ainsi à travailler en équipe. Afin qu'ils soient en parfaite condition physique, ils pratiquent très régulièrement toutes sortes de sports : natation, course à pied, tennis, volley… Leurs performances sont suivies médicalement, d'une part pour déceler tout problème de santé, d'autre part pour prévenir un éventuel accident qui pourrait compromettre le vol du spationaute. L'équipage est également soumis à une mise en condition physiologique, qui a pour but d'habituer l'organisme à l'absence de pesanteur. Ces exercices permettent de répéter les gestes qu'il faudra effectuer lors de la mission. Enfin, les spationautes doivent apprendre à réaliser le travail qu'ils auront à accomplir dans l'espace, qu'il s'agisse d'expériences scientifiques en impesanteur, de lancement ou de réparation de satellites.

Départ en vue

Un mois avant le début de la mission, la surveillance de l'équipage se fait encore plus accrue. Les examens médicaux ainsi que les préparations physique et physiologique deviennent quasi quotidiens.

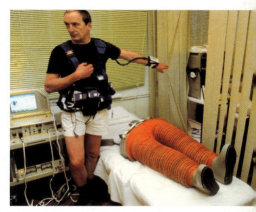

Mesures des réactions du corps

Le jour J approche… Aux États-Unis, les spationautes sont placés en quarantaine dix jours avant le vol. Ce temps d'isolement n'est que d'une semaine en Russie. Le but de ce retranchement forcé – en centre le plus stérile possible et sans autre contact que celui des médecins – est d'éviter toute contamination de l'équipage par un éventuel virus : pas de grippe une fois dans l'espace ! L'équipage doit être au mieux de sa forme, en pleine possession de ses moyens et de ses réflexes. Après des années de préparation, les spationautes sont enfin prêts à vivre le moment tant attendu…

Dans la maquette de la station spatiale internationale au centre de Houston

Entraînez-vous !

Partir dans l'espace, ça ne s'improvise pas ! Après une formation générale théorique et physique d'un an, l'équipage est soumis à un entraînement plus spécialisé (d'environ six à huit mois), sorte de grande répétition générale de la mission. Un éventail d'appareils a été mis au point par les médecins en charge de la préparation des vols.

La centrifugeuse
Cet entraînement a pour objectif d'habituer le corps aux fortes accélérations subies au départ et au retour, lors de la rentrée du véhicule dans l'atmosphère. Ce test est réalisé à la sélection du candidat, puis une fois par an jusqu'à son départ en mission. Il est installé dans une sphère fixée sur un bras entraîné par un axe vertical. La sphère tourne autour de l'axe jusqu'à créer une force centrifuge qui colle le futur spationaute sur son siège. La force qu'il subit atteint ainsi progressivement le seuil de huit fois la pesanteur terrestre. Un contact audio et une surveillance vidéo permettent d'étudier la tolérance du spationaute à ce phénomène, et d'interrompre le test en cas de mauvaise réaction.

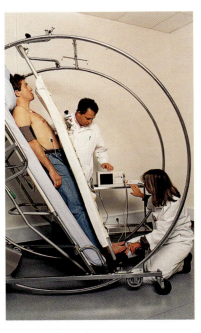

Le tabouret tournant
Le test du tabouret tournant est systématiquement effectué lors de la sélection du spationaute, puis au rythme d'une fois par an durant sa période d'entraînement. Tournant sur lui-même à raison de 15 à 20 tours par minute, cet appareil excite les capteurs de l'oreille interne et recrée ainsi les perturbations de l'impesanteur sur l'équilibre. Chaque séance dure approximativement 8 minutes. Pendant l'exercice, le spationaute doit basculer son buste d'avant en arrière, ou pencher sa tête alternativement à droite et à gauche, sans perdre l'équilibre ni tomber du siège !

La table basculante
Pendant une heure, le spationaute est allongé sur un lit équipé de bascules. Il passe par différents stades d'inclinaison de 6 à 10 minutes chacun : une rotation de 70° vers l'avant, suivie d'une autre de 15° pour revenir à une station allongée normale lui permettant de récupérer. Ces basculements provoquent l'afflux du sang vers la tête, action caractéristique de l'impesanteur sur le corps humain. Le cœur est en effet habitué à propulser le sang vers le haut du corps pour combattre la gravité terrestre, et il continue son travail même quand ce "haut" n'est plus en haut…

LES AVENTURIERS DE L'ESPACE

La piscine d'entraînement

Les entraînements en piscine sont pratiqués lorsqu'une sortie extravéhiculaire est prévue durant la mission. L'eau permet de recréer certains effets de l'impesanteur, comme la sensation de flotter. Les spationautes peuvent ainsi répéter les gestes et les déplacements qu'ils auront à effectuer une fois dans l'espace. Chaque séance dure environ 3 heures et constitue un exercice particulièrement éprouvant.

Les vols paraboliques

L'avion est le seul moyen dont on dispose pour recréer de vraies périodes d'impesanteur en dehors des voyages dans l'espace. Durant leur formation, les spationautes embarquent plusieurs fois à bord d'un appareil spécial qui suit une trajectoire ascendante puis descendante, en forme de parabole. Avant d'atteindre le point culminant de son ascension, les moteurs sont mis au ralenti, ce qui provoque un temps de chute libre d'environ 25 secondes, pendant lesquelles les passagers se retrouvent en état d'impesanteur. Les spationautes peuvent alors tester les conditions réelles dans lesquelles ils vont devoir travailler (enfiler un scaphandre, réaliser des expériences...). Chaque vol compte en général vingt à trente petites séances d'impesanteur.

L'ENTRAÎNEMENT DE SURVIE

À la fin de sa formation, l'équipage doit pouvoir faire face à toutes sortes d'imprévus. À la Cité des étoiles de Moscou, les spationautes doivent se plier également à deux exercices de survie. Le premier a pour but de les préparer à utiliser leur équipement de secours en cas d'atterrissage "en catastrophe" du *Soyouz*. Le second, réalisé sur un lac, leur permet d'apprendre à s'extraire seul de l'engin en cas d'amerrissage forcé. On n'est jamais trop prudent...

Profession : médecin de l'espace

De sa sélection à son retour de mission, le voyageur de l'espace n'est jamais seul. À ses côtés, en coulisses, se trouve un personnage clef : le médecin. Il teste, sélectionne, entraîne, conseille, surveille, analyse... Il est à la fois l'ombre et l'ange gardien du spationaute.

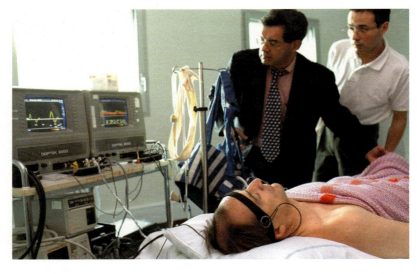

Chasseur de têtes

Le travail du médecin commence dès le recrutement des futurs spationautes : chaque personne retenue est soumise à un examen physiologique approfondi, accompagné de tests, ainsi qu'à une évaluation psychologique. Tous ses antécédents médicaux sont étudiés de près. Cette étape complète la sélection sur dossiers professionnels, et dure en général six mois.

Chef d'orchestre

Le recrutement terminé, un véritable travail d'équipe commence : le médecin est à la fois professeur, entraîneur, confident... tout en restant bien sûr docteur.
Les futurs spationautes reçoivent une formation médicale, qui leur permettra d'effectuer un examen et de prodiguer des soins, si nécessaire, lorsqu'ils seront dans l'espace.

Pendant leur entraînement (*voir p. 232-233*), le médecin surveille pas à pas les performances sportives et les réactions de chacun aux tests. Il effectue également des visites médicales régulières : chaque fois, le spationaute est passé au peigne fin !

Départ imminent

Pendant la quarantaine qui précède le départ dans l'espace, les médecins sont quasiment les seules personnes à rester en contact avec les spationautes. Ils redoublent de vigilance afin de s'assurer que chacun est en parfaite santé et d'éviter tout problème de dernière minute. L'environnement sanitaire (lieu de vie, eau, nourriture) des membres de l'équipage doit être plus que jamais irréprochable. Leur préparation physique se limite à des exercices et activités sportives à faible risque d'accident (course sur tapis roulant, jogging, ping-pong...).

LES AVENTURIERS DE L'ESPACE

Allô, l'espace ?

Le vaisseau a rejoint l'espace… Le médecin assure maintenant le suivi médical en vol. Il est présent au centre de contrôle, attentif au déroulement de la mission et au comportement des spationautes. Ceux-ci peuvent à tout moment le contacter grâce à une ligne radio. Pour les vols de courte durée (moins d'un mois), le médecin surveille essentiellement les performances de l'équipage lors des exercices physiques. Pour les missions plus longues, il procède aussi à des examens médicaux réguliers pour veiller à la bonne résistance des spationautes aux effets de l'impesanteur. Cet accompagnement passe par des entretiens réguliers avec chaque membre et par des tests dont les résultats (pulsations cardiaques, électrocardiogramme…) sont transmis au centre de contrôle en temps réel.

Retour sur la terre ferme

L'équipage est revenu sur Terre : il faut procéder à sa "réhabilitation après vol". Quelques instants après leur atterrissage, les spationautes sont examinés par les médecins. Très affaiblis, ils sont rapatriés sur la base d'entraînement où une période de réadaptation à la pesanteur terrestre les attend.
Ils poursuivront un programme de remise en forme qui durera entre sept jours pour un vol de courte durée à plus de dix jours pour un vol de longue durée.

Tirer les bonnes leçons

Une fois les spationautes rétablis, c'est l'heure du bilan. Leurs réactions aux différentes expériences en impesanteur sont minutieusement examinées. Les conclusions tirées serviront, entre autres, à améliorer les conditions de vie dans l'espace pour les futures missions. L'équipe médicale peut confronter les résultats obtenus lors des différents vols, mais aussi comparer le comportement sur Terre et dans l'espace des spationautes suivis.

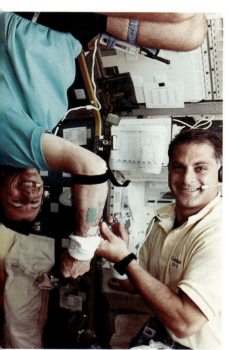

Prise de sang dans l'espace, un des examens que les spationautes apprennent à effectuer.

ÊTRE MÉDECIN SPATIAL

Aujourd'hui, dans le monde, une quarantaine de médecins sont qualifiés pour suivre les spationautes. Ils sont spécialisés en médecine aérospatiale et ont obtenu la qualification américaine ou russe qui leur permet de travailler sur les consoles aux centres de contrôle. Ils parlent couramment anglais et si possible russe. Tous font souvent leurs bagages pour suivre à l'entraînement les spationautes dont ils sont responsables !

Partir aujourd'hui

Quitter la Terre, traverser l'atmosphère et se retrouver dans l'espace… Pour effectuer le voyage, les hommes n'ont que deux types de véhicules : les capsules, comme le Soyouz qui prend son envol de Baïkonour et, depuis 2003, le Shenzhou au départ de Jiuquan, ou les navettes américaines qui décollent de cap Canaveral.

Dernier voyage vers *Mir*

4 avril 2000. Sergueï Zaletine et Alexandre Kaleri s'apprêtent à ne plus marcher sur Terre mais à tourner autour ! Les deux cosmonautes partent vers la station *Mir*, vide depuis 223 jours, pour la réactiver. Ils ne le savent pas encore, mais ils seront les derniers hommes à se rendre à son bord : un an plus tard, le 23 mars 2001, la station sera détruite.

La porte russe des étoiles

Baïkonour : pas exactement l'endroit idéal pour passer ses vacances. Le cosmodrome se trouve au milieu de la steppe kazakhe où les températures varient entre − 35 °C et + 45 °C. C'est pourtant de là que partent toutes les missions habitées russes, à 2 100 km de Moscou et 350 km de la ville même de Baïkonour. Les cosmonautes ont pris place à l'intérieur du vaisseau *Soyouz*, sous la coiffe de la fusée *Zemiorka*. Voilà deux heures qu'ils attendent, harnachés sur leur siège dans le module de commande minuscule et encombré, pas très confortable.

Piat, tchétyré, tri, dva, adine, null !

C'est la mise à feu. Bientôt la fusée quitte le sol. Très vite, elle est tellement accélérée que les cosmonautes ont l'impression de peser quatre fois leur poids ! Heureusement, *Zemiorka* met *Soyouz* en orbite en moins de dix minutes. Les deux hommes se retrouvent alors en impesanteur et ne sentent plus leur poids.

LE SAVAIS-TU ?

Drôle de tradition !
Gagarine, le premier homme dans l'espace, a décollé de Baïkonour. Dès lors, les hommes qui quittent la Terre depuis le cosmodrome russe accomplissent de petits rituels en souvenir du héros soviétique. Par exemple, quelques instants avant de monter dans la fusée, ils s'arrêtent pour… faire pipi, ce que fit Gagarine juste avant de partir !

LES AVENTURIERS DE L'ESPACE

Au bout d'une heure et demie, après avoir réalisé deux tours de la Terre, ils quittent leur scaphandre et se rendent dans le module orbital, sorte de "salon" où ils passeront la plupart de leur temps de trajet. Au cours de celui-ci, qui durera deux jours, ils effectueront une trentaine d'orbites autour de la Terre avant de s'arrimer à la station *Mir*, à 350 km d'altitude environ.

Melting pot de l'espace

19 avril 2001. Kent Rominger, Jeffrey Ashby, Scott Parazynski et John Phillips sont américains, Chris Hadfield est canadien, Umberto Guidoni italien et Youri Lonchakov russe. Ces sept spationautes forment un équipage international en partance pour une mission tout aussi internationale : rejoindre *ISS* pour y apporter du matériel grâce au module cargo italien, et installer sur la station un bras robotique canadien.

Port américain de l'espace

Ils sont déjà installés depuis plusieurs heures à bord de la navette *Endeavour*. En scaphandre, attachés sur le dos, ils observent le ciel de la Floride depuis le cockpit perché à 56 m. La navette et son équipage sont le centre d'attention des quelque 14 000 employés du Kennedy Space Center, la base de lancement de cap Canaveral. Cette même base a vu le départ des premiers hommes pour la Lune, ainsi que celui de toutes les missions habitées américaines.
À des centaines de kilomètres de là, à Houston au Texas, les hommes et les femmes du centre de contrôle vont suivre le vol, depuis le compte à rebours avant le décollage jusqu'au retour sur Terre de la navette.

Five, four, three, two, one, zero !

Endeavour s'arrache du sol. Les spationautes sont secoués comme dans un shaker, le bruit est assourdissant, ils se sentent écrasés, se retrouvent la tête en bas… Tout est normal !

Que l'on parte de Baïkonour ou de cap Canaveral, la contrainte est la même : il faut s'arracher de l'attraction terrestre. Mais la navette étant bien plus lourde que la fusée *Soyouz* (2 000 tonnes pour la première contre 500 tonnes pour la seconde), la poussée à fournir est plus forte et les sensations au décollage sont encore plus désagréables (contrairement au retour, plus confortable en navette, *voir p. 258-259*).

En détresse à 400 000 km de la Terre

Avril 1970, troisième mission lunaire. Le vol débute dans l'indifférence du public. Presque un an s'est écoulé depuis qu'Armstrong et Aldrin ont posé le pied sur la Lune, exploit renouvelé quatre mois plus tard par Conrad et Bean. Ce voyage est censé être un vol de routine. Apollo 13 *sera pourtant l'une des missions les plus périlleuses jamais menées par les hommes...*

Mauvais présages ?

Les derniers jours avant le début de la mission sont marqués par deux incidents de mauvais augure. Un des trois astronautes, risquant de développer la rubéole durant le voyage, est remplacé deux jours avant le départ par un membre de l'équipage de réserve. Plus grave, on détecte une anomalie dans l'un des deux réservoirs d'oxygène liquide (source d'énergie du vaisseau) : il ne se désemplit pas normalement. On décide cependant de ne pas le remplacer... négligence qui aura de lourdes conséquences.

« Houston, nous avons un problème... »

Le 11 avril 1970 à 13 h 13, la fusée *Saturn 5* envoie le vaisseau *Apollo* en orbite. Un tour de Terre et le vaisseau se dirige vers la Lune. Le début du voyage se déroule correctement. James Lovell, John Swigert et Fred Haise pourraient presque avoir peur de s'ennuyer ! Mais deux jours après le départ, un des deux réservoirs d'oxygène explose, endommageant aussi le second. Or sans oxygène : pas d'électricité, pas de chauffage ni d'eau potable, et surtout pas d'énergie pour faire demi-tour... Plus question d'alunir, il s'agit dès lors de revenir sur Terre au plus vite. Mais comment ?

Module de commande endommagé par l'explosion (photo prise le 17 avril depuis le module lunaire)

LE SAVAIS-TU ?

Une mission, un film
En 1970, des millions de téléspectateurs suivent les péripéties de la mission spatiale. En 1995, des millions de spectateurs revivent l'épisode au cinéma à travers *Apollo 13*, un film tiré des mémoires de James Lovell. Le succès est mondial. L'incroyable aventure des trois astronautes, qui a constitué le seul échec du programme *Apollo*, a finalement davantage inspiré Hollywood que l'exploit des premiers pas sur la Lune !

LES AVENTURIERS DE L'ESPACE

Improvisation

Le module lunaire d'*Apollo* est conçu pour se séparer du vaisseau et aller se poser seul sur la Lune. Il possède donc des réserves d'énergie autonomes. Les astronautes n'ont plus qu'une solution : s'en servir comme d'un canot de sauvetage. Alors qu'il est prévu pour accueillir deux hommes pendant deux jours, le module devra contenir trois hommes pendant quatre jours ! L'heure est à l'économie : peu de lumière, peu de nourriture, peu de chauffage. La température descend jusqu'à 3 °C.

De l'air !

Un autre danger guette les trois hommes : en respirant, ils rejettent du gaz carbonique. Celui-ci est filtré, mais les filtres du module lunaire s'épuisent rapidement.

Bricolage des filtres à bord d'Apollo 13

Centre de Houston : six astronautes et deux contrôleurs de vol restent en contact avec les naufragés tout en calculant les possibilités de les sauver.

Les astronautes sont au bord de l'asphyxie. Ils ne peuvent utiliser les filtres du module de commande abandonné, car ceux-là sont carrés alors que les ouvertures du module lunaire sont rondes. Les hommes du centre de contrôle de Houston, avec qui les astronautes sont toujours en contact, trouvent finalement une solution pour adapter les filtres carrés aux conduits ronds. Il était temps !

Retour périlleux

En temps normal, toutes les opérations effectuées par les astronautes sont prévues à l'avance. Cette fois, elles sont totalement nouvelles : puisqu'il est impossible de faire demi-tour, *Apollo* doit contourner la Lune avant de commencer le retour sur Terre. Les hommes du centre de contrôle mettent les procédures au point dans l'urgence et les testent dans le simulateur. Quelques heures avant la rentrée dans l'atmosphère, les trois astronautes reviennent dans le module de commande qui, seul, est prévu pour résister aux frottements de l'air.

Un échec réussi

Le 17 avril, six jours après le début de la mission, le module de commande amerrit dans le Pacifique, équipage sain et sauf. Les trois hommes sont accueillis en héros à Honolulu par le président Nixon. *Apollo 13* est finalement qualifiée « d'échec réussi » : le terrible suspense et les conditions extrêmes de sauvetage ont transformé l'échec de la mission scientifique en un fantastique exploit humain.

Apollo-Soyouz, une rencontre symbolique

17 juillet 1975. Première rencontre internationale... dans l'espace ! Les deux grandes puissances mondiales, États-Unis et Union soviétique – aux relations jusque-là plutôt tendues –, mènent à bien une mission très symbolique: arrimer à 200 km de la Terre une capsule américaine Apollo et un vaisseau soviétique Soyouz

Astronautes et cosmonautes sur la place Rouge à Moscou

Le 24 mai 1972, le président du Conseil des ministres de l'Union soviétique, Kossyguine, et le président des États-Unis, Nixon, signent un accord de coopération spatiale internationale. Celui-ci prévoit une première mission, baptisée *Apollo-Soyouz*, consistant à assembler dans l'espace une capsule américaine et un vaisseau soviétique. Après des années de guerre froide, la détente s'amorce : Russes et Américains vont se serrer la main dans l'espace !

Prévoir l'avenir

En dehors de l'aspect hautement symbolique du vol, il s'agit de se préparer à d'éventuelles missions de sauvetage spatial. En effet, si un homme se trouve en détresse dans l'espace, quelle que soit sa nationalité il faut agir au plus vite, et les deux puissances doivent être prêtes à lancer des opérations de secours. Pour cela, il faut que les différents véhicules puissent s'arrimer l'un à l'autre.

Les équipages américain et russe sur les maquettes de leurs véhicules spatiaux

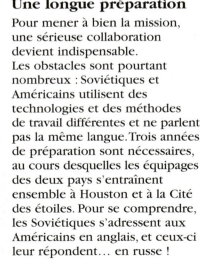

Une longue préparation

Pour mener à bien la mission, une sérieuse collaboration devient indispensable. Les obstacles sont pourtant nombreux : Soviétiques et Américains utilisent des technologies et des méthodes de travail différentes et ne parlent pas la même langue. Trois années de préparation sont nécessaires, au cours desquelles les équipages des deux pays s'entraînent ensemble à Houston et à la Cité des étoiles. Pour se comprendre, les Soviétiques s'adressent aux Américains en anglais, et ceux-ci leur répondent... en russe !

LES AVENTURIERS DE L'ESPACE

La capsule Apollo *à la rencontre du vaisseau* Soyouz

C'est parti !

Le 15 juillet 1975 à 12 h 20 (Temps universel), les Soviétiques Leonov et Koubassov quittent la Terre à bord d'un vaisseau *Soyouz* lancé par une fusée *Zemiorka*. Ils sont mis en orbite en moins de dix minutes, mais il leur faut faire plusieurs manœuvres et tours de la Terre pour atteindre le point de contact. À 19 h 50, l'équipage américain décolle. La capsule *Apollo*, avec à son bord Stafford, Brand et Slayton, est propulsée par une fusée *Saturn 1B*.

Champagne !

Le 17 juillet à 16 h 10, le premier rendez-vous spatial international s'opère au-dessus de l'Europe. La capsule *Apollo*, équipée d'un module de jonction, vient s'arrimer au *Soyouz* : la première mini-station internationale est née ! À 19 h 17, la rencontre historique a enfin lieu. Leonov et Stafford se serrent dans les bras l'un de l'autre, sous l'œil des caméras de télévision qui retransmettent la scène en direct.

Joindre l'utile à l'agréable

Le jour suivant, cosmonautes russes et astronautes américains effectuent diverses expériences scientifiques et se rendent visite les uns aux autres, passant chacun plusieurs heures dans le module étranger. Le 19 juillet vers 12 h, les deux véhicules se détachent puis s'arriment de nouveau. Les spationautes profitent de cette manœuvre pour faire des photos de la couronne solaire depuis *Soyouz*, *Apollo* provoquant une éclipse de Soleil durant son déplacement. Enfin ils se séparent définitivement à 13 h 27. Les équipages retournent sur Terre, dans leur pays respectif, les Soviétiques le 21 juillet, les Américains le 24.

Première rencontre spatiale entre Stafford et Leonov

LE SAVAIS-TU ?

Atmosphère, atmosphère...
Soviétiques et Américains ne respiraient pas le même air ! À bord du *Soyouz*, les premiers inspiraient de l'air normal, à base d'azote ; dans la capsule *Apollo*, les seconds respiraient de l'oxygène presque pur. Passer directement d'un vaisseau à l'autre était impossible. Le module de jonction était donc rempli d'une atmosphère-tampon permettant aux deux airs de ne pas se mélanger. Les Soviétiques ont également dû s'équiper de vêtements spéciaux non inflammables, comme ceux des Américains, car l'oxygène est un très bon comburant.

Vingt ans d'attente

La situation politique se dégradant au cours des années suivantes, le président américain Reagan décide en 1982 de ne pas renouveler l'accord de 1972. Il faudra attendre 1995 pour qu'engins spatiaux russe et américain se rencontrent à nouveau (*voir p. 244-245*).

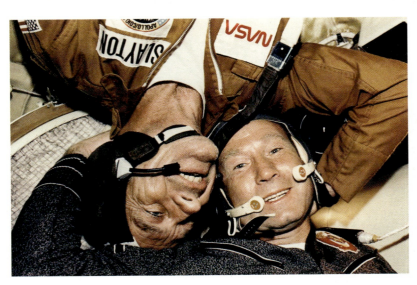

Les mécanos de l'espace

En 1990, lorsque le télescope spatial Hubble *est mis en orbite, les astronomes piaffent d'impatience: celui-ci est censé fournir des images d'une résolution vingt fois supérieure à celle des télescopes terrestres* (voir p. 308-311)! *Malheureusement, le miroir principal a un défaut. La désillusion est grande:* Hubble *est myope! En 1993, une mission de la NASA est envoyée. Son objectif: mettre des lunettes au télescope.*

Comment sauver *Hubble*?

Seuls des hommes sont capables d'effectuer une mission aussi délicate, car on ne peut prévoir le déroulement exact des opérations et envoyer des robots. Le 2 décembre 1993, la navette *Endeavour* quitte cap Canaveral avec six hommes et une femme à son bord. Après deux jours de vol, une semaine de travail intense attend l'équipage. Au programme: rajouter un système corrigeant le défaut de vision de *Hubble*, mais aussi changer la caméra planétaire ainsi que les panneaux solaires.

Insolite atelier de réparation

Hubble se trouve en orbite à 600 km de la Terre. À cette distance, il fait le tour de la planète en 95 min. Les spationautes passent donc tous les trois quarts d'heure du jour à la nuit ou de la nuit au jour: pas forcément pratique pour travailler! Un spationaute s'accroche au bout du bras robotique qui va le conduire à l'extrémité du télescope. Un second l'assiste. Une fois éloignés de la navette, les deux "mécanos" n'ont plus de point d'appui et se trouvent handicapés dans leurs mouvements, un manque d'aisance accru par la rigidité du scaphandre.

Ils doivent prendre appui uniquement sur le bras robotique ou sur les nombreuses poignées se trouvant dans la soute ouverte de la navette. Chaque sortie, qui dure en moyenne 7 heures, est épuisante et dangereuse. La même équipe de deux personnes n'effectue donc jamais deux sorties successives. Au total, l'équipage accomplit cinq sorties extravéhiculaires: un record dans l'histoire de la navette.

LES AVENTURIERS DE L'ESPACE

D'autres voyages vers *Hubble*

Cette première mission vers *Hubble* n'est pas la dernière. En février 1997, une équipe de maintenance est à nouveau envoyée. Cependant, les choses se compliquent lorsque le quatrième des six gyroscopes qui assurent la stabilité du satellite tombe en panne en 1999. Incapable alors de fonctionner, le télescope se met en veille jusqu'à ce qu'une équipe de mécanos de l'espace vienne à son secours en décembre de la même année. En mars 2002, sept spationautes améliorent une nouvelle fois les capacités de *Hubble* en lui ajoutant un nouvel instrument d'observation. Par la même occasion, ils le replacent sur son orbite optimum, car l'atmosphère ténue qui l'entoure lui avait fait perdre de l'altitude. La prochaine et dernière mission de remise sur orbite est prévue pour 2005. Les astronomes espèrent que le télescope pourra malgré tout continuer à leur apporter de nouvelles informations jusqu'en 2010.

ÇA COINCE DANS L'ESPACE !

Jean-Loup Chrétien, premier spationaute français, a connu un deuxième vol assez mouvementé. Passager de la station *Mir* en décembre 1988, l'une de ses missions était, lors d'une sortie extra-véhiculaire, de déployer une antenne expérimentale de 4 m de côté constituée d'un treillis de barres de carbone. Pendant le déploiement, la structure se coince. Le Russe Alexandre Volkov, qui accompagne Chrétien en dehors de la station, réussit finalement à la débloquer à l'aide de coups de pied ! La sortie, qui ne devait durer que 3 heures 30, se prolonge près de 6 heures (nouveau record à l'époque), mais l'antenne est correctement mise en place : mission accomplie !

Des Américains à bord de Mir

Après les décennies de compétition dans l'espace entre Russes et Américains, 1991 marque le début d'une nouvelle ère: les présidents des deux nations, Mikhaïl Gorbatchev et George Bush, signent un accord de coopération. Celui-ci ouvre la voie à un travail commun qui permettra notamment à une navette américaine de venir s'amarrer à la station russe Mir.

La guerre froide finie, les deux puissances se découvrent des qualités complémentaires. Les Américains bénéficient d'une prospérité économique qui fait défaut aux Russes, et ces derniers possèdent une expérience unique en matière de vols habités de longue durée grâce à *Mir*, en orbite depuis 1986. En vue de construire la station spatiale internationale, Russes et Américains décident de travailler ensemble à l'intérieur de *Mir*.

Rendez-vous en orbite

En 1994, un cosmonaute russe, Sergueï Krikalev, voyage pour la première fois à bord de la navette. En 1995, c'est au tour d'un Américain, Norman Thagard, d'être envoyé dans l'espace grâce à un lanceur russe. En février de la même année, une approche préparatoire entre la navette *Atlantis* et la station *Mir* a lieu. Comme prévu, elles se tiennent à dix mètres l'une de l'autre. Quatre mois plus tard, en juin 1995, la jonction a enfin lieu:

Norman Thagard sur Mir *en 1995*

Atlantis s'amarre à *Mir* et leurs équipages se rejoignent. C'est la première rencontre russo-américaine depuis la mission *Apollo-Soyouz* en 1975 *(voir p. 240-241)*. Quelle que soit la nationalité des spationautes, les dialogues se font en russe, langue officielle de la station. La navette reste amarrée neuf jours, formant ainsi, avec *Mir*, la plus grande station orbitale de l'époque.

Mir

Nom : *Mir* ("paix" ou "monde" en russe) *(voir p. 175)*

Nationalité : russe

Masse : 21 tonnes en 1986, 130 tonnes en 1996

Longueur : 13 m en 1986, 30 m en 1996

Volume habitable : 100 m³ en 1986, 250 m³ en 1996

Naissance : premier module mis en orbite le 19 février 1986.

Mort : destruction dans l'atmosphère le 23 mars 2001. *Mir* a ainsi fonctionné pendant quinze ans, au lieu des cinq années prévues au départ.

Orbite : en 92 minutes, la station faisait un tour de la Terre à environ 375 km d'altitude.

Habitants : 104 spationautes de onze nationalités se sont succédé dans la station, à raison d'une moyenne de 2 à 3 passagers à la fois.

Missions : recherche en micropesanteur, recherche fondamentale et plateforme d'observation de la Terre et des étoiles. Six modules ont accueilli plus de 16 500 expériences scientifiques élaborées dans 27 pays.

LES AVENTURIERS DE L'ESPACE

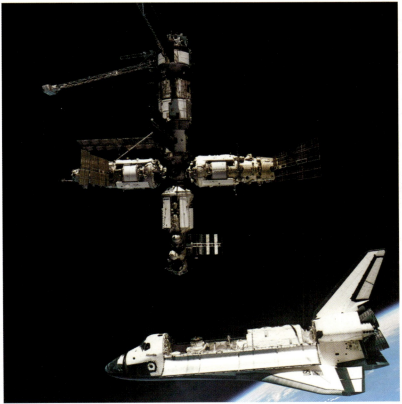

Atlantis venant s'amarrer à la station Mir en juin 1995

Aventures et mésaventures

À partir de 1997, la station russe connaît de graves incidents. Après des pannes à répétition, un feu se déclare en février. En impesanteur, les flammes se propagent dans toutes les directions et sont donc difficiles à contrôler. Les spationautes parviennent cependant à maîtriser l'incendie sans qu'il y ait de dégâts majeurs. Trois mois plus tard, un vaisseau-cargo *Progress* heurte la station au niveau du module *Spektr*. Celui-ci devient inutilisable, ce qui provoque la perte de certaines expériences et surtout d'une partie de la puissance électrique disponible à bord. Malgré les risques encourus, les missions américaines se poursuivent jusqu'en juin 1998, date du neuvième et dernier amarrage d'une navette à *Mir*. Cinq mois plus tard, le premier module de la station spatiale internationale est mis en orbite.

Espace de collaboration

Mais cette fois, il ne s'agit pas d'un rendez-vous presque uniquement symbolique : le processus de collaboration est véritablement lancé. Au cours de la mission suivante, les spationautes installent sur *Mir* un collier d'amarrage permettant à la navette américaine de s'amarrer sans risquer d'endommager les panneaux solaires de la station. Dès lors, les navettes rejoignent régulièrement *Mir* et des Américains y séjournent.

LE SAVAIS-TU ?

Les records de *Mir*
Le plus long séjour en continu dans l'espace est détenu par le Russe Valery Polyakov, qui vécut 438 jours de suite dans la station (1994-1995). Un autre Russe, Sergueï Avdeïev, a totalisé 747,5 jours dans l'espace en trois missions sur *Mir*, de 1991 à 1999. Une Américaine, Shannon Lucid, a battu le record du plus long séjour féminin en restant 188 jours d'affilée à bord de la station en 1996 !

24 heures dans l'espace

La station spatiale internationale effectue un tour de la Terre en 90 minutes. À bord, les spationautes assistent à seize levers et couchers de soleil par jour. Mais pas question de vivre à ce nouveau rythme! Leur emploi du temps ne suit pas l'alternance du jour et de la nuit : il est calqué sur celui des techniciens qui contrôlent la mission depuis le sol.

Debout là-dedans !
La station est calme. Les spationautes dorment dans des sacs de couchage directement fixés sur la paroi. Pendant le sommeil, leur corps est maintenu par des sangles et leur tête calée grâce à une bande Velcro. À 8 heures, ils "se lèvent" et se dirigent vers la "salle de bains".

Question d'hygiène
Pas facile de se laver avec de l'eau rationnée qui, de plus, se met en boule ! C'est pourquoi les spationautes se nettoient généralement avec des serviettes humides. Les hommes se rasent avec des rasoirs munis d'un mini-aspirateur pour que les poils ne s'envolent pas partout. Lors des missions de longue durée, les spationautes s'offrent parfois le luxe d'une douche. Mais l'eau se comporte d'une étrange façon : elle s'accumule sur le corps pour former une couche qui recouvre la peau. Seul un système d'aspiration permet de retirer complètement l'eau et le savon. Aller aux toilettes est aussi une aventure peu ordinaire ! Pour ne pas flotter, les spationautes bloquent leurs pieds et leurs cuisses. Ils urinent dans un entonnoir relié à un long tube fixé sur la cuvette. L'entonnoir existe en deux modèles : un pour les hommes, un pour les femmes. Les déchets ne sont pas emportés par une chasse d'eau, ils sont aspirés. Les résidus solides sont comprimés et entreposés pour être évacués plus tard par un vaisseau-poubelle qui brûlera en traversant l'atmosphère terrestre. L'urine, comme la sueur et l'humidité de l'air, est recyclée pour récupérer l'eau. Rien ne se perd !

Au boulot !
Après le petit-déjeuner, les spationautes se mettent au travail. Pendant quatre heures, ils réalisent des expériences scientifiques pour étudier les réactions de leur corps, le développement des plantes, les propriétés chimiques ou physiques de certains matériaux... Ils observent aussi la Terre et l'Univers.

LES AVENTURIERS DE L'ESPACE

Au menu : plateau spatial
Dans la mesure du possible, les spationautes prennent leur repas ensemble autour d'une table spécialement conçue à cet effet. Avant le départ, ils ont établi leurs menus avec des diététiciens. Ils les reconnaissent ensuite grâce à des autocollants de couleur. La plupart des repas sont déshydratés. Les plats sont fixés avec une bande Velcro sur un plateau, lui-même maintenu sur la table. Le plateau est également magnétisé pour retenir les couverts métalliques. Mais manger reste tout un art : sans pesanteur, les aliments s'échappent des plats, les boissons flottent sous forme de gouttes, et si l'on croque un biscuit, les miettes s'éparpillent partout et risquent d'être inspirées ou d'endommager les instruments de bord. À la fin du repas, ustensiles et plateaux sont nettoyés avec des serviettes humidifiées. Les déchets sont entreposés dans le vaisseau-poubelle. Après cette pause, une après-midi de cinq heures de travail commence.

Exercices sportifs
Dans cet emploi du temps chargé, les spationautes doivent trouver deux heures pour l'activité physique. C'est obligatoire sur les vols de longue durée car, en impesanteur, ils utilisent très peu leurs muscles. Résultat : ceux-ci fondent et les os se fragilisent. Pour pallier cet inconvénient, les spationautes courent sur un tapis roulant, pédalent sur un vélo d'appartement ou réalisent des exercices de musculation, en utilisant toujours des fixations pour rester reliés au matériel.

Soirée détente bien méritée
Après cette dure journée et un bon repas, place à la détente ! Les spationautes écoutent de la musique ou des enregistrements de chants d'oiseaux, lisent, regardent une vidéo, admirent le spectacle de la Terre… Enfin, ils regagnent leur sac de couchage.

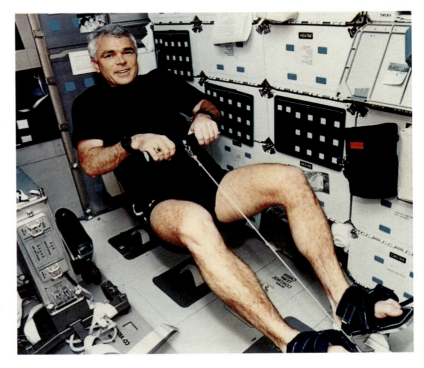

Mission à haut risque

À l'intérieur d'une station spatiale, un vêtement tout simple suffit. En revanche, lorsqu'un spationaute sort dans l'espace, il doit revêtir la seule tenue capable d'assurer sa survie : un scaphandre jouant le rôle de véritable vaisseau spatial miniature.

Lors d'une sortie extravéhiculaire, les spationautes sont soumis à un milieu très hostile : absence d'air, températures extrêmes (−150 °C à +150 °C), exposition à des poussières, débris et rayonnements divers. Le scaphandre EVA (*Extra Vehicular Activity*) est la seule protection adaptée permettant de résister à ces agressions. Mais revêtir cette tenue n'est pas une mince affaire !

Dans le sas du vaisseau, deux spationautes se préparent. Ils enfilent d'abord un sous-vêtement recouvrant entièrement leur corps et parcouru par un réseau de canalisations dans lesquelles circule de l'eau dont ils régleront la température, une fois dehors. Ensuite, ils s'équipent du scaphandre proprement dit. L'ensemble de ce système les isole complètement de l'extérieur pendant six heures et recrée autour de leur corps une atmosphère d'oxygène pur ainsi qu'une température et une pression convenables. Après trois heures de préparatifs, les spationautes sont enfin prêts à sortir !

LE SAVAIS-TU ?

Accroche-toi !
Des poignées et des barres pour les mains ainsi que des systèmes de fixation pour les pieds permettent aux spationautes de progresser et de s'immobiliser sur les zones de travail. Sans ces aides, tout déplacement serait quasi impossible.

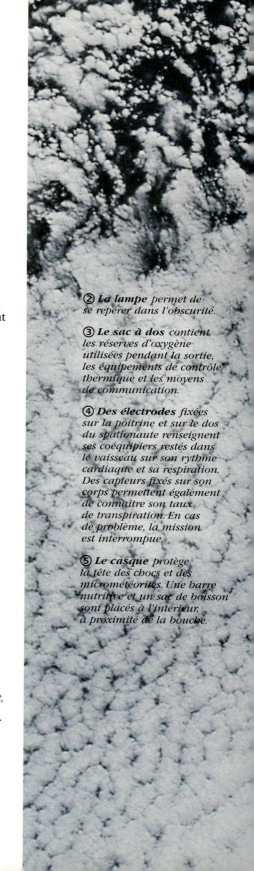

① **Le scaphandre** est constitué de plusieurs couches de matériaux souples. Chacune a son rôle : le nylon et le tissu polyester tissent la tenue et, avec le caoutchouc souple, assurent l'étanchéité permettant de maintenir la pression interne du scaphandre. Le Mylar recouvert d'aluminium assure une protection thermique, antichoc et antiradiation. Sur Terre, le scaphandre est importable : il pèse plus de 100 kg ! L'impesanteur fait oublier cette lourdeur, mais elle rend difficile chaque mouvement.

② **La lampe** permet de se repérer dans l'obscurité.

③ **Le sac à dos** contient les réserves d'oxygène utilisées pendant la sortie, les équipements de contrôle thermique et les moyens de communication.

④ **Des électrodes** fixées sur la poitrine et sur le dos du spationaute renseignent ses coéquipiers restés dans le vaisseau sur son rythme cardiaque et sa respiration. Des capteurs fixés sur son corps permettent également de connaître son taux de transpiration. En cas de problème, la mission est interrompue.

⑤ **Le casque** protège la tête des chocs et des micrométéorites. Une barre nutritive et un sac de boisson sont placés à l'intérieur, à proximité de la bouche.

⑥ La visière est recouverte d'une mince pellicule d'or qui protège le visage et les yeux des rayons ultraviolets de la lumière du Soleil.

⑦ Pour ne pas se perdre dans l'espace, les spationautes sont reliés au vaisseau par **un filin métallique de sécurité**. À l'aide de mousquetons, ils détachent et rattachent ce lien au fur et à mesure de leurs déplacements, un peu comme des alpinistes !

⑧ Le boîtier de contrôle et de commande électronique renseigne sur le bon fonctionnement de la combinaison et permet au spationaute d'effectuer des réglages, comme diminuer ou augmenter la température ou la pression.

LE PREMIER SATELLITE HUMAIN

Le 11 février 1984, l'astronaute Bruce McCandless évolua dans le vide, sans aucun lien avec la navette, comme un satellite ! En actionnant les manettes placées sur les accoudoirs de son étrange fauteuil, il agissait sur des petites tuyères éjectant de l'azote, et pouvait ainsi se déplacer. Cet équipement – appelé *MMU* (*Manned Maneuvering Unit*), scooter de l'espace, sac à dos propulsif ou fauteuil volant – permet aux spationautes de progresser librement dans l'espace pour réaliser, par exemple, la capture d'un satellite. Le *MMU* est remplacé depuis 1993 par le *SAFER* qui utilise le même principe, mais est plus léger et plus fiable.

L'espace, formidable laboratoire

Une des raisons pour lesquelles l'Homme est parti dans l'espace est sans doute l'intérêt que suscite l'état d'impesanteur. Quelles sont ses conséquences sur l'être humain et sur le monde qui l'entoure ? À bord de leur laboratoire en orbite autour de la Terre, les spationautes mènent l'enquête, réalisant les expériences que leur ont confiées les scientifiques.

***Expérience** sur le système cardio-vasculaire*

***Expérience** sur l'équilibre (chaise tournante)*

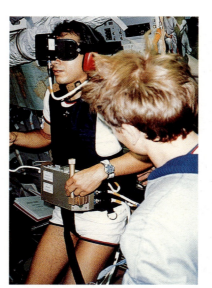

***Expérience** sur l'équilibre*

L'homme en impesanteur

Sur notre planète, la vie s'est développée en fonction de la pesanteur. Grâce aux expériences menées sur les spationautes en vol, l'impact de cette force sur notre morphologie et sur le fonctionnement de notre corps est mieux compris. Les recherches en impesanteur concernent surtout :
– le système cardio-vasculaire : sans pesanteur, le sang n'est plus attiré vers les jambes et, poussé par le cœur, il afflue vers la tête ;
– l'équilibre : une fois dans l'espace, il n'y a plus de repères "haut" ou "bas" ;
– l'anatomie : sans le poids terrestre du corps, la colonne vertébrale s'allonge de quelques centimètres !
Ces observations permettent bien sûr d'améliorer les conditions de vie des spationautes, mais elles ont aussi des répercussions sur notre vie sur Terre…

Soigner grâce à l'espace

Au fil des missions, les médecins se sont en effet rendu compte que les perturbations occasionnées chez l'homme par l'impesanteur ressemblaient à certaines de nos maladies terrestres. Par exemple, la perte osseuse que subit chaque spationaute au cours d'un vol s'apparente à une affection touchant généralement les personnes âgées : l'ostéoporose. Ainsi, de nombreux instruments, développés à l'origine pour aider le corps humain à résister aux méfaits de l'impesanteur, sont maintenant couramment utilisés sur Terre à titre médical. Le holter – qui enregistre sans interruption

LES AVENTURIERS DE L'ESPACE

Cristallisation des protéines

Les protéines sont les composants essentiels des organismes vivants. Chacune d'elles a une structure particulière qui donne de précieux renseignements sur son rôle. Pour les analyser avec précision, les chercheurs isolent les protéines, puis les cristallisent afin de les observer aux rayons X. Comme en impesanteur les protéines cristallisées sont souvent de taille et de qualité supérieures à celles produites sur Terre, leur structure est plus facile à étudier. Les connaissances acquises pourraient être utilisées pour la mise au point de nouveaux médicaments.

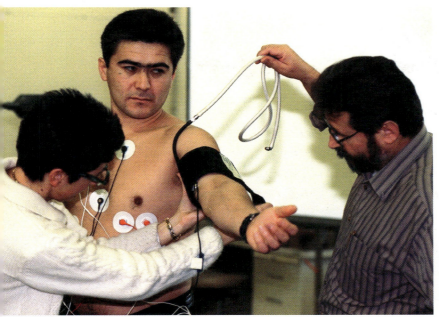

Holter

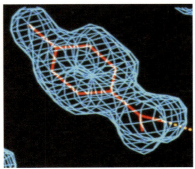

Structure d'une protéine d'insuline

l'électrocardiogramme d'un spationaute pendant vingt-quatre heures – est employé aujourd'hui dans les hôpitaux. De même, l'ergomètre de cheville – qui permet d'évaluer les performances mécaniques des muscles des spationautes – sert maintenant à soigner les personnes atteintes de myopathie.

Microsphères et microgranulés

En impesanteur, tout fluide (gaz ou liquide) se "met en boule", comme le montrent régulièrement les spationautes en laissant échapper des "bulles" de boisson. Grâce à ce phénomène, des produits très purs peuvent être fabriqués, étudiés et commercialisés ensuite sur Terre. Ce sont des microsphères et des microgranulés d'antibiotiques. Entourés de capsules dégradables dans le système digestif, ces granulés agissent à retardement, ce qui permet de limiter les effets secondaires dus à une action trop forte.

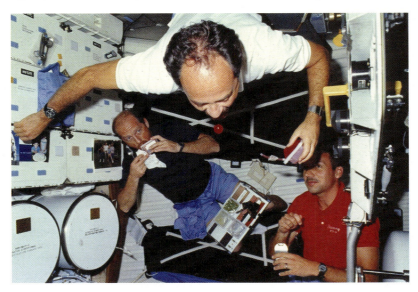

LE SAVAIS-TU?

Toile d'artiste

Une araignée peut-elle trouver ses repères pour tisser sa toile en l'absence de haut et de bas? Lors de ses premiers jours dans l'espace, sa toile est plutôt irrégulière, mais l'araignée s'acclimate rapidement à ces nouvelles conditions d'environnement et tisse finalement une toile régulière. L'homme saura-t-il aussi bien s'adapter si un jour il doit quitter sa planète pour de bon?

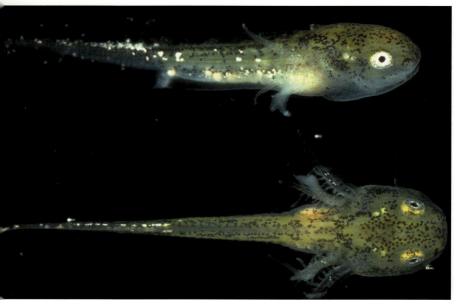

Croissance des pleurodèles lors de la mission Cassiopée

DES LABOS TRÈS SPATIAUX

Pour pratiquer leurs expériences, les spationautes disposent de "mini-laboratoires" très complets, adaptés aux dimensions de la station orbitale et aux conditions de manipulation des objets en impesanteur. Tous les instruments d'expérimentation sont fixés aux parois par des élastiques, des bandes Velcro ou des systèmes magnétiques. Les spationautes, eux, s'attachent sur leur siège ou glissent leurs pieds dans des fixations au sol. Autant dire que, même si les résultats obtenus sont de meilleure qualité dans l'espace que sur Terre, c'est tout de même très difficile et beaucoup plus long et périlleux d'y faire une expérience !

Mieux comprendre la vie

Lors de leur séjour dans l'espace, les spationautes ne sont pas les seuls "cobayes" : ils emportent parfois dans leurs bagages des plantes et des animaux. Ainsi en 1996, des pleurodèles (petits animaux amphibiens ressemblant à des salamandres) ont fait partie de la mission Cassiopée. La ponte de six femelles fécondées a été provoquée en vol, et les spationautes ont pu observer les principaux stades du développement des embryons en impesanteur. Ils ont ensuite rapporté sur Terre les prélèvements de cellules les plus intéressants pour que les résultats de leurs recherches soient précisément analysés par les scientifiques. Le but de cette expérience était de mieux comprendre comment, dans l'espace, un être vivant se développe à partir d'une cellule.

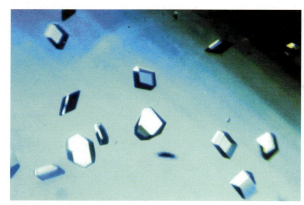

Cristaux obtenus sur Terre...

... et cristaux obtenus dans l'espace

Croissance des cristaux

Quand on fait fondre divers produits solides dans un four électrique, ils peuvent, sous certaines conditions, s'organiser en cristaux lorsqu'ils refroidissent. Sur Terre, plusieurs effets de la pesanteur – comme la convection (responsable de remous dans les fluides) ou la sédimentation (qui sépare les éléments d'un mélange selon leur densité) – nuisent à l'uniformité et à la pureté des cristaux.

Les recherches en impesanteur ont permis d'obtenir des cristaux plus gros et de meilleure qualité. Ces travaux intéressent les industriels qui disposent ainsi d'échantillons de référence pour évaluer la qualité des cristaux fabriqués au sol. Grâce à ces expériences, on peut aussi réaliser maintenant des alliages métalliques qui sont très homogènes et donc plus solides. Mais attention, il ne s'agit pas de produire de nouveaux cristaux en quantité industrielle !

LES AVENTURIERS DE L'ESPACE

Poussera ou ne poussera pas ?
Si on observe une plante, elle pousse quasiment toujours de la même façon : une graine donne une plante avec des racines dans le sol et une tige dirigée vers le ciel. C'est la pesanteur qui détermine cet axe de croissance. Dans l'espace, malgré l'absence de pesanteur, le même cycle de développement est observé : une graine donne une plante, ses racines plongent dans un milieu nutritif et ses feuilles cherchent la lumière. Cette plante redonne des graines, et ainsi de suite… En revanche, la croissance est plus lente, le nombre de feuilles moindre et les graines plus petites. Mais c'est encourageant pour le cas où il serait nécessaire, un jour, de faire un potager en orbite pour des missions lointaines par exemple.

Matériaux exposés dans l'espace

Des matériaux pour l'espace
Travailler dans l'espace permet d'étudier d'autres phénomènes que l'impesanteur. En effet, hors du cocon douillet de l'atmosphère, la station orbitale est exposée aux rayonnements provenant du Soleil et du cosmos, aux particules, aux météorites, aux débris… Ces différents facteurs accélèrent le vieillissement du matériel. Pour concevoir des matériaux qui résistent à cet environnement, diverses recherches sont menées. Les matériaux sont ensuite testés en laboratoire ou directement dans l'espace. Dans ce cas, ils sont placés sur les parois externes d'un satellite de recherche ou d'une station orbitale. Après un séjour plus ou moins long, ils sont récupérés et analysés.

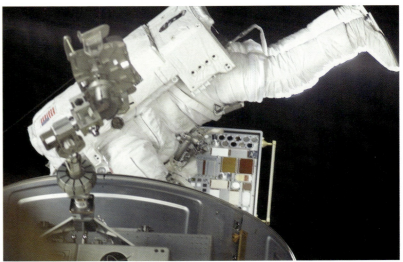

Installation de matériaux expérimentaux sur ISS

La parole est aux spationautes...

« Dans les secondes qui suivent la mise en orbite, tous les spationautes, mécaniciens de bord froids et réservés ou pilotes un peu moins flegmatiques, tous expriment un sentiment confus, fait de délice et d'émerveillement... » s'étonne l'un d'eux. Laissons la parole aux explorateurs de l'espace...

Si petite mais si belle

Je voyais la Terre depuis l'espace, si belle depuis qu'avaient disparu les cicatrices des frontières nationales.
Mohammed Ahmed Faris (Syrie)

En somme, je voyais une partie considérable de la Terre, tout en distinguant sans difficulté les petits détails du terrain où j'avais marché quelques semaines auparavant. Alors je souris de me rendre compte de l'immensité dérisoire et relative de notre planète.
Jean-Loup Chrétien (France)

Avant d'effectuer mon vol, je savais que notre planète était menue et vulnérable. Mais c'est seulement lorsque je l'ai vue depuis l'espace dans son indicible beauté et sa fragilité, que je me suis rendu compte que la tâche la plus urgente de l'humanité était de la préserver pour les générations à venir.
Sigmund Jähn (Allemagne)

Drôle de quotidien...

Le Soleil arrive vraiment comme le tonnerre et s'évanouit tout aussi rapidement. Chaque lever et chaque coucher de Soleil ne durent que quelques secondes. Et pendant ce temps, on voit au moins huit bandes de couleur différentes apparaître et disparaître, du rouge le plus éclatant au bleu le plus intense. Chaque jour, on assiste à seize levers et seize couchers de Soleil. Et aucun n'est jamais le même.
Joseph Allen (États-Unis)

Le matin j'effectuais mes exercices de gymnastique : un peu de bicyclette depuis l'Amérique du Sud jusqu'à Vladivostok en traversant l'Himalaya. Le soir j'utilisais la machine à marcher, qui m'emmenait de Los Angeles à Lisbonne.
Vitali Sevastianov (Russie)

Dans l'espace, tout est vraiment différent. Vous couchez au plafond et vous dépassez des continents entiers en quelques instants. Vous donnez un mouvement de clé pour dégager un écrou et vous vous retrouvez vous-même en train de pivoter.
Anatoly Berezovoy (Russie)

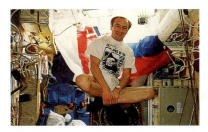

L'apesanteur, elle survient brusquement. Je planais comme si j'avais été à l'intérieur d'une bulle de savon. Pareil à un enfant dans le sein de mon vaisseau spatial, j'étais pourtant toujours le rejeton de ma Mère la Terre.
Miroslav Hermaswewski (Pologne)

En sortie dans l'espace

C'est surtout le silence qui me frappa le plus. C'était un silence impressionnant, comme je n'en ai jamais rencontré sur la Terre, si lourd et si profond que je commençai à entendre le bruit de mon corps : mon cœur cognait, mes veines battaient, je croyais même entendre le frémissement de mes muscles glissant l'un contre l'autre.
Alexei Leonov (Russie)

Voyageur dans l'espace, je me sentais comme un étranger, mais sur la Lune je me sentis chez moi. Il y avait des montagnes dans trois directions et une profonde vallée à l'ouest, un très bel endroit pour établir un campement.
James Irwin (États-Unis)

Terre !

L'espace est vraiment proche : nous y sommes arrivés en huit minutes, et en vingt minutes nous en étions revenus.
Wubbo Ockels (Pays-Bas)

Le module de descente atterrit, vacilla et se stabilisa. Il faisait un temps infect, mais je sentis l'odeur de la Terre, indiciblement douce et pénétrante. Et le vent. Quel délice absolu ! Du vent après tant de jours passés dans l'espace.
Andrian Nikolaïev (Russie)

Foi de premier cosmonaute !

Et demain ? Des établissements scientifiques sur la Lune, des voyages vers Mars, des bases scientifiques sur les astéroïdes, des contacts avec d'autres civilisations... N'envions pas les hommes de demain. Bien sûr, ils auront de la chance, et des choses qui ne sont pour nous que du domaine du rêve leur seront banales. Mais un grand bonheur nous est échu à nous aussi, celui d'avoir effectué les premiers pas de l'homme dans l'espace.
Youri Gagarine

2006, l'odyssée de l'espace

La Russie, les États-Unis, l'Europe, le Canada, le Japon et le Brésil ont entamé la plus grande construction jamais réalisée dans l'espace : une station spatiale internationale (ou ISS*). Voici, en avant-première, une visite guidée de ce grand laboratoire spatial.*

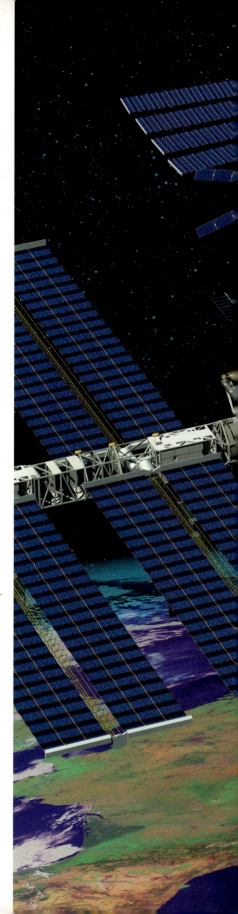

L'assemblage de la station spatiale internationale a débuté en 1998 et devrait s'achever en 2006. Plus de 45 vols (36 américains et 9 russes) et 160 sorties extravéhiculaires seront nécessaires pour assembler les différents modules et instruments qui la composent. Au final, dans sa configuration complète, la station aura une masse de 465 tonnes, une longueur de 108,6 m et une largeur de 79,9 m, soit la superficie d'un terrain de football. D'un volume habitable de 1 200 m^3, équivalant à celui d'un appartement de 480 m^2, l'*ISS* accueillera en permanence des équipages de six ou sept spationautes. Ce projet ambitieux est le fruit d'une coopération à l'échelle mondiale, entre des nations et des agences spatiales qui, jusque-là, étaient plutôt concurrentes, voire adverses. Cet immense complexe spatial autorisera une présence humaine permanente en orbite et des études à long terme en impesanteur. Si les financements le permettent, il pourrait également devenir un port d'attache pour des expéditions lunaires ou martiennes, et un site de construction et de réparation de satellites.

❶ *Le module russe* **Zvezda** *est le module d'habitation de la station (il sera peut-être complété par un second module de vie américain). Équipé d'une cuisine, de WC, d'une douche et d'une infirmerie, il dispose d'un sas d'amarrage permettant de recevoir un vaisseau-cargo* Progress *ou une capsule* Soyouz.

❷ *Le module russe* **Zarya** *a pour rôle de piloter l'*ISS *pour la maintenir dans une place et une position correctes, et de surveiller le bon fonctionnement de ses multiples instruments.*

❸ *Huit paires de* **panneaux solaires** *d'une surface totale de 3 000 m^2 seront déployées de part et d'autre de la station, sur le mât de 108,6 m. Elles alimenteront une grande partie de la station, en délivrant plus de 100 kWh d'énergie électrique.*

❹ *Le module américain* **Unity**, *nœud central de la station, est équipé de six sas auxquels seront reliés les autres éléments du complexe orbital.*

❺ *Le module scientifique* **Destiny** *est le laboratoire de recherche américain.*

❻ *Le module scientifique* **Columbus** *est le laboratoire européen.*

❼ *Le module scientifique* **Kibo** *est le laboratoire de recherche japonais. Il comprendra également un sas ouvrant sur une plateforme d'instruments à l'extérieur, et il portera un bras manipulateur.*

Les transporteurs

- La navette spatiale et le vaisseau russe *Soyouz* sont actuellement les véhicules permettant le transport des spationautes vers la station.
- Le vaisseau-cargo russe *Progress* transporte vers l'*ISS* 4 tonnes de combustibles, de matériel divers et de produits alimentaires. Si besoin, il utilise son moteur pour replacer la station sur son orbite, puis, une fois chargé de déchets, il est détruit dans l'atmosphère lors de sa désorbitation.
- Les Européens mettent au point un véhicule complémentaire du même type, l'*ATV* (*Automatic Transfer Vehicle*), qui aura le même rôle et pourra livrer 9 tonnes de fret.
- Le véhicule de sauvetage, le *CRV* (*Crew Rescue Vehicle*), sera toujours amarré à la station et permettra à un équipage de sept personnes de regagner la Terre en deux à trois heures en cas d'urgence.

Retrouver la Terre

Le temps des expériences est terminé à bord de la station orbitale. Il faut maintenant se préparer à quitter l'espace. Les spationautes embarquent à bord du Soyouz (pour les missions russes) ou de la navette (pour les vols américains), destination la terre ferme !

LE SAVAIS-TU ?

Comme dans un rêve
Après leur retour sur Terre, certains spationautes rêvent qu'ils flottent encore et que, par une simple impulsion des pieds, ils peuvent "s'envoler" jusqu'au plafond… Cette sensation disparaît cependant au bout de quelques jours.

Faire ses bagages

Dans le *Soyouz*, le matériel embarqué doit être scrupuleusement pesé : pas d'excédent de bagages permis ! Chaque chose est ensuite rangée à sa place pour que la charge soit correctement répartie dans la capsule et que son centre de gravité ne soit pas déplacé. Ainsi, l'angle de rentrée de l'engin dans l'atmosphère (crucial pour que la capsule atterrisse à l'endroit prévu) ne sera pas modifié.
La préparation du retour est moins exigeante pour la navette car elle fonctionne à peu près comme un avion. Il suffit juste de ranger et de fixer le matériel, afin que rien ne tombe lors de l'arrivée de l'appareil dans l'atmosphère.

Embarquement immédiat…

Que le retour s'effectue en navette ou en *Soyouz*, le processus est le même : on l'appelle la "manœuvre de désorbitation". Une fois que l'engin a quitté la station spatiale, il doit être arraché de son orbite, puis rapproché de la Terre pour qu'il puisse y atterrir. La désorbitation est un moment très délicat : le moindre problème, une trop grande vitesse ou un angle d'entrée dans l'atmosphère trop petit par exemple, peut renvoyer l'appareil graviter autour de la Terre, comme une balle qui rebondirait sur le sol ! La décélération est effectuée par le ou les moteurs de désorbitation qui équipent le *Soyouz* et la navette. Puis, dès l'arrivée dans les couches denses de l'atmosphère, c'est le freinage lié au frottement avec l'air qui diminue la vitesse de l'appareil.

Le retour en *Soyouz*

La capsule a un mode d'atterrissage vertical. Elle se dirige à grande vitesse vers une destination calculée à l'avance, en général le Kazakhstan. Les spationautes ne peuvent modifier que légèrement sa trajectoire de rentrée si elle s'est décalée.

***Chute** de la capsule Soyouz*

LES AVENTURIERS DE L'ESPACE

Le retour en *Soyouz* est souvent plus rapide (trois heures) et plus économique qu'un retour en navette. Mais il est beaucoup plus éprouvant pour les passagers. Non seulement ils reprennent conscience de la masse de leur corps, mais surtout ils subissent des décélérations de 4 à 5 g (1 g étant la gravité que l'on ressent sur Terre), c'est-à-dire qu'ils se sentent écrasés contre leur siège par trois à quatre fois leur poids ! La chute du *Soyouz* est ralentie par deux parachutes s'ouvrant à des altitudes différentes. Le second se déploie à 9 000 m du sol et, jusqu'au dernier moment, il continue de freiner le véhicule de retour, qui touche le sol à une vitesse de 7 km/h.

Évacuation des spationautes après l'atterrissage du *Soyouz*

Le retour en navette

Le mode d'atterrissage de la navette est horizontal, comme pour les avions. Mais son retour sur Terre est aussi risqué que celui de la capsule, comme l'a montré la désintégration de *Columbia* en 2003. Lors de sa rentrée dans l'atmosphère, l'appareil plane, gaz coupés. Le pilote dirige ainsi son engin jusqu'au point d'atterrissage, en effectuant des virages pour freiner la vitesse de la navette avant de la placer sur l'axe de la piste, généralement située en Floride. La descente en navette est beaucoup plus confortable pour les spationautes : bien que la vitesse de l'engin soit la même que celle du *Soyouz*, le niveau des décélérations subies par l'équipage n'est que de 1,5 g au maximum.

Retrouver la vie terrestre

Après un long séjour en impesanteur, les spationautes doivent réadapter leur corps à la pesanteur et à son rythme normal de fonctionnement. Leurs muscles, peu utilisés dans la station, sont très affaiblis et ils ne peuvent plus marcher. Il est nécessaire de les évacuer de leur véhicule et de les soutenir dans leurs déplacements pendant vingt-quatre heures à trois semaines, selon la durée de leur voyage. La mission est bel et bien terminée, et la formidable expérience de vie en impesanteur n'est plus qu'un souvenir pour l'équipage… en attendant un prochain départ ?

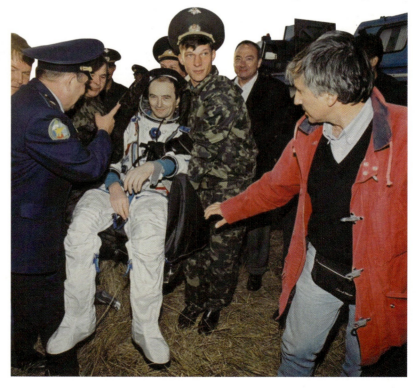

Erreurs et rigueurs du cinéma

L'espace a toujours fasciné les réalisateurs. Et c'est avec une imagination parfois débordante que de nombreux grands noms du cinéma ont un jour placé leur intrigue dans le vide intersidéral…

L'histoire revisitée

Certains ont voulu nous conter les heures glorieuses de l'astronautique et se sont donc inspirés de faits réels. À ce titre, ils ne pouvaient se permettre la moindre imprécision scientifique et technique. Le film *L'Étoffe des héros* (1983) de Philip Kaufman retrace ainsi avec une grande rigueur l'épopée des pilotes d'essais de la base Edwards et des sept astronautes du programme *Mercury*. Quelques années plus tard, l'apport des effets spéciaux numériques permet de donner à certaines scènes d'*Apollo 13* (1995), de Ron Howard, une dimension encore plus spectaculaire.

Mission to Mars : *premiers relevés sur la planète rouge*

Apollo 13 : *la tension monte dans la cabine du vaisseau.*

Le lancement de *Saturn 5* y est à couper le souffle tant il est proche de la réalité, de même que la reconstitution de la cabine du vaisseau *Apollo*. Dans ces films, la seule liberté du réalisateur réside dans les relations entre ses personnages qui peuvent ne pas toujours correspondre à la vérité historique.

Les films d'anticipation

Il devient plus difficile d'être rigoureux quand il s'agit d'anticiper sur les décennies à venir. En 2000, Brian De Palma avec *Mission to Mars* et Antony Hoffmann avec *Planète rouge* ont tous les deux fait le pari de nous montrer l'homme sur Mars. Cependant, seul le premier présente quelques éléments réalistes, notamment au niveau des vaisseaux et des modules d'habitation martiens. Robert Zubrin – un ingénieur de la NASA – fut en effet conseiller technique sur ce point. Hélas, ce film présente une accumulation d'incohérences scientifiques qui lui enlèvent la quasi-totalité de son intérêt ! Car dans ces œuvres, c'est l'action qui prime, et la rigueur scientifique n'a plus cours dès

LES AVENTURIERS DE L'ESPACE

LE SAVAIS-TU ?

Studio en chute libre
Afin d'être le plus réaliste possible, Ron Howard prit les grands moyens pour son film *Apollo 13*. Il fit ainsi tourner les scènes "intra-véhiculaires" en impesanteur réelle, lors des vols paraboliques d'un avion spécialement aménagé en studio de cinéma !

Star Wars, *épisode VI :* Le Retour du Jedi *(1983)*

lors qu'elle nuit au suspense. Le même problème se pose dans *Armageddon* (1998) de Michael Bay, où Bruce Willis sauve la Terre menacée de destruction par un astéroïde dont l'aspect fait franchement sourire. On lui préférera *Deep Impact* (1998) de Mimi Leder qui, sur le même sujet, est légèrement plus réaliste. En fait, la recherche de la vraisemblance dans ces films réside dans le cadre reconstitué : navettes, scaphandres et paysages sont parfois recréés avec beaucoup de soin.

Le *space opera*

Les mystères de l'univers ont stimulé l'imagination de certains réalisateurs, comme George Lucas qui, avec ses films *Star Wars*, nous dépeint un univers peuplé de créatures étranges et d'êtres aux pouvoirs surnaturels. L'élément clé de ce type d'œuvres – le *space opera* (*voir p. 229*) – est d'ailleurs le gigantisme : que ce soit dans la série des *Star Trek* ou des *Alien*, dans *Star Wars*, *Dune* de David Lynch (1984), *Le Cinquième Élément* de Luc Besson (1997), les vaisseaux sont toujours énormes et les espèces extraterrestres innombrables. Les scénarios de ce genre de films se heurtent très souvent aux lois scientifiques : nous savons par exemple que la vitesse de la lumière ne peut être dépassée, ce qui rend les voyages interstellaires quasi impossibles. Mais les auteurs ont trouvé la parade : grâce à l'hyperespace, à l'hibernation ou encore à la téléportation, ce type de voyages ne pose plus guère de problèmes au cinéma. Dans *Star Wars*, la notion de vide spatial est également passée à la trappe : les hangars à vaisseaux de l'Étoile Noire – station de combat de la taille d'une planète – sont ouverts sur l'espace, ce qui ne semble pas gêner le personnel ! Et l'impesanteur est annihilée grâce à d'obscurs systèmes antigravité, comme dans beaucoup d'autres films du même genre. En résumé, si la rigueur n'existe plus, les réalisateurs s'efforcent tout de même de donner un cadre pseudo-scientifique à leurs films en inventant des moyens de contourner toutes les règles pouvant perturber leur récit.

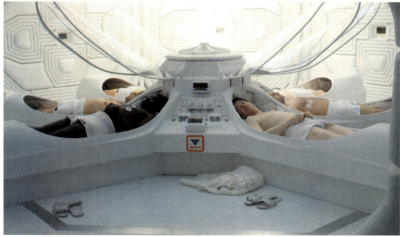

Les astronautes d'Alien *sortent d'hibernation.*

Destination système solaire

Des divinités antiques aux petits hommes verts, les observateurs ont depuis toujours projeté leurs craintes et leurs attentes sur ces "astres mouvants". Aussi, dès le début de l'aventure spatiale, les différentes puissances ont-elles lancé vers les planètes de nombreuses missions d'exploration. La Lune reste l'objet le plus lointain atteint par l'Homme. Aujourd'hui, ce sont des sondes automatiques qui ont la charge de rechercher des indices pour compléter nos connaissances sur nos "presque voisines".

Explorer le système solaire : pourquoi et comment ?

« La Terre est le berceau de l'homme, mais on ne reste pas toute sa vie dans son berceau. » Ces mots de Tsiolkovski, le pionnier de l'aéronautique, peuvent à eux seuls résumer l'histoire de la conquête spatiale et la volonté des hommes d'en savoir plus sur l'univers qui les entoure.

Une fois la Terre arpentée, connue et reconnue, la curiosité humaine s'est exercée sur ces mondes lointains, les planètes, que les astronomes avaient observés depuis la Terre à l'aide de télescopes et autres instruments optiques.

Y'a quelqu'un ?

Rechercher d'autres êtres vivants était à coup sûr l'objectif premier des pionniers de l'exploration du système solaire.

On entreprit alors de dresser un portrait de nos voisines planétaires qui se précisera mission après mission. Résultat : la Terre semble bel et bien la seule planète peuplée de notre système solaire ! Une fois la déception digérée, on s'aperçut que cette exploration permettait d'en apprendre plus sur notre propre planète et sur sa formation. Naissait alors une nouvelle science : la planétologie comparée.

LE SAVAIS-TU ?

54 ans avant Spoutnik
Le professeur de mathématiques russe Konstantin Tsiolkovski publie en 1903 son œuvre majeure : *Exploration des espaces cosmiques par des engins à réaction*. Il ne s'agit pas d'un livre de science-fiction mais d'un ouvrage précurseur de l'exploration spatiale !

Des ambassadeurs particuliers

Entreprendre une exploration des planètes tient du défi : les distances sont importantes, le milieu hostile et souvent mal connu, les voyages très longs… on rechigne donc à envoyer des hommes. En outre, les missions habitées n'admettent aucun échec : aucune perte humaine ne peut – ne doit – être le prix d'une exploration planétaire.

DESTINATION SYSTÈME SOLAIRE

Rapporter des morceaux

Cerise sur le gâteau, la récupération d'échantillons est une opération très prisée des planétologues, mais bien malaisée ! On dispose déjà sur Terre de roches lunaires – classées Patrimoine mondial de l'Humanité –, et de nombreuses missions ont pour objectif, dans les années à venir, de récolter des roches martiennes, de la poussière de comète ou des particules de vent solaire… Une fois les échantillons analysés, certains de ces mondes, mieux connus, recevront peut-être la visite de Terriens.

On se rappelle encore le traumatisme causé par l'explosion en vol, en 1986, de la navette *Challenger*, entraînant la mort des sept personnes de son équipage. Alors, pour ouvrir la voie à l'homme, des sondes automatiques sont envoyées en éclaireur.

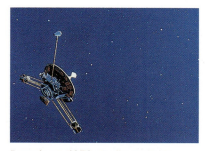

Lancée en 1972 en direction de Jupiter, Pioneer 10 *a quitté le système solaire depuis quelques années. La voilà en route vers des mondes bien plus lointains, alors même qu'elle relaie toujours des informations vers la Terre.*

Le plein d'informations

Ces sondes automatiques d'exploration planétaire sont souvent munies de multiples instruments qui fournissent des images de ces mondes lointains. Les différentes missions d'exploration nous ont permis de disposer d'un panorama photographique presque complet de notre système solaire. Outre ces images spectaculaires, les sondes relaient jusqu'à la Terre de nombreuses données physiques, chimiques et géologiques (températures, masse, albédo*, altimétrie, composition). À partir de toutes ces informations, une carte de visite de chacune de nos voisines a été dressée, plus ou moins précise et plus ou moins bien documentée selon l'éloignement de la planète et l'intérêt qu'elle suscite.

Aller voir

Les sondes automatiques, dopées par les avancées technologiques, sont suffisamment robotisées pour effectuer l'ensemble des opérations nécessaires à une meilleure connaissance des planètes. Voilà qui relance le débat relatif à l'importance des missions habitées : faut-il risquer des vies humaines et des millions de dollars quand il est possible de faire autrement ?
Certains répondent allègrement par la négative, d'autres arguent du fait que seul l'homme peut juger sur le terrain de la nature du corps céleste.
Reste que la présence de l'homme hors de la Terre se place avant tout sur un plan philosophique : on ne retirera pas à la nature humaine son insatiable curiosité !

265

Le flipper interplanétaire

En cours de géométrie, on nous l'a démontré et chacun de nous l'a répété et même vérifié dans sa vie quotidienne: pour aller d'un point à un autre, le plus court chemin est la ligne droite. Et qui dit plus court, dit, bien sûr, plus économique. Sur Terre, peut-être… mais dans l'espace, cela semble bien différent!

Jeu n° 1: les entrelacs de l'assistance gravitationnelle

Si, pour visiter les lointaines planètes que sont Jupiter, Saturne, Uranus et Neptune, on envisageait d'aller directement de l'une à l'autre depuis la Terre, il faudrait embarquer au départ une telle quantité de carburant que la mission serait impossible! Mais comment diminuer cette dernière? C'est là qu'intervient ce qu'on appelle l'assistance gravitationnelle. Depuis la découverte d'Isaac Newton (*voir p. 128*), on sait que deux corps proches l'un de l'autre s'attirent mutuellement et que cette attraction est proportionnelle à la masse: plus un corps est gros, plus l'attraction qu'il exerce est forte. Lorsqu'un vaisseau passe à proximité d'une planète, il est attiré par elle.

ULYSSE, L'ODYSSÉE DE L'ESPACE

Lancée en 1990, *Ulysse* était destinée à survoler les pôles du Soleil. La principale difficulté de cette mission consistait à quitter le plan de l'écliptique, dans lequel s'inscrit l'ensemble des trajectoires des planètes et des missions interplanétaires. Une trajectoire directe nécessitait une trop grande quantité d'énergie; aussi, les scientifiques ont-ils préféré programmer un long détour vers Jupiter. L'attraction gravitationnelle de cette grosse planète est telle, que la sonde a gagné beaucoup d'énergie, ce qui lui a permis de s'échapper à moindres frais du plan de l'écliptique, et de survoler les pôles solaires en septembre 1994, puis en septembre 1995.

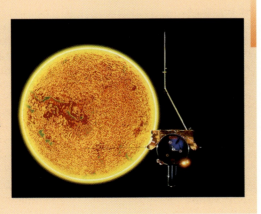

Trajectoire de la sonde Galileo

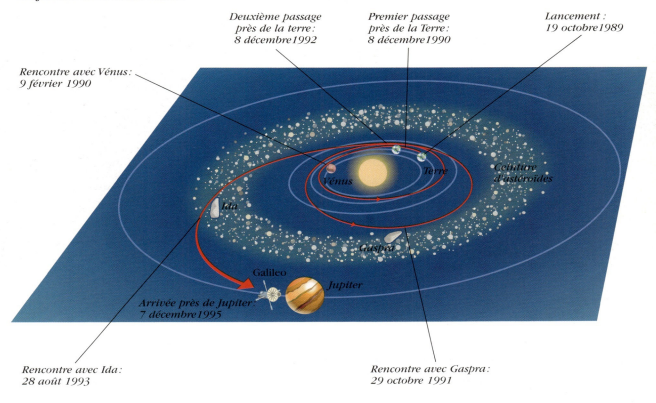

Deuxième passage près de la terre : 8 décembre 1992

Premier passage près de la Terre : 8 décembre 1990

Lancement : 19 octobre 1989

Rencontre avec Vénus : 9 février 1990

Arrivée près de Jupiter : 7 décembre 1995

Rencontre avec Ida : 28 août 1993

Rencontre avec Gaspra : 29 octobre 1991

Se rapprochant d'elle, sa trajectoire se courbe et sa vitesse augmente… Il profite de l'accélération de la planète et s'en éloigne alors avec une vitesse accrue. À chaque planète approchée, le même phénomène se reproduit.
La trajectoire est calculée pour qu'il ne s'écrase pas à la surface, mais passe tout à côté.
Ainsi, de planète en planète, de tremplin gravitationnel en tremplin gravitationnel, le périple se poursuit.
Cette méthode, à l'origine de trajectoires bien alambiquées dignes d'une partie de flipper interplanétaire, a été utilisée par de nombreuses sondes, telles que *Voyager*, *Mariner 10*, *Galileo* ou *Ulysse*.

Jeu n° 2 : les fenêtres de lancement

Pour envoyer une sonde de la Terre vers une planète, une autre technique est utilisée afin d'économiser l'énergie.
Pour aller de l'une à l'autre en empruntant le chemin le plus court, les géomètres terrestres que nous sommes diront qu'il vaut mieux attendre qu'elles soient face à face.
Mais attention : s'arracher "verticalement" de la Terre demande énormément d'énergie. De plus, la planète visée ne sera plus au rendez-vous lorsque le vaisseau coupera sa trajectoire, car elle se déplace plus ou moins vite par rapport à la Terre qui, elle-même, se déplace à 30 km/s autour du Soleil ! Il faut donc trouver une autre solution. Profitons justement de l'accélération que fournit la Terre pendant sa révolution et lançons la sonde selon une trajectoire tangente à celle de la Terre, sur une orbite solaire qui coupera au bon moment l'orbite de la planète visée. Ainsi, pour lancer un vaisseau vers Mars, il faut attendre que les deux planètes soient dans une configuration particulière, qui a lieu tous les deux ans (*voir p. 149*).
La sonde, accélérée par la vitesse de la Terre, rejoint la planète Mars en neuf mois environ.
Les fenêtres de lancement sont donc minutieusement calculées et patiemment attendues, afin de donner à ces sondes des trajectoires idéales et énergétiquement économiques.

Au chevet du Soleil

Le Soleil, on le voyait déjà au télescope, est un astre turbulent, et ses colères se font sentir jusqu'à nous. Aussi faut-il surveiller de près l'humeur de notre ombrageuse étoile !

Aurore boréale dans la province du Manitoba (Canada)

Violence solaire

Lors des périodes de forte activité solaire, des particules éjectées du Soleil plongent vers la Terre, au-dessus des pôles, et entrent en collision avec les molécules d'oxygène et d'azote de la haute atmosphère terrestre. La conséquence la plus spectaculaire est la naissance de magnifiques aurores boréales ; mais les éruptions solaires ont d'autres influences sur les activités humaines : la propagation des ondes utilisées dans les télécommunications peut être perturbée, les satellites artificiels parfois endommagés. Le climat de la Terre, et les réseaux de distribution de l'électricité sont affectés : en mars 1989, par exemple, un orage géomagnétique provoqué par le Soleil est à l'origine d'une panne d'électricité qui a duré plusieurs heures. De la même manière, si les astronautes s'aventuraient dans l'espace à de tels moments, ils courraient des risques importants, puisqu'ils seraient soumis à de dangereuses radiations.

Une étoile sous surveillance

Il est donc nécessaire de mieux comprendre notre Soleil, et d'en surveiller sinon d'en prévoir l'activité et les éruptions. Pour ce faire, des sondes ont été

La couronne solaire vue par Soho

DESTINATION SYSTÈME SOLAIRE

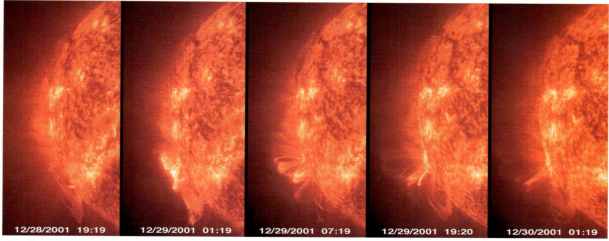

Une éruption solaire observée heure par heure par une sonde, à la veille de l'an 2002.

dépêchées à son chevet ; on citera, par exemple, *Goes, Trace, Yokoh, Image, Ulysse* ou *Soho*. Ces robots, toujours en fonction, observent notre étoile, explorent ses entrailles, et transmettent des images des taches solaires, de la magnétosphère, des plasmas et du vent solaire.

Soho, le veilleur du Soleil

Lancé en 1995, en poste depuis 1996, *Soho* (*SOlar and Heliospheric Observatory*) scrute sans jamais s'interrompre notre astre, ses manifestations, ses éruptions, dans les longueurs d'onde du visible mais aussi de l'ultraviolet. Il a ainsi récolté de multiples informations sur le vent solaire, la couronne solaire, et le mécanisme des éruptions, suivant la propagation de celles-ci au cœur du Soleil. Il a permis d'alimenter une science encore balbutiante, l'héliosismologie. De la même façon que, sur Terre, les séismes sont maintenant suivis et même prévus, les tremblements de Soleil sont en passe de n'avoir plus de secrets pour les scientifiques. De cette étude de la dynamique de la structure du Soleil naîtra la possibilité de prévoir les manifestations violentes de celui-ci, et donc de protéger les activités humaines qui pourraient en être affectées. C'est à l'avènement d'une véritable météo de l'espace que nous convie *Soho*.

Contradiction solaire…

Le Soleil héberge une mystérieuse contradiction : il fait encore plus chaud dans l'atmosphère du Soleil qu'à sa surface ! En effet, la surface visible du Soleil a une température de 6 000 °C, tandis que l'atmosphère solaire est portée à plusieurs millions de degrés. Cette différence serait d'origine magnétique : les lignes de champ magnétique s'entrechoquant, des boucles seraient formées,

Soho *en équilibre entre le Soleil et la Terre*

Soho se trouve sur le point de Lagrange L1 du système Terre/Soleil à 1,5 million de km de la Terre.

DES ERREURS DE TRAJECTOIRE !

Les comètes en orbite autour du Soleil se "trompent" parfois de direction : au lieu de poursuivre leur cheminement elliptique autour du Soleil, elles se précipitent dans ses feux. *Soho* nous a ainsi montré une centaine de comètes venant se désintégrer au cœur du Soleil.

Des comètes se précipitent vers le Soleil. Celui-ci est masqué par le cache de Soho.

provoquant des explosions qui libèrent de l'énergie dans l'atmosphère, et chauffent ainsi cette dernière. Les prochaines missions seront chargées de vérifier cette hypothèse.

De Mercure à Vénus

Notre périple interplanétaire débute par la visite des deux planètes qui circulent entre le Soleil et la Terre : Mercure et Vénus. Mercure fut explorée pour la première et unique fois en 1974. Quant à Vénus, déesse de la beauté pour les Romains, ses charmes ne furent véritablement dévoilés qu'à partir de 1990 !

Mercure : une Terre figée à ses origines ?

En 1974 et 1975, *Mariner 10* survole la surface de Mercure révélant une planète rocheuse dépourvue de toute atmosphère. En l'absence de couche gazeuse qui pourrait faire écran, elle subit des variations de température extrêmes. Planète la plus proche du Soleil, elle reçoit un flux solaire qui fait monter sa température de surface à plus de 430 °C le jour, alors que la nuit elle descend à − 210 °C. En outre, de multiples corps célestes viennent s'y fracasser sans qu'aucun "bouclier atmosphérique" ne les désintègre : les météorites marquent le sol de multiples cratères d'impact et donnent à Mercure un aspect lunaire. Depuis cette mission, Mercure a été délaissée par les hommes. Moins massive que la Terre, Mercure s'est refroidie bien plus vite que notre planète au moment de sa formation, et les astronomes pensent qu'elle s'est ainsi figée à une étape initiale d'évolution des planètes rocheuses : elle pourrait bien être semblable à la Terre d'il y a quelques milliards d'années. Mieux connaître Mercure nous permettrait donc de mieux comprendre

***Mercure vue** par Mariner 10 : sa surface cratérisée rappelle celle de la Lune.*

l'évolution de notre planète. Cet objectif justifie à lui seul que de nouvelles missions soient entreprises, tels les lancements de la sonde *Messenger* prévus par la NASA en 2004, et surtout de *Bepi Colombo* par l'ESA en 2009.

***La sonde** Mariner 10*

Vénus : sœur de la Terre ?

Même masse rocheuse, proximité du Soleil et présence d'une atmosphère, voici bien des points communs. Pourtant, si sur Terre il fait bon vivre, sur Vénus, il n'en est rien !

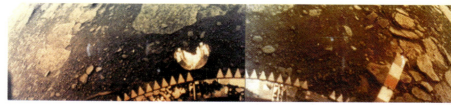

Image de roches vénusiennes, réalisée par la sonde soviétique Venera 3 en 1982.

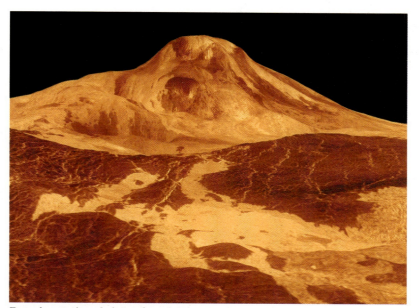

Représentation de la surface de Vénus, grâce aux observations de Magellan.

La planète est entourée d'une épaisse atmosphère toxique, essentiellement constituée de gaz carbonique. En piégeant la chaleur du soleil, elle crée un effet de serre infernal et les températures y frôlent les 500 °C de jour comme de nuit. La pression atmosphérique (le poids de l'air) est 92 fois plus forte que sur Terre. Malgré tout, quelques solides sondes soviétiques Venera ont pu atterrir et, pendant quelques heures, réaliser photographies et analyses du sol rocheux avant d'être détruites par les conditions de l'enfer vénusien ! Pour couronner le tout, sa surface est entièrement masquée par des nuages, en partie constitués d'acide sulfurique ! Ce sont donc des observations radar, notamment celles menées par la sonde américaine *Magellan* de 1990 à 1994, qui ont permis de percer les mystères de la planète. Sous les nuages, se cachent des reliefs marqués par un volcanisme récent. Certains scientifiques pensent que ce volcanisme est toujours actif, mais rien ne permet, du moins pour l'instant, de confirmer cet avis. Le mystère réside surtout dans la formation de la croûte vénusienne. L'étude des cratères météoritiques montre qu'ils ont conservé leurs formes originelles et n'ont pas été usés par des processus d'érosion. Cela semble indiquer que la surface de Vénus est plus jeune que celle de Mercure ou de Mars et qu'elle n'est pas soumise à des mouvements tectoniques de l'écorce.

Enfin, la répartition régulière des cratères prouve que l'âge de la surface est homogène. Cette surface se serait créée très rapidement, il y a 500 millions à 1 milliard d'années.

LE SAVAIS-TU ?

La preuve par Vénus

L'effet de serre de la Terre est à l'heure actuelle plus indulgent que celui de Vénus : notre atmosphère transparente laisse repartir vers l'espace une partie du flux solaire, offrant des conditions climatiques clémentes. Mais l'activité humaine, en augmentant la quantité de gaz carbonique dans l'atmosphère, pourrait venir déstabiliser cet équilibre délicat : l'atmosphère, "s'opacifiant" du fait de la pollution, ressemblerait dans quelques centaines d'années à celle de Vénus. Les températures grimperaient alors tellement que la vie disparaîtrait !

KEO, mémoire des Hommes

Tout droit sorti de l'imagination d'un artiste doublé d'un scientifique, KEO n'ira pas explorer de lointaines planètes. Son objectif n'est pas de nous en apprendre plus sur notre système solaire. KEO est un messager que notre société envoie à ses lointains descendants terriens de l'an 52003, un témoignage de ce que nous aurons été et de ce qui aura marqué notre temps sur la planète.

Un projet "artistico-scientifique"

Le projet KEO, mené par Jean-Marc Philippe, son concepteur, n'aurait pas pu voir le jour sans la mobilisation des scientifiques : depuis 1995, les équipes de grands centres d'études spatiales ont travaillé sur les défis que représente cette sonde. On a fait appel aux technologies les plus récentes et les plus pointues en les accommodant aux exigences de KEO. Elles permettront à la sonde de résister à 50 000 ans d'orbite autour de la Terre.

L'Oiseau KEO

KEO est un microsatellite : d'une envergure totale de 10 m pour un corps de 80 cm de diamètre, il ne pèse qu'une centaine de kilos. C'est un satellite dit "passif" : il n'emporte avec lui ni instrument de mesures ni équipement électronique. Une fois en orbite, KEO entamera tel un drôle d'oiseau, sa longue spirale autour de la planète. Ses ailes se lèveront sous l'effet de la chaleur des rayons du Soleil et s'abaisseront lorsqu'il rencontrera le cône d'ombre de la Terre. Ce "battement" sera obtenu grâce à la structure des ailes en alliage à mémoire de forme, qui leur permettra de reprendre la forme "apprise" à chaque changement de température.

Une odyssée périlleuse

L'espace est un milieu très hostile et il est impossible d'assurer que la sonde réussira sa mission malgré tous les efforts déployés : les rayonnements cosmiques pourraient altérer son revêtement, elle pourrait également rencontrer sur sa trajectoire des débris d'engins spatiaux en errance autour de notre planète, ou encore des micrométéorites. Son orbite prévue (sur un plan d'inclinaison inférieur à 57° et à une altitude de 1 800 km) devrait la maintenir à distance respectable de ces menaces. Mais, prudence oblige, la sonde sera également protégée par quatre couches de boucliers : antioxydation, antirayons cosmiques, antichocs et antimétéorites et débris spatiaux. Enfin, un bouclier thermique lui permettra de résister à des températures pouvant aller jusqu'à 2 800 °C.

Bouclier antioxygène atomique
Enveloppe charge utile
Bouclier antirayons cosmiques
Cadeaux archéologiques
Bouclier antichocs
Bouclier antimétéorites et débris
Bouclier thermique

DESTINATION SYSTÈME SOLAIRE

Les trésors de notre temps
La charge utile de la "drôle de sonde", placée dans sa capsule, est composée d'un diamant recelant quatre microbilles creuses en or.
Elles contiendront les éléments fondateurs de la vie sur Terre : une goutte d'eau de mer, une pincée de terre, un petit volume d'air et une goutte de sang humain.

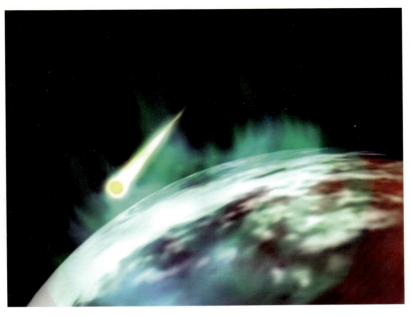

Une fresque de portraits d'hommes, de femmes et d'enfants d'ethnies différentes témoignera de la grande diversité culturelle de notre temps. Une véritable "bibliothèque d'Alexandrie" contemporaine recensera l'état de nos connaissances et de nos richesses naturelles, culturelles et sociales. Enfin, trésor d'entre les trésors, des milliers de messages collectés aux quatre coins du monde (par voie postale : KEO, 15 rue de l'École de Médecine, 75006 Paris ; ou via Internet sur le site : http://www.keo.org) seront numérisés (comme la fresque de portraits et la bibliothèque) sur des disques de verre. Ils constituent le regard que les hommes d'aujourd'hui portent sur eux-mêmes et sur leur vie sur la planète bleue.

Raconte-moi, KEO…
Si tout va bien, dans 50 000 ans, KEO reviendra sur Terre avec, en prime, un dernier présent pour ceux qui seront chargés de la recueillir : une petite aurore boréale provoquée par l'échauffement de ses boucliers extérieurs au contact des couches denses de l'atmosphère.
Cette réaction, dégageant la sonde de ses boucliers, mettra à nu une représentation en titane de la Terre, telle qu'elle était lorsque la sonde l'a quittée… Un symbole commun entre les hommes de demain et les contemporains que nous sommes, qui devrait inciter nos descendants à découvrir le merveilleux héritage qui leur vient de si loin : le message des hommes aux hommes.

Un message sans accent
Le nom KEO est une contraction des phonèmes communs aux langues les plus parlées aujourd'hui : le [k], le [é] et le [o]… KEO est ainsi facilement prononçable dans toutes les langues.

Un petit pas pour l'Homme...

Premier objet de la curiosité des Terriens, la Lune bénéficie dans l'aventure spatiale comme dans notre imaginaire d'un statut privilégié : cartes précises, analyse d'échantillons, observations en orbite ou sur place, les missions ont été variées. But ultime : dresser un inventaire des ressources... pour qu'un jour, l'homme aille s'y installer.

1959 : année de la Lune

Cette année a été soviétique : elle débute le 2 janvier avec le passage de la sonde *Luna-1* à 6 500 km de notre satellite. Le 12 septembre, sa petite sœur *Luna-2* s'écrase en pleine mer de la Sérénité, une région de la face visible de la Lune. Le 7 octobre enfin, *Luna-3* photographie la face cachée de l'astre de la nuit puis transmet ses images à la Terre ! Les Américains devront attendre dix ans pour faire mieux...

Apollo, et l'on marche sur la Lune

Le 20 juillet 1969, la mission *Apollo XI* débarque sur la Lune. Des millions de téléspectateurs de par le monde suivent l'événement en direct, éblouis par les images. Car, pour la première fois dans l'Histoire, des hommes posent le pied sur un sol extra-terrestre. Ils découvrent un paysage

DESTINATION SYSTÈME SOLAIRE

> **Lune**
>
> **Nature :** satellite de la Terre.
> **Taille :** 4 fois plus petite que la Terre.
> **Révolution autour de la Terre :** 27,53 jours terrestres.
> **Rotation** (sur elle-même) : 27,53 jours terrestres aussi.
> **Température :** + 20 °C au Soleil, – 180 °C à l'ombre.
> **Signes particuliers :** ses mers sont en fait des étendues de lave sombre, mais l'eau serait seulement présente sous forme de glace au fond de certains cratères polaires !

hostile, des étendues de cailloux à perte de vue, un monde privé d'atmosphère… Les équipages se succèdent, mission après mission, pour arpenter le sol lunaire, mieux connaître ses reliefs et ses paysages. Puis, en 1972, le dernier équipage quitte la Lune, l'exploration humaine est brutalement stoppée. Depuis, aucun humain n'y est retourné.

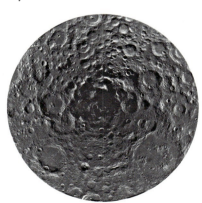

L'épopée des robots lunaires

Les robots prennent la relève des hommes. Après *Pamplemousse*, un des premiers satellites spatiaux américains (mars 1958), les agrumes sont à nouveau à l'honneur : *Clementine*, une sonde américaine, se satellise en 1994 autour de la Lune. Elle permettra aux scientifiques de dresser une carte précise des ressources du sol lunaire et montrera la présence d'eau sur la Lune. Pas des lacs ou des océans, bien sûr… mais plutôt de minuscules particules glacées mêlées au régolite, le composant principal du sol lunaire.

Lunar Prospector, la kamikaze

Pour en avoir le cœur net, l'exploration se poursuit en 1998 avec un autre émissaire terrestre : *Lunar Prospector*. Comme *Clementine*, cette sonde est munie de caméras spécifiques, des spectromètres, qui permettent d'analyser la composition du sol. Des données que *Lunar Prospector* renvoie sur Terre, les scientifiques déduisent en particulier la présence d'hydrogène au pôle Nord et au pôle Sud de la Lune. Et cet élément est, avec l'oxygène présent aussi sur notre satellite naturel, un des composants de l'eau ! Ainsi, dans ces cratères si profonds que jamais la lumière du Soleil ne les atteint, il subsisterait de l'eau.

L'ultime expérience de *Lunar Prospector* a consisté à s'écraser au pôle. Les scientifiques espéraient que son impact libérerait sinon un geyser, au moins de la vapeur d'eau. Malheureusement, en 1999, la sonde se "crashe" sans que rien ne certifie la présence de ce bien si précieux.

Et maintenant ?

D'autres missions doivent retourner visiter la Lune. Des scientifiques, mais aussi des poètes et des rêveurs, ont imaginé des bases lunaires où l'homme viendrait un jour s'installer… à condition qu'elles soient souterraines, pour s'affranchir des conditions hostiles qui règnent sur la Lune. Possible aussi qu'à l'avenir, on y installe des télescopes : loin de la pollution terrestre due aux activités humaines, le ciel devrait être très limpide… à moins que l'installation de ces télescopes ne dégage une poussière telle que tout en soit obscurci !

Enfin, la Lune pourrait servir de tremplin pour des voyages spatiaux vers des planètes du système solaire telles que Mars, par exemple. S'arracher à la Lune nécessite moins d'énergie (*voir p. 128*) et rend le voyage plus aisé… Autant de projets, autant de rêves qui peuvent vous bercer si, un soir, depuis la fenêtre, vous admirez cette boule si blanche, si proche et à la fois si lointaine…

Succès et déboires sur la planète rouge...

En 1964, Mariner 4 a été la première sonde à récolter des images de Mars (31 gros plans de sa surface); Mariner 9 a réalisé en 1971 la première couverture complète de la planète, découvrant aux yeux des planétologues un monde de volcans géants, de failles et de fractures. L'exploration martienne continue depuis, ponctuée de grands succès mais aussi d'échecs cuisants.

19 mai et 28 mai 1971, lancements des sondes russes *Mars 2* et *Mars 3*

Ces sondes étaient les dernières-nées d'une nouvelle génération de vaisseaux : désormais, on ne se contenterait plus de survoler la planète, on atterrirait dessus ! Les modules d'atterrissage, appelés aussi atterrisseurs, étaient nés. Pendant que les orbiteurs

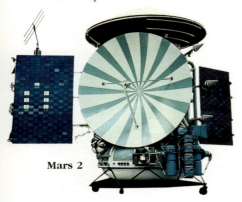

Mars 2

de *Mars 2* et *Mars 3* devaient étudier la composition de l'atmosphère martienne, les atterrisseurs étaient chargés d'effectuer des mesures au sol et de prendre des clichés.
Ils atteignirent bien la planète rouge, mais restèrent muets, probablement victimes d'une tempête de poussière.

1975, la mission Viking

Le projet américain Viking était très ambitieux. Deux sondes ont été lancées à quelques jours d'intervalle : *Viking 1* le 20 août, et *Viking 2* le 9 septembre. L'objectif de la NASA

Prélèvement d'échantillons par le bras de Viking

était de rechercher une possible activité biologique sur la planète, au moyen de mesures directes de son sol et de son atmosphère. Les informations récoltées par les atterrisseurs étaient transmises aux orbiteurs, autour de la planète. Ces derniers ont envoyé 4 679 images et plus de 3 millions de mesures météorologiques jusqu'à la Terre. Mais aucune trace de vie n'a été trouvée…

1997, la précision de *Mars Global Surveyor* (M.G.S.)

La mission de cette sonde américaine était de dresser une carte très précise de Mars, au moyen de prises de vue allant jusqu'à 4 ou 5 mètres

M.G.S.

de résolution. Grâce au travail de *Mars Global Surveyor*, la planète est apparue beaucoup plus animée que ce que la mission "Viking" avait montré : la sonde a notamment observé les changements climatiques sur une année martienne complète. Elle nous a montré que les paysages de Mars sont constamment remodelés par les gigantesques tourbillons et les tempêtes de vent qui agitent sa surface… Enfin, M.G.S. a également collecté de précieuses informations sur la topographie de la planète (c'est-à-dire sur le relief de sa surface), et nous a permis de mieux comprendre son magnétisme passé.

Mars Pathfinder

Mars Pathfinder, un robot sur Mars…

La sonde *Mars Pathfinder* est arrivée sans encombre sur Mars le 4 juillet 1997. Le jour suivant, elle libérait le petit robot Sojourner. Cette mission fait partie des grandes réussites de la conquête martienne car elle a permis de prouver l'efficacité de nouvelles technologies d'exploration spatiale (*voir p. 278/279*).

DESTINATION SYSTÈME SOLAIRE

Mars Climate Orbiter

1999, année noire pour l'exploration martienne

La sonde *Mars Climate Orbiter*, lancée le 11 décembre 1998, devait fournir des informations sur l'atmosphère de Mars et observer l'évolution de son climat durant toute une année martienne. La sonde a été perdue le 23 septembre 1999 : elle a brûlé à son arrivée dans l'atmosphère martienne. *Mars Polar Lander*, première sonde dédiée à la recherche de traces d'eau sous la surface de Mars, a été lancée le 3 janvier 1999. Elle devait atterrir dans la région du pôle sud de la planète. Le *Jet Propulsion Laboratory* n'a jamais réussi à établir le contact avec la sonde. On suppose qu'elle s'est écrasée au sol... Même *Mars Global Surveyor*, évoluant toujours autour de la planète, n'a repéré aucune trace de *Polar Lander*.

Mise en place de Mars Polar Lander

2001, Mars Odyssey

En orbite autour de Mars depuis le 24 octobre 2001, cette sonde est en train de déterminer la composition de toute la surface de la planète.

37 % DE RÉUSSITE !

Entre 1962 et 1999, trente sondes sont lancées vers la planète Mars : seize russes, treize américaines et une japonaise ; dix-huit de ces missions se soldent par des échecs, et seulement onze (atterrisseurs ou orbiteurs) sont des succès avérés. Le voyage vers Mars et son exploration restent encore des entreprises difficiles, même pour des petites sondes !

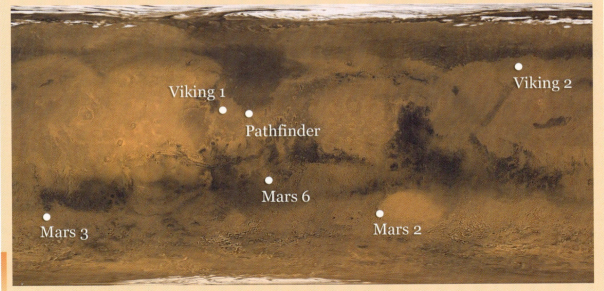

Les six sites d'atterrissage, reportés sur une carte de Mars obtenue par M.G.S.

Un été sur Mars

Pas plus grand qu'une valise, mais plus résistant que les cailloux martiens, "Rocky" a ouvert le pas à une nouvelle forme d'exploration de Mars : après l'avoir survolée, après avoir atterri à sa surface, voilà maintenant que l'on s'y déplace…

Les phases d'atterrissage de Mars Pathfinder

4 juillet 1997 : fête de l'Indépendance aux États-Unis
L'atterrisseur de la sonde *Pathfinder* (ayant quitté le *Kennedy Space Center* en Floride en décembre 1996) se pose sur le sol martien. Ou plutôt rebondit car, en arrivant dans l'atmosphère de la planète à une vitesse de plus de 50 km/h, il percute plusieurs fois sa surface… sur 1 km de distance ! Pourtant, il en sort indemne, protégé par les airbags dont l'ont doté les techniciens de la NASA pour amortir sa chute. Il est 17 h 09 (Temps Universel), une nouvelle mission d'exploration martienne commence. Sur Terre, les scientifiques ne sont plus les seuls à garder les yeux rivés sur Mars ; avec Internet, des millions de gens suivent l'événement en direct, grâce aux caméras embarquées sur la sonde et l'atterrisseur.

5 juillet 1997 : première sortie de Sojourner
Quelque part dans la région d'Ares Vallis (un ancien cours d'eau maintenant asséché, proposant une grande diversité de roches), le robot mobile Sojourner, surnommé "Rocky" s'apprête à planter ses six roues dans le sol martien. L'événement se produit à 22 h 59 (TU) : en 4 minutes, Sojourner descend de l'atterrisseur grâce à l'une des deux rampes d'accès semi-rigides. Destination exploration ! Les Terriens découvrent Rocky… et un fantastique paysage martien, filmé par une caméra de l'atterrisseur. Le périmètre d'action du robot est de 500 mètres autour de la station d'atterrissage à laquelle il est relié. Son premier geste est de mettre son unique instrument – un bras articulé équipé d'un spectromètre – en contact avec le sol. La première analyse commence, quinze autres suivront.

Juillet, août, septembre, Rocky se promène…
Équipé de caméras (deux frontales, noir et blanc, et une couleur située à l'arrière), Sojourner évolue sur le sol de Mars. Il retransmet ainsi de précises et précieuses données d'analyses à la

DESTINATION SYSTÈME SOLAIRE

Descendu par une des deux rampes d'accès, Rocky explore le sol martien.

Terre, de qui il reçoit chaque jour (via l'atterrisseur qui fait office de relais) un programme de déplacement précis. Mais Rocky peut aussi évoluer sans tracé : le scientifique en charge de la navigation du *rover* lui signale un point d'arrivée. Rocky active alors ses cinq petits lasers qui forment des lignes balayant devant, sur les côtés et derrière lui et permettent à son ordinateur de calculer une trajectoire correcte, évitant les obstacles ainsi décelés.

27 septembre 1997 : Sojourner, nous entends-tu ?

Cela fait maintenant près de 84 jours que Sojourner évolue autour de son atterrisseur, parcourant au total 250 m, prenant 550 images de la surface et procédant à des analyses du sol et des roches martiens. Mais l'usure de ses batteries, ainsi que de celles de la station d'atterrissage, abîmées par de trop grandes amplitudes de température, rendent les communications avec la Terre de plus en plus difficiles. Après une série de tests sur la mobilité du *rover* (franchissements de roches, déplacements en pente, utilisation des roues pour des analyses de la surface), la planète Mars redevient silencieuse : ni *Pathfinder* ni Sojourner ne répondent aux appels répétés de la Terre. Une dernière tentative, infructueuse, est effectuée le 4 novembre 1998 : elle marque la fin officielle de la mission *Mars Pathfinder*.

Le robot Sojourner

Nom : Sojourner
Pseudonyme : Rocky
Nationalité : américaine
Poids : 10,5 kg
Longueur : 63 cm
Largeur : 48 cm
Hauteur : 18 cm (plié à l'intérieur de l'atterrisseur) et 28 cm (déplié)
Vitesse maximale : 24 mètres à l'heure

Signes particuliers : "carapace" de 0,25 m² recouverte de cellules solaires alimentant une batterie délivrant 50 W/h
Coût de la mission : 210 millions de dollars
Espérance de vie : 7 jours martiens
Durée de vie : 84 jours martiens (12 fois plus que prévu)

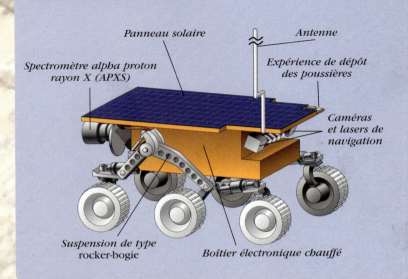

Panneau solaire — Antenne — Expérience de dépôt des poussières — Spectromètre alpha proton rayon X (APXS) — Caméras et lasers de navigation — Suspension de type rocker-bogie — Boîtier électronique chauffé

Des sondes... et des hommes

Le prochain grand défi, celui du retour sur Terre d'échantillons martiens, est une mission audacieuse. Aucune des technologies qu'une telle entreprise demande n'a encore été testée à ce jour. Pourtant, l'espoir que la mission **Mars Sample Return** *(collaboration NASA/CNES) ramène un jour 300 g de Mars demeure. Un pas de plus avant celui de l'homme sur la planète rouge ?*

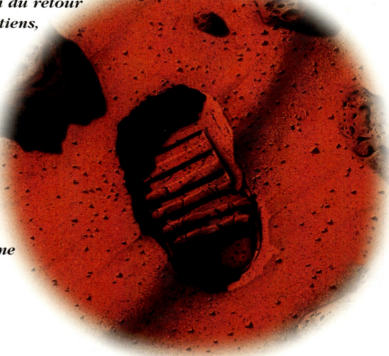

Mars la Rouge a-t-elle été verte il y a des millions d'années ?

Mars passée au microscope

Pour répondre aux dernières grandes interrogations — Est-ce qu'une quelconque forme de vie s'est développée sur Mars ? De l'eau a-t-elle coulé à sa surface ou dans son sous-sol ? —, les scientifiques doivent procéder à des analyses de nature et de composition des roches martiennes, seuls témoins de l'histoire de la planète. Déceler des traces de fossiles constituerait une preuve irréfutable que la vie a un jour existé dans notre système solaire ailleurs que sur la Terre ! Encore faut-il aller chercher ces échantillons si convoités...

Une véritable "Indiana sonde" !

La première étape de l'aventure est prévue pour 2014, date envisagée pour le lancement de la sonde américaine *Mars Sample Return 1*. Sa charge utile sera composée d'un atterrisseur qui déposera à la surface de la planète un robot mobile collecteur d'échantillons, et d'un petit lanceur, le MAV (*Mars Ascent Vehicle*), censé mettre en orbite la capsule contenant les extraits de roches.

DESTINATION SYSTÈME SOLAIRE

À son arrivée sur la planète, le robot commencera son travail de prospection et de collecte grâce à la foreuse dont il sera équipé. Il placera ensuite les échantillons dans une capsule de la taille d'un pamplemousse. Cela fait, la capsule sera propulsée hors de l'atmosphère martienne et se retrouvera en orbite autour de la planète, attendant que l'orbiteur de récupération la capture et la ramène jusqu'à la Terre… en 2016, si tout se déroule sans problème !

La capture…

Traque autour de Mars

La localisation et la récupération de la capsule promettent d'être périlleuses ! Pour l'orbiteur, la première étape consistera à se diriger vers la sphère qui émettra un signal radio. Celui-ci sera capté par les équipes sur Terre, qui dicteront alors à la sonde la trajectoire à suivre. Une fois arrivée à 5 km de la sphère, la phase dite "de rendez-vous rapproché et de capture" débutera. L'orbiteur sera équipé d'un laser qui balaiera la zone jusqu'à ce qu'il se réfléchisse sur la capsule… Prisonnière du champ laser, la sphère sera entraînée par le "cône guide" de la sonde, puis placée dans son compartiment dit "de rentrée atmosphérique" (EEV). Direction : la Terre…

Voir un sol* martien…

Des engins spatiaux sont régulièrement envoyés vers la planète rouge. *Mars Express* s'est placé en orbite autour de Mars en 2003 pour analyser son sous-sol, accompagné de l'atterrisseur *Beagle 2*. Cette même année ont aussi été lancés les atterrisseurs mobiles *Spirit* et *Opportunity*. La mission *Mars Reconnaissance Orbiter* en 2005 cartographiera le sol martien avec des détails de 20 cm. Alors, les hommes marcheront-ils un jour sur Mars ? Cette possibilité, très sérieusement envisageable, est loin d'être concrétisée. Organiser une mission d'exploration humaine de Mars reste très compliqué et cher. Ainsi, le budget de *Mars Sample Return* s'élève à plus d'un milliard de dollars ! Le voyage nécessiterait six mois de vol à l'aller comme au retour et les explorateurs séjourneraient un an et demi sur place pour attendre la configuration optimale de retour (*voir p. 150*), ce qui demande une grande résistance physique et morale pour assumer une telle épreuve.

LE SAVAIS-TU ?

La quarantaine pour les microbes
À leur arrivée sur Terre, les échantillons martiens ne seront pas directement analysés. Ils subiront d'abord une période de quarantaine pour éviter tout risque de contamination par d'éventuelles bactéries martiennes. Ne connaissant pas encore tout de Mars, mieux vaut rester prudent !

***Déjà des artistes rêvent** à l'architecture des bases martiennes…*

281

Enquête au pays des astéroïdes

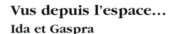

Après avoir dépassé Mars, les sondes rencontrent de curieux corps célestes. De toutes tailles et de toutes formes, ils constituent un anneau autour du Soleil : "la ceinture des astéroïdes".

"La ceinture des astéroïdes" : une région située entre les orbites de Mars et de Jupiter.

Ils ont des trajectoires bien différentes : certains peuvent se rapprocher de la Terre… pour parfois tomber dessus ! On redoute encore la chute de tels objets célestes. C'est pourquoi il faut les surveiller de près et mieux les connaître.

Le premier
Le 1er janvier 1801, Giuseppe Piazzi, un astronome italien, est le premier à découvrir, à l'aide d'une lunette astronomique, une planète naine de 960 km de diamètre : Cérès. Elle évolue entre l'orbite de Mars et celle de Jupiter. Depuis, les planétoïdes comme Cérès sont nommés astéroïdes, et il en a été dénombré plus de sept mille dont un millier mesurent plus de 30 km de long.

Vus depuis l'espace…
Ida et Gaspra
La sonde *Galileo*, en route vers Jupiter, photographie Gaspra et Ida, deux astéroïdes aux formes saugrenues. Gaspra mesure 19 km sur 12, Ida 58 km sur 23. On s'aperçoit même à cette occasion qu'Ida possède un satellite nommé Dactyl.

LE SAVAIS-TU ?

Drôle d'endroit pour un "rendez-vous" !
NEAR, qui signifie "proche" en anglais, est l'acronyme de Near Earth Asteroïd Rendez-vous (en français dans le texte !), soit "un rendez-vous avec un astéroïde proche de la Terre". Plus tard, on a adjoint à ce titre le terme de Shoemaker, du nom du fameux planétologue dont la plus grosse partie du travail reposait sur l'étude des astéroïdes et de la Lune.

Near Shoemaker, un détective très privé…
Lancée le 17 février 1996, la sonde *NEAR* avait pour mission d'aller explorer l'astéroïde Éros. Comme beaucoup de ses semblables, cet astéroïde pourrait bien un jour tomber sur Terre ; c'est ce qu'on appelle un "géocroiseur". Autant donc en savoir un peu plus à son sujet ! Le voyage de la sonde *NEAR* a été bien mouvementé : après six mois de route, elle rencontre l'astéroïde Mathilde, de 52 km de diamètre environ, très sombre et presque rond. C'est un monde tout en montagnes, en cratères et en vallées. Quelques photos plus tard, poursuivant son

DESTINATION SYSTÈME SOLAIRE

Nom : Éros
Nature : astéroïde
Taille : 35 km de long sur 14 km de large
Période de révolution : 643 jours
(Éros fait le tour du Soleil en 643 jours)
Période de rotation : 5 h 17 min
(une journée sur Éros dure 5 h 17)

Trajectoire de la sonde NEAR.

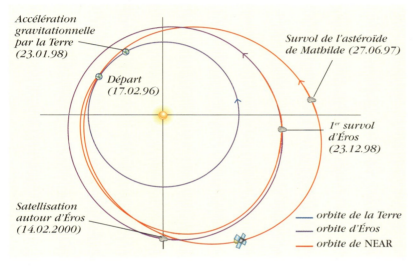

DES TÉMOINS DU PASSÉ

Les astéroïdes ne se sont probablement pas modifiés depuis l'époque de leur formation, lors de la naissance de notre système solaire. À ce moment-là, seuls des blocs de cailloux, du gaz et de la poussière orbitaient à grande vitesse autour du jeune Soleil. De choc en choc, les amas rocheux se sont accrétés, c'est-à-dire collés les uns aux autres, pour donner naissance à Mercure, Vénus, la Terre et Mars. Les astéroïdes de masse trop faible ne se sont pas agglutinés entre eux et sont restés en ceinture, parfois espacés de plusieurs millions de kilomètres. Si on peut donc, semble-t-il, les considérer comme des planètes ratées, ils ont été moins affectés par les bouleversements géologiques et ont pu ainsi enregistrer leur fabuleuse histoire, celle de la naissance du système solaire.

périple, après un *looping* à 478 km au-dessus de la Terre, la sonde arrive à bon port, le 14 février 2000. Elle se satellise donc autour d'Éros, l'observe sous toutes ses coutures et récolte diverses informations à son sujet : âgé d'environ 4 milliards d'années, c'est un corps très cratérisé, soumis au bombardement météoritique des débuts du système solaire.

Pour en savoir plus, approchons…
Un an après son arrivée, le 12 février 2001, *NEAR* pousse l'élégance jusqu'à se poser à la surface de l'astéroïde… un exploit sans précédent, bien périlleux, un rêve pour les planétologues qui voudraient tous y taper du marteau !

En dépouillant les informations envoyées par *NEAR*, ces derniers ont dressé une cartographie précise d'Éros, et notamment de la distribution des roches à sa surface. Où l'on apprend que la vie d'Éros n'est pas de tout repos : formé lors d'une collision entre deux astéroïdes plus gros, son sol est buriné par des impacts météoritiques ou cométaires. Et il n'est pas à l'abri de nouveaux chocs…

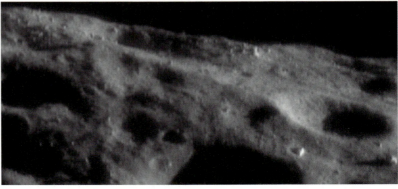

Gros plan d'Éros, photographié par NEAR.

Voyager, à l'assaut des géantes

En 1977, une sonde automatique – peut-être la plus perfectionnée de toutes – a entrepris le grand voyage qui la mènera de Jupiter aux confins du système solaire. Elle se nomme Voyager…

Deux sondes pour une mission

Ce sont deux sœurs jumelles, sinon siamoises, *Voyager 1* et *Voyager 2*, construites sur le même plan : pesant 815 kg, elles sont constituées d'un corps central, sur lequel repose une grande antenne radio, de près de 4 m de diamètre. Celle-ci permet de retransmettre les informations collectées jusqu'à la Terre, grâce à des émetteurs radio très puissants. Comme il n'est pas prévu, pour le moment, que les sondes reviennent, cette antenne a un rôle primordial : sans elle, la sonde devient inutile pour les terriens que nous sommes. Attaché au corps central, un générateur électrique nucléaire permet de faire fonctionner onze instruments de mesure et de télédétection. Ceux-ci sont dédiés à l'étude des planètes géantes et de leurs satellites.

(3 - 4) Jusqu'à Jupiter, le voyage sera plus long : les sondes y arriveront en seize mois. Pendant six semaines d'observation de la planète géante, seront étudiés la circulation atmosphérique, l'évolution de la tache rouge et les satellites de Jupiter.

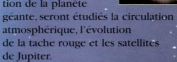

trajectoire de Voyager 1
trajectoire de Voyager 2

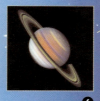

(5 - 6) Puis cap est mis sur Saturne, que *Voyager 1* rejoint en novembre 1980 et *Voyager 2* en août 1981. Les sondes nous apportent alors de multiples informations sur les anneaux de la planète et identifient au passage dix-sept nouveaux satellites, dont Titan, le préféré des scientifiques car il ressemblerait fort à notre propre planète et pourrait abriter la vie…

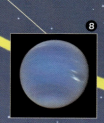

(7 - 8) *Voyager 2* a poursuivi sa course en direction d'Uranus, qu'elle a atteint en janvier 1986, puis vers Neptune, visitée en 1989.

DESTINATION SYSTÈME SOLAIRE

Pour *Voyager 1*, la mission touche à sa fin et la sonde erre à présent à travers l'espace, ne communiquant plus avec la Terre depuis quelques années.

(1 - 2) Le 20 août 1977, le lancement de *Voyager 1* vers Jupiter par une fusée Titan-Centaure est imminent. *Voyager 2* la suivra de peu, le 5 septembre de la même année. Après largage dans l'espace, la sonde atteint, à la vitesse de 52 000 km/h, l'orbite lunaire en moins de 10 heures, là où les missions *Apollo* avaient mis trois jours.

De ces missions, de multiples informations ont été retirées, permettant de brosser un tableau de ces quatre planètes géantes… Les missions qui suivront ne viendront, pour la plupart, qu'affiner ce portrait.

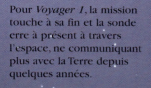

LES SONDES AU LONG COURS

Toutes les sondes, *Galileo*, *Voyager* ou *Cassini*, se ressemblent plus ou moins. Toutes ont, en effet, les mêmes contraintes : voyager à de grandes distances de la Terre, communiquer avec celle-ci et s'adapter à un milieu hostile. Toutes sont donc munies d'une antenne de télécommunication, de plusieurs caméras, d'un générateur d'énergie… Leurs différences de morphologie sont liées à la spécificité de leur mission : si certaines ont pour objectif de percuter la planète, d'autres en font de simples survols, de courte durée ; certaines se mettent en orbite autour du corps à étudier, tandis que d'autres encore se posent à sa surface pour photographier et analyser… d'où les aménagements "corporels" de chacune.

LE SAVAIS-TU ?

Voyager parle aux extra-terrestres

Comme *Pionner 10*, quelques années auparavant qui portait une plaque signalétique de l'Humanité, les sondes *Voyager* transportent un disque, sur lequel ont été gravés des images et des sons venant de la Terre. Le rôle de ce disque est de transmettre à d'éventuels extra-terrestres la "bonne parole", celle de la Terre et en particulier de l'Humanité. Depuis 1988, c'est l'objet de fabrication humaine le plus éloigné de la Terre.

De Galilée à Galileo

Jupiter, géante du système solaire, ceinturée de bandes colorées... Astre à l'œil de cyclope et aux 1001 satellites... Enfin, à ce jour, trente-neuf lunes de Jupiter ont été répertoriées, dont quatre, les plus grosses, ont été découvertes au XVIIe siècle par le savant italien Galilée. Pour explorer ces satellites "galiléens" et mieux connaître Jupiter, la sonde américaine Galileo a été lancée dans leur direction.

Le grand splash

Petite sœur de *Voyager*, la sonde *Galileo* part de la Terre en 1989 pour atteindre Jupiter en 1995, à plus de 590 millions de km de son point de départ. À proximité de la planète, un des modules est précipité dans l'atmosphère de Jupiter pour collecter des informations sur les conditions climatiques et atmosphériques. Le petit module émettra pendant quelques minutes avant d'être "englouti". Jupiter est une planète dite gazeuse : un petit noyau rocheux retient une énorme atmosphère de gaz. Ces gaz, principalement de l'hydrogène et de l'hélium mais aussi de l'ammoniaque et du méthane, sont agités par des courants turbulents qui créent bandes colorées et taches ; ainsi, la grande tache rouge de Jupiter, "l'œil du cyclope", est un immense cyclone...

De survol en survol

De décembre 1995 à novembre 1999, *Galileo* a effectué plus de cinquante passages auprès du "mini-système solaire" que représentent Jupiter et ses satellites. À chaque approche, la sonde a apporté aux scientifiques de nouvelles informations.

Io, le satellite aux 1 000 volcans

Situé à proximité de Jupiter (il gravite à 421 000 km de la planète), Io ne cesse d'être agité par les forces de gravitation qui les lient. En conséquence, sa surface est constellée de volcans et de points chauds en activité, qui se déplacent au cours du temps et renouvellent sans cesse son apparence.

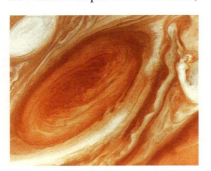

DESTINATION SYSTÈME SOLAIRE

Ganymède et Callisto : des secrets bien gardés !

Ces personnages mythologiques ont eux aussi prêté leur nom à des satellites galiléens de Jupiter. Plus éloignées que les précédentes, ces deux lunes sont aussi couvertes de glace, dans laquelle sont creusés d'innombrables cratères. La surface de Callisto est constituée de banquises, et des vallées encaissées tourmentent ses paysages. Ganymède, le plus gros satellite du système solaire avec ses 5 260 km de diamètre, est dotée d'un champ magnétique et d'une légère atmosphère contenant de l'oxygène, ce qui laisse supposer une activité dans son cœur... Les dernières données de *Galileo* ont permis de dresser un portrait de ces deux corps célestes et d'obtenir des indices sur la probable présence, là encore, d'eau, peut-être même salée !

Europe, ou le mystère des profondeurs

Une grande découverte de *Galileo* : sur la surface glacée et lisse d'Europe, de longues fractures délimitent des icebergs. Ceux-ci semblent mobiles car les fractures se déplacent. Si la surface d'Europe bouge ainsi, c'est qu'il doit y avoir sous la croûte de glace un matériau fluide subissant des forces de marée dues à l'attraction de Jupiter, comme les océans terrestres sont attirés par la Lune et le Soleil. De là à penser qu'il s'agit d'eau, il n'y a qu'un pas, que les scientifiques ont franchi : il existerait donc un océan sur Europe. Et dans cet océan, ne pourrait-on pas imaginer trouver... de la vie ? Des "Européens" demeureraient-ils là dans des conditions extrêmes ? Une hypothèse encore osée aujourd'hui. Une nouvelle sonde, *Europa*, doit être lancée pour obtenir confirmation de la présence de cet océan.

LE SAVAIS-TU ?

Quel parfum la glace ?
Si les planétologues sont convaincus que les lunes de Jupiter sont couvertes de glace, ils s'interrogent toujours sur la composition chimique exacte de cette banquise : méthane, gaz carbonique, eau... ou un mélange des trois parfums ? On compte sur *Europa* pour éclaircir ce mystère.

Cassini-Huygens : à la conquête de Saturne

Après avoir reçu la visite des Voyager en 1980 et 1981, Saturne s'apprête à accueillir la sonde Cassini-Huygens en 2004. Si le voyage de la sonde n'a rencontré aucun obstacle, sa trajectoire se sera convenablement enroulée autour de la Terre, de Vénus, puis de Jupiter, pour profiter au mieux de leur assistance gravitationnelle. Saturne, objectif de la mission, se profile enfin à l'horizon…

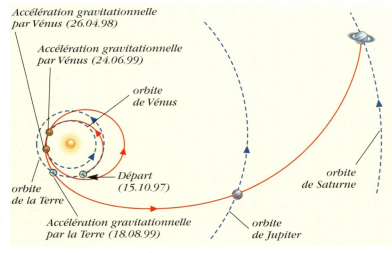

Trajectoire de Cassini-Huygens

La planète aux anneaux

Cernée de ses multiples anneaux constitués de milliers de blocs de roches, de glace et de poussières, Saturne est la deuxième plus grosse planète du système solaire. Sa vaste ceinture d'anneaux intrigue les scientifiques depuis la découverte de la planète, en 1655, par l'astronome hollandais Christiaan Huygens. Son épaisseur est d'à peine un kilomètre et, sur certaines images des sondes *Voyager*, on distingue la planète à travers ses anneaux par transparence. Pour certains planétologues, les anneaux seraient le résultat de l'éclatement d'un ou plusieurs gros satellites qui, gravitant très près de Saturne, se seraient brisés sous l'effet de l'attraction de l'énorme planète. Pour d'autres,

DESTINATION SYSTÈME SOLAIRE

Cassini fonctionne au nucléaire !

Tous les vaisseaux spatiaux ont besoin d'énergie pour fonctionner. La plupart du temps, elle leur est fournie par le Soleil dont ils captent la lumière à l'aide de leurs panneaux solaires, avant de la convertir en électricité. Mais *Cassini* voyage très loin du Soleil, et des panneaux solaires de taille raisonnable ne suffisent plus. Aussi, a-t-on muni la sonde de générateurs thermoélectriques (RTG, en anglais) : ils utilisent la chaleur produite par la dégradation naturelle du plutonium pour générer un courant électrique. Celui-ci est suffisant pour alimenter les différents appareils de bord, expérimentaux et de communication avec la Terre.

il s'agit plutôt des "restes" de la formation de Saturne elle-même. Si sa taille était moindre, on peut imaginer que ces anneaux n'existeraient pas : leurs multiples particules se seraient regroupées grâce à la gravité, les plus grosses attirant les plus petites, formant ainsi de nouveaux satellites qui seraient venus enrichir un cortège déjà bien fourni. Trente satellites tournent autour de Saturne, lui donnant un aspect — comme Jupiter — de système solaire en miniature.

Titan : une Terre au passé ?

Parmi les 30 lunes répertoriées à ce jour, Titan occupe une place à part : il est entouré d'une épaisse atmosphère constituée principalement d'azote, comme celle de la Terre. À sa surface pourraient bien se trouver des acides aminés, éléments constituants des protéines, les premières briques de la vie… C'est notamment pour en savoir plus sur ces fameuses molécules que *Cassini-Huygens* a entamé depuis 1997 un si long voyage vers Saturne. La sonde européenne *Huygens*, passagère de *Cassini*, est même un envoyé très spécial pour Titan. Tandis que la sonde *Cassini* se mettra en orbite autour de Saturne afin de l'étudier, la sonde Huygens se détachera pour plonger vers Titan. Après une descente de deux ou trois heures dans l'épaisse atmosphère du satellite

afin de l'analyser, et à condition qu'elle soit toujours fonctionnelle, elle se posera à sa surface, dont on ne sait même pas si elle est solide ou liquide : à peine soupçonne-t-on la présence de vastes étendues de méthane liquide ! Pendant quelques minutes au mieux, *Huygens* récoltera de multiples informations : composition atmosphérique, images de la surface, conditions climatiques, données géologiques. Le module enverra toutes ces informations en direction de la sonde *Cassini*, qui les relaiera vers la Terre. Puis, *Huygens* se taira pour toujours, mise hors d'état de fonctionner du fait de l'atmosphère toxique. Si le scénario se déroule ainsi, ce long voyage de sept années et ces quelques minutes d'émission nous permettront de savoir si le satellite Titan héberge une quelconque forme de vie.

Les lunes de Saturne : Titan est la plus grosse du cortège.

Aux confins du système solaire

Après Jupiter et Saturne, Voyager 2 poursuit son périple en ricochant de planète en planète… Destination : Uranus et Neptune que cette sonde est la première — et jusqu'à ce jour la seule — à avoir atteint. Elle quittera ensuite le système solaire, laissant la primeur de Pluton à d'autres exploratrices !

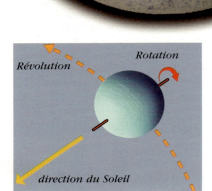

Arrêt sur images : Uranus

Voyager atteint Uranus en 1986… Hormis sa teinte verdâtre, probablement due à la présence d'un gaz — le méthane — l'atmosphère d'Uranus apparaît bien commune, sans cette agitation qui caractérise les atmosphères de Jupiter ou de Saturne. Reste que la mécanique céleste a fait de la rotation d'Uranus une curiosité. Alors que toutes les planètes ont un axe de rotation perpendiculaire à leur plan de révolution autour du Soleil, Uranus est en quelque sorte couchée sur son orbite, son axe étant quasiment dans le plan de l'écliptique* ! On n'a pu expliquer cette géométrie incongrue que par l'intervention d'un corps céleste aussi massif que la terre qui serait entré en collision avec la planète. L'impact aurait été tel, que la planète aurait basculé… Cette explication est corroborée par les images que *Voyager* nous a envoyées de Miranda, un des cinq plus gros satellites d'Uranus (on citera les quatre autres pour la beauté de leur nom, d'inspiration shakespearienne : Ariel, Titania, Umbriel et Obéron). Le sol de Miranda apparaît en effet extrêmement tourmenté et formé de multiples débris, comme si le satellite avait été fragmenté sous l'effet d'un choc et que tous ces morceaux s'étaient à nouveau accrétés pour former une nouvelle sphère rocheuse.

Neptune, le dieu de la mer et ses sujets

Si notre Terre a reçu le nom de planète bleue lorsqu'on l'a découverte depuis l'espace,

Miranda   Ariel   Umbriel   Titania   Obéron

DESTINATION SYSTÈME SOLAIRE

elle n'a pas l'exclusivité de cette couleur : à quelque 30 unités astronomiques du Soleil, Neptune est apparue sur les images de *Voyager* d'un bleu profond, juste maculé de taches dues aux mouvements de son atmosphère. Comme sur Jupiter et Saturne, il y a donc une météo sur Neptune !

Pluton et Charon

La sonde nous a par ailleurs dévoilé la présence de six nouveaux satellites en plus des deux visibles depuis la Terre, ainsi que l'existence d'un système complet d'anneaux. Autour de Neptune orbite Triton, où règne la plus basse température mesurée dans tout le système solaire (-236 °C). Sa surface s'est révélée très tourmentée : des régions lisses côtoient des étendues ridées, et il semble que Triton connaisse une intense activité volcanique… probablement à l'origine de son atmosphère essentiellement composée d'azote.

De Triton à Pluton

Cette étrange atmosphère d'azote, les scientifiques en ont aussi relevé les indices sur Pluton, la planète la plus externe du système solaire. De dimensions comparables, les deux corps présentent de nombreuses analogies et pourraient donc avoir une origine semblable… Toutefois, on ne sait que peu de choses de Pluton, seule planète dans le système solaire à n'avoir été approchée par aucune sonde. On ne peut la classer dans aucune des deux familles de planètes du système solaire, trop petite pour être une planète géante, trop éloignée du Soleil pour être associée aux planètes telluriques. Pluton doit – qui plus est – être considéré comme un système double : son satellite, Charon, est presque de la même taille…

LE SAVAIS-TU ?

Planète plus
Voici un moyen mnémotechnique pour se rappeler les caractéristiques de Pluton.
"Plus petite, plus lointaine et plus dure que les autres planètes externes, c'est la planète Plu… ton !"

Au-delà de Neptune

De ces diverses informations, on a conclu que Pluton pourrait être le représentant d'une nouvelle famille de corps du système solaire extérieur : les objets "transneptuniens". Un rassemblement de blocs de roches et de glaces seraient à l'origine de certaines comètes, d'astéroïdes et, pourquoi pas, du couple infernal Pluton/Charon. On l'appelle la ceinture de Kuiper, du nom de l'astronome qui, dès 1951, postula sa présence… La mission Pluto-Kuiper Belt devrait être chargée de l'enquête avec un survol de Pluton en 2016, puis d'objets de la ceinture de Kuiper vers 2018, mais le projet risque fort d'être repoussé, ou même annulé, en raison de son coût.

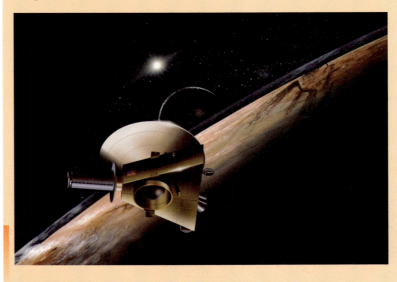

À la rencontre des vagabondes aux longs cheveux

De passage dans le ciel, les comètes ont été à l'origine de bien des peurs pour nos ancêtres. Dans l'Antiquité, les hommes les imaginaient porteuses de mille mauvais présages. Aujourd'hui, on cherche à mieux connaître ces composants indisciplinés et exotiques du système solaire.

Les comètes proviennent de réservoirs, situés aux confins du système solaire (*voir p. 55*). Là, se trouve une grande quantité de noyaux cométaires. Parfois, victime de l'influence gravitationnelle d'un autre astre, un de ces noyaux se détache et tombe vers le Soleil. Au cours de son voyage, son aspect et sa forme varient : loin du feu solaire, ce n'est qu'une boule de neige sale, faite de glace et de poussière mêlées. À proximité, c'est une longue queue de gaz brillante, au noyau très réduit et enveloppé dans une épaisse chevelure.

De la tête à la queue : autopsie des comètes

Depuis 1986, différentes sondes se sont rendues – et se rendront encore – au chevet des comètes pour les ausculter. En effet, selon les scientifiques, ces mystérieux corps célestes auraient vu le jour lors de la naissance du système solaire et n'auraient pas changé depuis.

Le noyau

Une boule de neige sale, de la poussière sombre, de la glace… autant d'ingrédients du noyau cométaire que la sonde

Giotto à la rencontre de la comète de Halley

européenne *Giotto* a pu photographier en 1986 en s'approchant de la comète de Halley. On a ainsi confirmé l'idée qu'on se faisait de ce noyau, qui s'est avéré effectivement formé en majorité de glaces renfermant différents gaz ainsi que des poussières minérales. Il se présente comme un ballon de rugby de 15 km de long et 8 km de diamètre. En 2014, une autre sonde européenne, *Rosetta*, se posera à la surface du noyau de la comète

Noyau de la *comète de Halley,* **photographié par** *Giotto*

DESTINATION SYSTÈME SOLAIRE

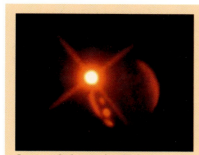
Impact de la comète SL-9 sur Jupiter

BOWLING COSMIQUE

Les comètes percutent parfois les planètes. Le 24 mars 1993, l'astrophysicien chasseur de comète Eugène Shoemaker et son épouse Carolyn découvrent sur un cliché photographique une comète, ou plutôt une vingtaine de petites comètes à la queue leu leu à proximité de Jupiter. Un calcul d'orbite les convainc qu'il s'agit d'une comète qu'un précédent passage près de Jupiter a brisée en fragments qui iront s'écraser sur la géante en juillet 1994, marquant sa surface de taches sombres, bien visibles pendant quelques mois. Tous les moyens d'observation disponibles sont mobilisés pour capter, en temps réel, cette superbe série de vingt et une collisions. Les images, en particulier celles de *Galileo*, n'ont pas déçu et nous donnent une idée de ce que ce genre d'événement pourrait engendrer comme cataclysme s'il se produisait sur Terre.

là encore, sa composition. La mission *Stardust* ne s'arrêtera pas là : cet "aspirateur" prélèvera aussi de la poussière interstellaire, c'est-à-dire située non plus dans le système solaire mais entre le Soleil et les étoiles voisines, pour en étudier la composition.

La queue

Sous l'effet des émissions de notre étoile, tous les éléments de la chevelure sont chassés à l'opposé du Soleil. Les gaz entraînés par le vent solaire (vent de particules très rapides) forment un premier panache rectiligne directement opposé au Soleil, lequel brille d'une lueur bleutée. Les poussières sont accélérées plus lentement par la pression des radiations de la lumière solaire, et s'éloignent progressivement du noyau qui continue à progresser sur sa trajectoire. Cette deuxième queue incurvée, éclairée par le Soleil, peut s'étendre sur plusieurs dizaines de millions de km. C'est elle qui donne à la comète son aspect caractéristique.

Churyumov-Gerasimenko, après un rendez-vous raté avec la comète Wirtanen. Elle en forera le sol et récoltera une carotte de roche. Ce précieux échantillon subira diverses analyses pour déterminer enfin sa composition. Une information importante, puisqu'il s'agirait des constituants du matériau originel du système solaire…

La chevelure

À la chaleur du soleil, la glace se sublime*, la vapeur d'eau et le gaz carbonique sont éjectés, entraînant les autres gaz et particules minérales qu'elle renfermait. C'est la "coma" que l'on peut observer depuis la Terre. Pour analyser ses particules, une extraordinaire sonde nommée *Stardust*, lancée en 1999, a la charge de pénétrer par effraction dans la chevelure de la petite comète Wild-2 en 2004. Elle devra ensuite renvoyer sur Terre quelques grammes de poussière dans une petite capsule pour de plus amples analyses qui nous dévoileront,

La mission Stardust

La sonde Rosetta *et la comète Wirtanen*

Résumé d'une longue enquête...

... commencée à l'œil nu par nos plus lointains ancêtres, prolongée à la lunette par Galilée et les grands astronomes du XVIIIe siècle, et poursuivie au fur et à mesure de l'élaboration des moyens techniques jusqu'aux sondes exploratrices et autres observatoires orbitaux...

Jupiter
Planète gazeuse
138 000 km de diamètre,
soit 10 fois la Terre, la plus grosse
planète du système solaire
778 300 000 km du Soleil (11,2 ua)
Rotation : 9 h 55 min
Révolution : 11 ans et 315 jours
Signes particuliers : de fins anneaux
et 39 satellites répertoriés.

Vénus
Planète rocheuse
12 104 km de diamètre,
à peu près celui de la Terre
108 000 000 de km du Soleil
Rotation : 243 jours, rétrograde*
Révolution : 225 jours
Signes particuliers : une épaisse
atmosphère de dioxyde de carbone,
pas de satellite.

Soleil
Étoile
1 392 000 km de diamètre,
soit 109 fois celui de la Terre
Rotation : 25 jours à l'équateur
et 35 aux pôles
Température : 6 000 °C en surface
(15 000 000 °C au cœur)
Composition : 2.10^{29} tonnes
de gaz en fusion nucléaire.

Uranus
Planète gazeuse
51 118 km de diamètre,
soit 4 fois la Terre
2 870 990 000 km du Soleil
(19,2 ua)
Rotation : 17 h 14 min
Révolution : 84 ans
Signes particuliers :
onze anneaux fins et
étroits, et 20 satellites
répertoriés à ce jour.

Nuage de Oort
Concentration de noyaux cométaires
formant comme une coquille dans
toutes les directions autour du Soleil.
Entre 40 000 et 100 000 ua du Soleil
Il résulterait de l'éjection dans
tous les sens de ces planétésimaux
sous l'effet des chocs et des
accélérations dues aux forces d'attraction
lors de la furieuse partie de billard
cosmique à laquelle se sont livrées
les briques originelles du système solaire.

Pluton
Planète solide composée de roches
et de glace entourée d'une fine
atmosphère d'azote
2 300 km de diamètre, plus petite
que la Lune !
5 916 000 000 km du Soleil
en moyenne (40 ua)
Rotation : 6,4 jours
Révolution : 247,7 ans
Signes particuliers : plus qu'un
satellite, une planète sœur, Charon.

DESTINATION SYSTÈME SOLAIRE

Mercure
Planète rocheuse
4 880 km de diamètre
(soit 0,4 fois la Terre)
58 millions de km du Soleil
Rotation : 58 jours
Révolution : 88 jours
Signes particuliers : pas
d'atmosphère ni de satellite,
mais un étonnant champ
magnétique mal connu...

Terre
Planète rocheuse
12 735 km de diamètre
150 millions de km du Soleil (1 ua)
Rotation : 24 h, soit un jour
Révolution : 364,2 jours, soit un an
Signes particuliers : une atmosphère
de 100 km d'épaisseur, un unique
satellite naturel et de nombreux
satellites artificiels.

Saturne
Planète gazeuse
114 000 km de diamètre (9 fois la Terre)
1427 millions de km du Soleil (9,5 ua)
Rotation : 10 h 14 min
Révolution : environ 29 ans
Signes particuliers : les plus importants
anneaux du système solaire, environ
150 000 km de large sur 1 km d'épaisseur,
30 satellites répertoriés à ce jour.

Mars
Planète rocheuse
6 775 km de diamètre (1/2 Terre)
228 millions de km du Soleil (1,66 ua)
Rotation : 24 h 39 mn 35 s, soit 1 sol*
Révolution : 687 jours terrestres
Signes particuliers : une faible
atmosphère de dioxyde de carbone
et deux satellites Phobos et Deimos.

Ceinture de Kuiper
Anneau du Soleil, réservoir d'astéroïdes
(rocheux) et de noyaux cométaires
(roche et glace).
Après l'orbite de Neptune jusqu'à
500 ua du Soleil.
Il s'agirait là encore de planétésimaux
originels qui n'auraient jamais pu
s'accréter en planète.

Les distances dans le système solaire

Dans le système solaire, on utilise généralement l'unité astronomique (ua) qui représente la distance entre la Terre et le Soleil. On utilise aussi l'année-lumière (al), qui correspond à la distance parcourue par la lumière en un an, avec sa fabuleuse vitesse de 300 000 km/s ; dans le système solaire, on parlera alors de minutes ou de secondes lumière. Les scientifiques utilisent maintenant d'une façon générale le parsec, une unité basée sur les angles de visée.
1 ua = 150 millions de km
= 8 minutes-lumière,
1 parsec = 3×10^{13} km = 3 al

Ceinture d'astéroïdes
Anneau du Soleil, composé de gros
rochers d'au maximum 1 000 km
de diamètre.
195 millions de km de large
Entre 300 et 495 millions de km
du Soleil (2 à 3,3 ua)
Signes particuliers : il s'agirait
d'une planète "ratée".

Neptune
Planète gazeuse
49 532 km de diamètre (3,9 Terre)
4 500 000 000 km du Soleil (30 ua)
Rotation : 16 h 03 mn
Révolution : 165 ans
Signes particuliers : cinq anneaux
et 8 satellites répertoriés.

295

Guetteurs de lumière

Depuis l'arrivée des satellites, les astronomes peuvent observer l'Univers depuis la banlieue terrestre, hors du filtre de l'atmosphère. Dans leur soif de connaissances, ils cherchent à décrypter les messages contenus dans la lumière des étoiles. Aussi développent-ils inlassablement de nouveaux instruments d'analyse des lumières visibles et invisibles dont nos guetteurs célestes sont chargés de capter le moindre rayonnement.

Voir la lumière invisible

Les observatoires perchés au sommet des plus hautes montagnes ne suffisent pas pour capter tous les messages du ciel. Pour mieux connaître notre Univers, il faut encore se rapprocher des étoiles, non pas pour diminuer la distance qui nous en sépare, mais pour s'affranchir de notre bouclier naturel, l'atmosphère.

Un filtre protecteur…

Nous avons tous en mémoire l'expérience d'un mauvais coup de soleil à la suite d'une longue exposition. C'est l'effet des rayons ultraviolets (UV) solaires qui ont réussi à échapper au filtre naturel terrestre, l'atmosphère. Heureusement, ce filtre reste efficace pour stopper des rayons beaucoup plus nocifs : les ultraviolets plus "énergétiques", les rayons X et les rayons gamma (γ). D'autres, inoffensifs, sont aussi arrêtés par l'atmosphère : l'infrarouge, les ondes submillimétriques, les micro-ondes et certaines ondes radio.

❶ ondes radio
❷ ondes infrarouge
❸ lumière visible
❹ rayons ultraviolets (UV)
❺ rayons X
❻ rayons gamma

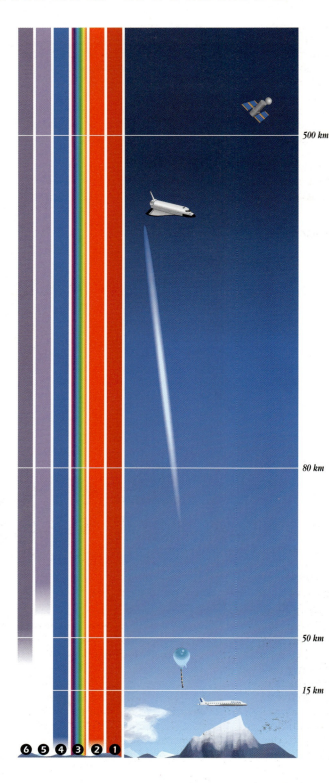

La navette spatiale et les satellites (à partir de 250 km), sont affranchis de tout effet d'absorption par l'atmosphère et reçoivent l'intégralité des messages célestes.

Le ballon (40 km) détecte une partie des UV, les rayons X et gamma.

L'avion (10 km) peut détecter des ondes infrarouge et submillimétriques.

LA LUMIÈRE : ONDE OU PARTICULE ?

La nature de la lumière est à la fois onde et particule : elle est constituée de particules, les photons, qui ont chacun un "comportement" ondulatoire, comme une vibration. C'est-à-dire que, contrairement à une molécule d'eau sur une vague, le photon peut être assimilé à l'onde tout entière, alors que quand la vague oscille ce sont des milliards de molécules d'eau qui s'agitent. Le photon définit le type de lumière par son "énergie" et l'onde le caractérise par sa "longueur d'onde", qui mesure la vibration du photon. Ainsi, lorsque l'on observe le spectre électromagnétique, on remarque que les plus petites longueurs d'onde (les vibrations les plus rapides) sont associées aux plus grandes quantités d'énergie (les rayons gamma) et, inversement, les grandes longueurs d'onde correspondent aux photons peu énergétiques (les ondes radio).

LE SAVAIS-TU ?

Notre œil s'est adapté au Soleil
Le Soleil émet la majeure partie de son rayonnement dans une gamme de couleurs allant du violet au rouge. Notre œil s'est adapté au cours de son évolution à cet environnement : il est aujourd'hui précisément sensible à cette palette de rayonnement appelé "lumière visible". Sa sensibilité maximale correspond au jaune, la couleur la plus fortement émise par notre étoile.

Spectre électromagnétique

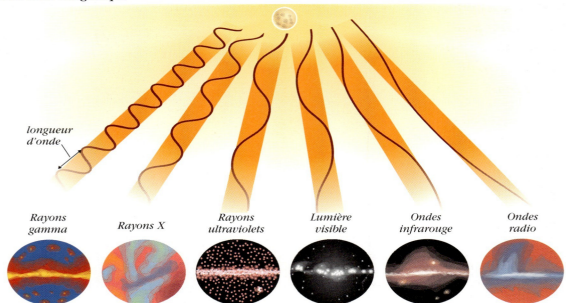

Notre Galaxie, la Voie Lactée, selon le type de rayonnement étudié

… qui filtre aussi les informations

Hélas, pour les astrophysiciens, tous ces rayonnements sont les messagers des astres et constituent les seules informations envoyées par les étoiles, galaxies et autres objets célestes. S'ils ne peuvent être captés depuis le sol, il faut alors les mesurer au-dessus du bouclier atmosphérique, c'est-à-dire au-delà de 150 km d'altitude.

La lumière, toute la lumière

Lumière, onde, rayon : tous ces mots désignent la même chose, un phénomène physique, combinaison d'un champ électrique et d'un champ magnétique qui se propagent. Sa "partie visible" est la plus connue : c'est la lumière du Soleil. Mais la lumière n'est pas seulement "vision" ; il existe une partie invisible, indétectable avec notre œil : les ondes radio, les rayons infrarouge, les UV, les rayons X et les gamma. Comme la lumière visible se décompose et forme l'arc-en-ciel, l'ensemble de la lumière forme un spectre électromagnétique. Généralement les astronomes utilisent sa longueur d'onde pour caractériser un type de lumière : c'est-à-dire la distance entre deux crêtes ou deux creux successifs de l'onde que décrit cette lumière.

L'astronomie en ballon

L'ascension de la première montgolfière date de juin 1763. Dès décembre de la même année, les premières expériences scientifiques embarquées s'enchaînent. Aujourd'hui, à l'ère des satellites et des fusées, les ballons jouent toujours un rôle clé dans l'astronomie spatiale.

Des vols pour expérimenter

Le ballon permet de s'élever au-dessus des couches denses de l'atmosphère et d'observer ainsi les divers rayonnements célestes qui restent inaccessibles depuis le sol : le submillimétrique (partie des ondes radio), l'infrarouge, l'ultraviolet, les rayons X et gamma. Il offre de nombreux avantages par rapport à la technologie satellite : le coût d'une expérimentation est cent fois moins cher ; il impose peu de contraintes de volume et de poids aux expériences embarquées ; les délais de réalisation sont courts ; la partie nacelle est réutilisable ; enfin, la simplicité de sa mise en œuvre permet une utilisation sur pratiquement tout le globe.

Cependant, il présente un inconvénient majeur : sa durée de vol est limitée de quelques heures à quelques jours pour les ballons utilisés en astronomie. Cette contrainte restreint son rôle d'"expérimentateur" au sein des projets spatiaux. En revanche, le vol ballon est considéré comme une étape primordiale d'essai et de validation pour les instruments embarqués avant leur lancement par les satellites.

Ballon pressurisé *gonflé sous hangar*

GUETTEURS DE LUMIÈRE

Des instruments accrochés à une bulle de gaz

Le ballon, ou aérostat, est constitué d'une enveloppe souple, de forme lobée et ouverte à sa base, et d'une nacelle scientifique reliée à l'enveloppe par un système d'attache, la chaîne de vol. L'enveloppe contient soit de l'air chaud, principe de la montgolfière ; soit du gaz plus léger que l'air : hydrogène ou hélium. Ces derniers permettent d'évoluer dans la stratosphère, partie supérieure de l'atmosphère comprise entre 12 et 45 km. Les astronomes les utilisent pour expérimenter leurs instruments d'observation.

Il existe deux autres types de ballon, fermés, de forme ronde. Le premier, dilatable, traverse l'atmosphère pour exploser naturellement à 20 ou 30 km d'altitude et permet de sonder verticalement l'atmosphère. Le second, pressurisé à volume constant, est très prisé par les scientifiques puisqu'il vole à une altitude constante ; mais la hauteur limite est de 20 km et ce ballon ne peut embarquer une charge excédant la dizaine de kilogrammes. Toutes les lumières venant de l'espace ne sont pas détectables à cette altitude, et la plupart des instruments d'observation céleste dépassent la centaine de kilogrammes. Les astronomes devront attendre encore quelques années l'arrivée des ballons lobés pressurisés pour profiter de cette stabilité horizontale en haute altitude.

DES BALLONS POUR LA SCIENCE ET LA TECHNOLOGIE

Les ballons n'ont pas seulement une vocation astronomique ; ils sont le plus souvent utilisés dans des disciplines scientifiques et technologiques comme l'aérologie (étude de l'atmosphère), la géophysique et l'ingénierie spatiale (notamment dans les expériences vouées à l'étude des matériaux composant les satellites). Ils servent également à simuler des rentrées atmosphériques extraterrestres des futurs engins spatiaux.

LE SAVAIS-TU ?

80 jours en ballon
Un vol en ballon pendant plus de 80 jours, avec une charge scientifique embarquée d'une tonne, ce sera bientôt possible ! De tels ballons, fabriqués dans des matériaux high-tech, vont même concurrencer les satellites à orbite basse. Un projet prometteur envisage déjà de lancer un télescope aussi performant que le télescope spatial *Hubble* pour étudier les planètes. De bancs d'essai technologiques, les ballons vont devenir de vraies plates-formes pour l'observation du ciel.

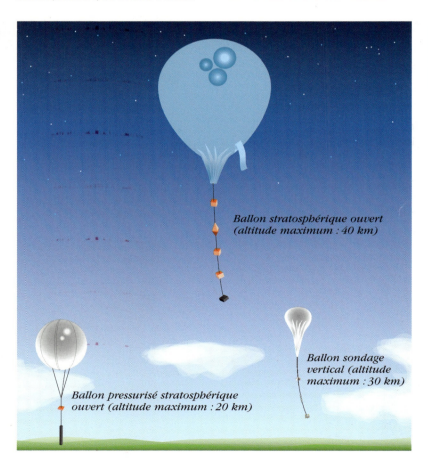

Ballon stratosphérique ouvert (altitude maximum : 40 km)

Ballon sondage vertical (altitude maximum : 30 km)

Ballon pressurisé stratosphérique ouvert (altitude maximum : 20 km)

Les missions ballons

Claire, Pronaos, Elisa, Archéops: *les unes détectent les rayons gamma, les autres la lumière céleste submillimétrique. Ces missions ballons constituent principalement des bancs d'essai pour les instruments destinés aux satellites. Pourtant, ce mode d'observation est parfois utilisé pour l'astronomie opérationnelle.*

Campagne Claire

Le ciel gamma voit plus *Claire* !

Le vol *Claire* a eu lieu en juin 2000 depuis l'une des deux bases françaises de lâcher de ballons : le site de Gap-Tallard en Haute-Provence. L'objectif était double : valider le fonctionnement du télescope, notamment son système de stabilisation, et mesurer les performances de sa "lentille" à l'aide d'une source céleste gamma très connue, la nébuleuse du Crabe. Le concept *Claire* est basé sur l'originalité de la "lentille gamma". Cette lentille permet de collecter et de diffracter les rayons gamma, comme les télescopes le font avec le rayonnement visible. Cela semblait impossible jusqu'alors car ces rayons ont une longueur d'onde si petite qu'il est difficile de les capter et de maîtriser leur trajectoire. Ce système de haute précision permet de concentrer ainsi la lumière gamma sur un petit détecteur situé à 2,70 m de la lentille. La viabilité du concept *Claire* a été démontrée, même si l'objet visé n'a pas été détecté, faute de temps utile d'observation. Des vols similaires sont déjà programmés. La prochaine mission satellite dans ce domaine des très hautes énergies embarquera sûrement un télescope à lentille.

Les ballons du radio submillimétrique

Pronaos est un programme ballon unique qui ouvre une nouvelle fenêtre d'observation, le domaine radio submillimétrique.
La mission scientifique est double :

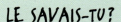

La Dame blanche
Les privilégiés qui ont assisté, depuis une station de suivi en altitude, au lâcher de la nacelle *Claire*, l'ont surnommée la "Dame blanche" tellement l'envol du ballon, suivi de *Claire*, était majestueux dans le ciel alpin.

étudier les poussières froides de notre Galaxie et l'Univers lointain. Contrairement à beaucoup d'autres vols, l'objectif ne se restreint pas à l'expérimentation de nouvelles techniques d'instrumentation, mais s'élargit au défi passionnant qu'est la réalisation de "premières" scientifiques. Trois campagnes au Nouveau-Mexique ont eu lieu successivement en 1994, 1996 et 1999. Elles ont rapporté une foison de résultats. Une première mondiale a été réalisée : la mesure de l'effet Sunyaev-Zeldovich qui permet de déterminer la structure et les mouvements d'amas de galaxies. La deuxième découverte concerne les poussières de notre Galaxie : elles présentent une variété inattendue de températures et de propriétés optiques dont l'étude demande la mise en place de nouvelles expériences. *Pronaos* a été le moteur incontestable de nouvelles activités spatiales d'observation submillimétrique :
- le satellite *Planck*, destiné à la mesure du bruit de fond cosmologique, trace du Big Bang ;
- l'expérience internationale du ballon *Archéops*, vouée aussi à l'étude de ce rayonnement dit "fossile" ;
- enfin le projet ballon *Elisa* qui continuera les observations des poussières galactiques.

ÊTRE "BALLONIER"

Lancer des ballons est un vrai métier, surtout lorsqu'il s'agit de ballons stratosphériques. L'opération est délicate : il faut placer verticalement, parfois jusqu'à 300 m de haut, un système de plusieurs centaines de kilos. Ensuite, il faut savoir l'accompagner au décollage pour éviter de casser la chaîne de vol, le surveiller et le piloter à distance jusqu'à l'altitude prévue. Enfin, il faut déclencher sa descente suivant une trajectoire prédéfinie et récupérer la nacelle scientifique. Tout un travail de précision qui s'acquiert par une expérience de terrain.

Campagne Pronaos

Ophiucus cartographié avec Pronaos. La partie brillante correspond à l'émission de jeunes étoiles.

Détecter la chaleur céleste

Utilisée pour identifier les individus la nuit, ou comme chauffe-plat dans les chaînes de restauration rapide, la lumière infrarouge est entrée dans notre quotidien. Elle révèle des sources de chaleur comme les êtres vivants, les réactions de combustion ou encore les appareils électriques. Toutes ces sources terrestres créent un "bruit" calorifique dont les astronomes doivent s'affranchir pour observer le ciel infrarouge.

Voir plus que le visible

La technologie infrarouge a été développée pour des besoins militaires : permettre une vision la nuit en détectant la chaleur émise par des corps vivants. C'est seulement dans les années 1960 que de tels détecteurs ont pointé le ciel. Il était admis alors que ce type de lumière était juste une autre manière de voir le visible. Mais en 1965, les astronomes Neugebauer et Leighton, qui ont construit leur propre télescope, obtiennent des résultats révolutionnaires : ils répertorient dix objets célestes complètement invisibles par les télescopes optiques. En 1969, le premier catalogue de sources infrarouge est publié, incluant des milliers d'astres jamais observés.

Refroidir les télescopes

L'atmosphère est une source infrarouge importante, ce qui rend difficile l'observation des astres brillants dans cette longueur d'onde depuis les télescopes au sol. De plus, ce bouclier naturel ne laisse passer qu'une partie des ondes infrarouge célestes. Il est donc préférable de détecter ce type de lumière depuis l'espace, en plaçant des télescopes en orbite autour de la Terre.
Les instruments embarqués à bord des satellites, comme ceux placés au sol, sont refroidis à très basse température, proche du zéro absolu (c'est-à-dire - 273 °C), pour éviter la pollution par les sources de chaleur environnant le détecteur.
Il est d'ailleurs plus facile d'assurer cette opération pour les télescopes spatiaux puisqu'il n'y a pas de vapeur d'eau dans l'espace, qui se condenserait à ces températures extrêmes. En revanche, la durée de vie de ces instruments est limitée par les réserves du système de refroidissement.

Les satellites infrarouge

Bien que la découverte de la lumière infrarouge remonte à deux siècles, ce n'est que dans les années 1980 que les astronomes ont pu obtenir

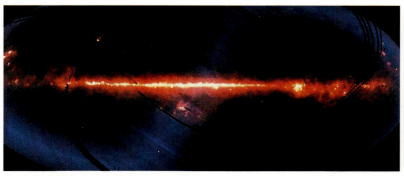

***La Voie Lactée** en infrarouge par IRAS*

GUETTEURS DE LUMIÈRE

Satellite ISO

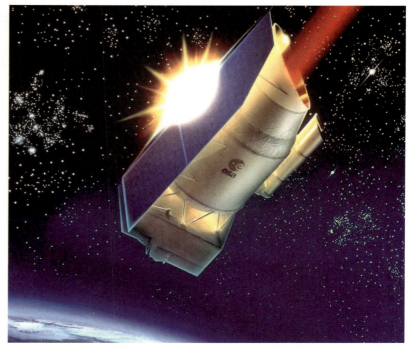

Satellite ISO, *vue d'artiste*

une carte complète du ciel infrarouge avec le satellite *IRAS*. Celui-ci a révélé l'existence de nouvelles classes d'objets célestes et a permis d'établir un catalogue précis de 250 000 astres. L'observatoire spatial *ISO*, quant à lui, a exploré entre 1995 et 1998 avec une plus grande précision chaque source infrarouge et a identifié leurs caractéristiques propres. Mais avec un miroir de 60 cm, *ISO* est limité dans le détail des structures. L'arrivée de l'instrument NECMOS, fixé en 1997 sur le télescope spatial *Hubble*, permit de pallier ce handicap. Avec la très grande résolution de *Hubble* et la capacité de la lumière infrarouge à traverser les nuages opaques à

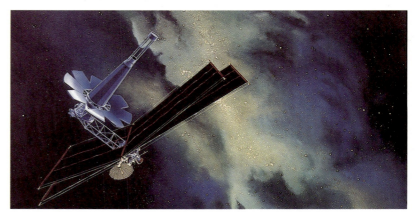

Satellite NGST, *vue d'artiste*

la lumière visible, les astronomes ont pu observer les noyaux de galaxies, les régions où naissent les étoiles, et découvrir des objets qui sont probablement des systèmes planétaires en formation. De futures missions sont prévues pour assurer la relève : *FIRST*, successeur d'*ISO*, et le *NGST* (Télescope Spatial Nouvelle Génération) qui remplacera *Hubble*.

PARTIR À POINT…

Vers 1960, les ballons puis les fusées tentèrent de s'affranchir de l'atmosphère pour observer le ciel infrarouge. Le premier essai "fusée" fut peu concluant : le liquide de refroidissement du télescope était de l'hydrogène, caractérisé par une température de –196 °C et une durée de vie avant évaporation de 6 h. Les réservoirs d'hydrogène ont donc été remplis juste avant le décollage pour bénéficier du temps utile d'observation. Hélas, le lancement a été retardé de… 6 h. Quand la fusée s'élança, la température du détecteur était déjà trop haute pour qu'il puisse fonctionner.

Poussières d'étoiles

Les étoiles et les planètes naissent dans des cocons de poussières qui ne se voient pas en lumière visible. Seuls les rayons infrarouge se dégagent de ces pouponnières cosmiques et témoignent ainsi de leur présence. Mais ce domaine de lumière nous révèle aussi d'autres sources...

La naissance de la matière...

Les molécules et les grains de poussière du milieu interstellaire, sources de rayonnement infrarouge, témoignent de l'état d'évolution des galaxies : leur nature et leur concentration révèlent le nombre de générations d'étoiles passées.
En effet, à la fin de chacun de leur cycle de vie (*voir p. 67*), les étoiles libèrent dans l'espace environnant les noyaux d'atomes qu'elles ont produits, comme le carbone, l'oxygène, le silicium, parfois des grains de poussière. Là, dans le milieu interstellaire, tous ces éléments réagissent entre eux pour former atomes et molécules ; et lorsque se déclenche la formation de nouvelles étoiles, celles-ci sont enrichies de cette jeune matière interstellaire.

... et l'histoire des galaxies

L'observation infrarouge des quasars, galaxies primitives, révèle la présence de poussières : cela signifie que dès leur plus jeune âge, les galaxies produisent des étoiles qui enrichissent la matière interstellaire. Certaines galaxies, âgées de 5 milliards d'années environ, sont très brillantes en lumière infrarouge : on en déduit donc qu'elles sont très actives en production d'étoiles. Quant aux plus vieilles, âgées de dix milliards d'années, elles émettent fortement dans le domaine infrarouge lorsque leur noyau subit des éruptions violentes, ou encore lors de collisions avec d'autres galaxies.

Galaxies en infrarouge (Hubble, NICMOS) ;
de gauche à droite : NGC 5653, NGC 3595, NGC 831, NGC 6948, NGC 4826 et NGC 2903.

GUETTEURS DE LUMIÈRE

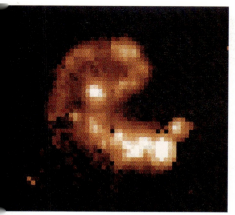

Galaxie Antennea en collision, par ISO

Amas du Trapèze

L'échographie cosmique

Lorsque l'on compare deux images d'une zone de formation d'étoiles, l'une prise en lumière visible, l'autre en lumière infrarouge, on constate que les nuages brillants en visible disparaissent en infrarouge, laissant alors apparaître les jeunes étoiles. Quant à la naissance des planètes, elle a lieu autour des étoiles dans des disques de poussières qui rayonnent intensément dans l'infrarouge. Aujourd'hui, une centaine de ces planètes, appelées "exoplanètes" car elles sont en dehors de notre système solaire, ont été découvertes. Sur l'image infrarouge de l'étoile Bêta Pictoris, les astronomes pensent voir un système planétaire en formation, jeune de quelques centaines de millions d'années.

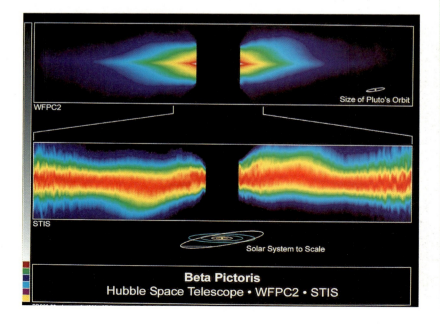

LE SAVAIS-TU ?

« Plus c'est loin, plus c'est avant ! »
La lumière voyage à 300 000 km/s : il faut 8 min à la lumière du Soleil pour parvenir jusqu'à la Terre et 4,2 ans à celle de l'étoile la plus proche, Proxima du Centaure. Autrement dit, lorsque nous recevons la lumière de ces deux astres, ils sont déjà plus âgés de 8 min pour l'un et de 4,2 ans pour l'autre, nous en voyons donc une image plus ancienne. On peut remonter ainsi jusqu'au début de l'Univers : la galaxie primitive (ou quasar) est l'objet céleste le plus lointain que l'on puisse observer. Sa lumière met 10 milliards d'années pour nous parvenir. La voir aujourd'hui dans nos télescopes revient à obtenir un cliché de cette galaxie, il y a 10 milliards d'années.

Un télescope dans l'espace

Même si la moisson scientifique du télescope *Hubble* est remarquable, le prestige mondial dont il jouit dépasse largement sa nature d'instrument scientifique. Les images qu'il a fournies sont d'une indicible beauté et détiennent un pouvoir de rêve par lequel on souhaite encore longtemps se faire entraîner.

Un télescope nommé *Hubble*

Grâce à l'instrument qui était vers 1920 le plus puissant du monde, le télescope du Mont Wilson en Californie, l'astronome américain Edwin Powell Hubble (1889-1953) fit une série de découvertes fondamentales qui allaient révolutionner la cosmologie. D'abord, il confirma l'existence de galaxies plus ou moins identiques à la Voie Lactée et donna des critères pour en mesurer les distances ; puis il découvrit que ces galaxies s'éloignent toutes de nous, d'autant plus vite qu'elles sont éloignées. Cette découverte suggère la notion d'expansion de l'Univers et, dans ce cas, d'un point de départ à cette expansion, le Big Bang. Une des missions du télescope spatial est d'affiner les mesures de cette expansion. Le nom de *Hubble* lui revenait de droit !

Un télescope spatial, pour quoi faire ?

L'atmosphère terrestre constitue une barrière bien difficile à franchir pour la faible lumière qui nous vient de l'espace. La fraction de cette lumière qui réussit à passer se heurte aux turbulences qui déforment en permanence les images, ce que notre œil perçoit comme de la scintillation. Dans l'espace, tous ces problèmes sont résolus. Aussi, depuis longtemps les scientifiques réfléchissaient-ils à un télescope spatial, dont le champ de vision serait élargi autour de la lumière visible. Il fallut attendre 1977 pour que le projet commun de la NASA et de l'ESA du *Hubble Space Telescope* voie le jour. Initialement programmé en 1983, le lancement fut différé pour des raisons diverses et finalement *HST* ne fut mis en orbite que le 24 avril 1990. Le *HST* a coûté 1,6 milliards de dollars, soit près de quatre fois plus que le budget prévu.

LE SAVAIS-TU ?

Il s'en fallait d'à peine un cheveu
Le défaut qui rendait *Hubble* myope résultait d'un défaut dans le polissage du miroir. Une épaisseur de 2 millièmes de mm de trop, soit le cinquantième de l'épaisseur d'un cheveu avait été enlevée dans sa partie externe. Pour corriger cette erreur, on rajouta un miroir et tout rentra dans l'ordre.

GUETTEURS DE LUMIÈRE

Gros comme un autobus, et myope…

Le *HST* se présente comme un gros cylindre de 13,10 m de long et de 4,30 m de diamètre, pesant 11 600 kg. Son miroir mesure 2,40 m de diamètre et est muni d'une batterie d'instruments permettant d'analyser de toutes sortes de façons les images qui se forment sur son écran CCD (*voir p. 58-59*). Une forte déception accompagna la réception des premières images : elles n'étaient pas nettes. On comprit vite qu'il y avait une légère erreur dans la taille du miroir. Il fallut cependant attendre 1993 pour qu'une mission de réparation vienne ajouter un correcteur qui compensait exactement le défaut (*voir p. 242-243*). Depuis lors, remis à neuf et perfectionné déjà à deux reprises, le *HST* fournit en permanence des images étonnantes de tous les points de l'Univers.

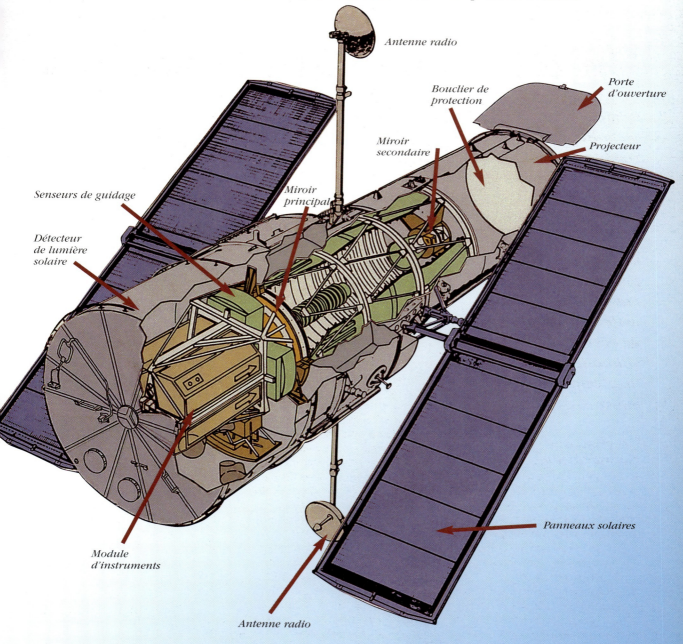

Des nuages qui révèlent les secrets des étoiles

Certaines des images les plus spectaculaires fournies par le *HST* concernent des nébuleuses, régions gazeuses où naissent de nouvelles étoiles ou zones brillantes entourant des étoiles en fin de course. La possibilité d'observer ces régions dans une large bande spectrale, de l'infrarouge à l'ultraviolet lointain, a montré l'existence de nombreuses espèces chimiques insoupçonnées.

Twin Jet Nebula

La solution par Céphée

La théorie de l'expansion de l'Univers découle de l'observation de la fuite des galaxies, d'autant plus rapide qu'elles sont lointaines. Il faut donc mesurer avec soin, pour le plus grand nombre possible d'objets, leur vitesse de fuite et leur distance. La vitesse de fuite est assez facile à mesurer par "effet Doppler", mais la distance pose un des problèmes les plus épineux de l'astronomie extragalactique. Ce problème a été partiellement résolu grâce aux Céphéides, des étoiles dont l'intensité varie de façon périodique et dont la brillance est reliée mathématiquement à la période de "clignotement". Repérer une Céphéide, mesurer sa période et sa brillance relative, permet alors directement d'en connaître la distance. Aucun télescope terrestre n'avait "vu" de Céphéides au-delà de notre proche voisine, la galaxie d'Andromède. La mission du *HST* fut d'en trouver et d'en mesurer dans d'autres galaxies, beaucoup plus lointaines, ce dont il s'acquitta fort bien. Il nous permet ainsi d'affiner nos estimations de l'âge de l'Univers.

Nébuleuse de l'Aigle

GUETTEURS DE LUMIÈRE

Saturne

Comme si on y était

Dans le système solaire, le *HST* ne peut regarder ni le Soleil, ni la Terre, ni la Lune, ni Vénus et Mercure, trop brillants pour lui. En revanche, il a observé les autres planètes pendant de longues périodes et a récolté des données sur l'évolution de leur climat. Un événement inattendu, filmé en direct, a fourni des images saisissantes : la chute de la comète SL9, brisée en 21 fragments, dans l'atmosphère de Jupiter le 18 juillet 1994 (*voir p. 293*).

NGC 1999

Les régions lointaines

Grâce à son extrême sensibilité, le *HST* s'est vu confier l'observation d'objets lointains et assez mystérieux, comme les quasars, les galaxies actives et les trous noirs ou du moins ce qui permet de les identifier puisque, par définition, un trou noir est invisible. On l'a également orienté dans des directions où aucune observation terrestre n'avait abouti, là où l'on pensait qu'il n'y avait rien ou presque. Après 130 h de pause sur un petit coin d'espace grand comme le centième de la surface de la Lune, il a livré une de ses plus belles images, le "Champ profond", mettant en évidence environ 3 000 galaxies aux formes et aux couleurs variées : la plus importante moisson d'informations jamais obtenue.

Nébuleuse du Sablier

Chasseurs d'UV

Les rayons ultraviolets, communément appelés UV, sont connus des adeptes du bronzage : ceux du Soleil déclenchent sur notre peau une réaction chimique qui la brunit, la protégeant ainsi de ces rayons nocifs. Mais le Soleil n'est pas l'unique source UV : toutes les étoiles, à différents stades de leur vie, émettent cette lumière plus énergétique que la lumière visible.

Entre la lumière visible et la lumière X

Les rayons ultraviolets (UV) sont caractérisés par des longueurs d'onde plus petites (*voir p. 298-299*), comprises entre 300 à 5 nm (1 nm = 1 milliardième de mètre). Trois sous-domaines se distinguent en astronomie :

- le proche UV, de 300 à 200 nm, est absorbé par l'ozone atmosphérique et peut être observé par ballon à partir de 40 km ;
- l'UV lointain, de 200 à 90 nm, est détectable à partir des satellites ;
- l'extrême UV, de 90 à 5 nm, dont les sources sont difficiles à repérer même dans l'espace, car certains éléments présents dans l'espace interstellaire, comme l'hydrogène, l'absorbent fortement. Il est par conséquent difficile de capter le rayonnement de ce domaine de lumière émis par des astres lointains. À ce phénomène naturel qui nous masque les sources UV, s'ajoutent des difficultés technologiques. Les matériaux optiques classiques absorbent très efficacement les rayonnements de longueur d'onde inférieure à 120 nm. Pour limiter cette absorption, on utilise un miroir de composition différente, sur lequel les rayons arrivent pratiquement parallèlement à la surface (c'est-à-dire, de manière rasante) et non perpendiculairement, comme dans les télescopes classiques servant à observer la lumière visible.

Copernicus

De 1946...

La première observation astronomique spatiale dans le domaine de l'ultraviolet a été réalisée en 1946 à bord d'une fusée V2, récupérée par les Américains en Allemagne comme prise de guerre à la fin de la Seconde Guerre mondiale et reconvertie en "fusée sonde". Pendant une dizaine d'années, des expériences ainsi embarquées à bord de fusées furent conçues et menées à bien par l'américain Lyman Spitzer. Elles permirent de découvrir, pour la première fois en 1957, une source ultraviolette non solaire dans les constellations des Voiles et de la Poupe. Forte de ce succès, la NASA programma une série de quatre observatoires astronomiques orbitaux : les satellites OAO. *OAO 3*, alias *Copernicus*, lancé en 1972, montra notamment que l'espace interstellaire est composé de nuages moléculaires denses et entourés de filaments de gaz chauds éjectés lors d'explosions d'étoiles.

La même année, l'Agence Spatiale Européenne (ESA) lance le satellite *TD1-A* qui effectue le premier inventaire des sources ultraviolettes relativement brillantes. Mais il faut attendre 1978 pour que le premier véritable observatoire UV soit lancé.

IUE

L'*IUE*, *International UV Explorer*, initialement prévu pour deux ans, a fonctionné pendant dix-huit ans. Il détient le record – encore jamais égalé – de longévité et de productivité dans la famille des satellites astronomiques : 10 000 sources différentes recensées pour 114 000 observations.

... à aujourd'hui

Depuis, *EUVE* (*Extreme UV Explorer*) a exploré le domaine dit interdit de l'extrême UV afin d'établir un catalogue des sources de ce rayonnement proches de notre région de l'Univers. Lancé en 1992, il a été "déconnecté" en février 2001 par la NASA faute de crédit. D'autres instruments participent aussi à l'exploration du ciel ultraviolet : en 1990, la navette américaine embarqua l'observatoire *Astro* équipé de trois instruments UV. Aujourd'hui, le télescope spatial *Hubble* est aussi capable de détecter la lumière UV, notamment depuis la correction de sa myopie en 1993 (*voir p. 308*). Le dernier télescope d'observation du ciel UV a été lancé le 24 juin 1999. Nommé *FUSE* (pour *Far Ultraviolet Spectroscopic Explorer*), il se charge d'obtenir des images de l'ultraviolet lointain, en particulier des gaz chauds résultant de l'explosion de supernova.

EUVE

FUSE

Les berceaux d'étoiles

Les étoiles naissent au sein de nuages de gaz et de poussières. Ces cocons stellaires deviennent brillants au télescope lorsqu'ils sont "excités" par le rayonnement UV des jeunes étoiles massives du berceau (appelé aussi pouponnière). Ainsi, munis d'instruments, les astrophysiciens peuvent identifier la forme et la composition de ces nuages.

Nébuleuse NGC 2264

Les étoiles jeunes et massives

Les étoiles jeunes et massives brûlent leur "carburant" très vite et abondamment ; elles dégagent alors un fort rayonnement UV qui éclaire les nuages de gaz environnants. Cette image zoomée de la nébuleuse d'Orion montre un gaz coloré. Il est visible grâce à l'excitation de ses atomes d'hydrogène par l'émission UV d'un amas de jeunes étoiles appelé le Trapèze.

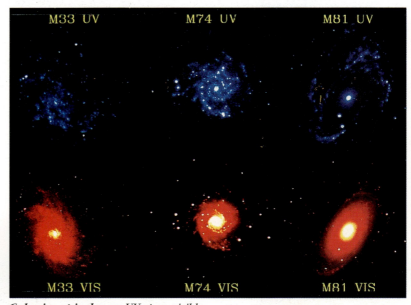

Galaxies spirales en UV et en visible

Nébuleuse d'Orion zoomée par Hubble

L'activité stellaire

En raison du fort rayonnement UV des jeunes étoiles massives, il est possible de localiser les zones actives de formation d'étoiles dans les galaxies voisines. Pour les galaxies spirales, ces sites se trouvent dans les bras et les noyaux comme le montre cette image comparant les galaxies M33, M74, M81 en lumière visible et UV. Localiser ces régions d'activité stellaire permet de comprendre les mécanismes qui déclenchent la naissance des berceaux d'étoiles dans les galaxies.

Source UV d'une "vieille" galaxie comprenant environ 8 000 étoiles

Les sources de l'extrême UV

La partie la plus énergétique de la lumière UV est appelée extrême UV. Les photons, qui véhiculent cette grande quantité d'énergie, sont émis soit par des naines blanches, soit par certaines étoiles variables, dont la luminosité change périodiquement, soit encore par les couronnes actives d'étoiles froides.
Toutes ces sources d'extrême UV ont la particularité d'être proches de nous ; celles qui sont éloignées ne pouvant être détectées.

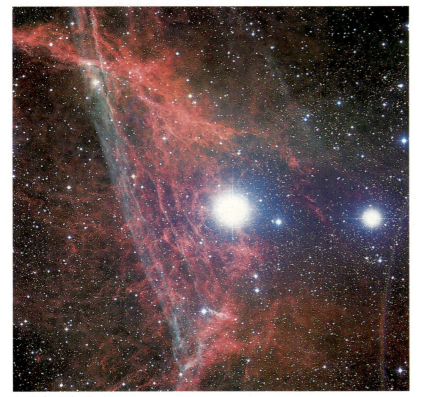

La Vela (détail)

Les restes de supernovae

Les étoiles massives terminent leur vie par une violente explosion, qui libère dans l'espace la matière très diverse (de l'hélium au fer) qu'elles ont fabriquée par nucléosynthèse durant leur activité. L'image montre les radiations UV émises par le gaz expulsé par l'une de ces supernovae, La Vela. C'est l'onde de choc issue de l'explosion initiale, datée à 12 000 ans, qui, se propageant dans le milieu interstellaire, "excite" ce gaz qui devient alors très chaud.

Le ciel en X

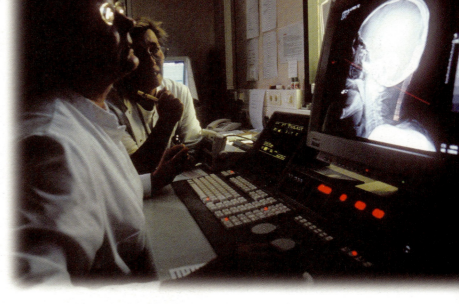

Les rayons X sont utilisés en radiographie médicale : ils véhiculent une énergie telle qu'ils peuvent traverser le corps. Mais à faible dose, ils ne présentent pas de danger pour la santé. Ceux qui viennent de l'espace et qui bombardent sans cesse la Terre sont heureusement stoppés par l'atmosphère. En contrepartie, les astrophysiciens doivent placer leurs instruments au-dessus de ce bouclier naturel pour les capter.

Comme un lancer de caillou

Détecter les rayons X est possible grâce à des compteurs type Geiger. Cette technique permet de donner approximativement la direction de la source, mais est incapable d'en fournir une image. Pour obtenir une image en X, il faut modifier le principe optique habituel. La focalisation de la lumière, c'est-à-dire sa concentration en un point, ne peut se faire par simple réflexion sur un jeu de miroirs, comme pour les télescopes classiques, car dans ce cas, les rayons X traverseraient les miroirs sans être réfléchis. Il faut donc que ces radiations arrivent en rasant la surface du miroir pour éviter leur absorption. C'est comme un lancer de caillou au bord de l'eau : si le caillou est lancé vers l'eau, il traverse la surface ; si le lancer est rasant, il ricoche sur la surface, autrement dit, il rebondit. Les télescopes X, basés sur cette propriété, sont constitués d'une série de cylindres presque fermés dont la courbure complexe permet de concentrer la lumière X vers le point où se forme l'image (le foyer) et où est placé l'instrument de détection.

La saga du X

C'est dans les années 1940 qu'ont eu lieu les premières observations X ; comme pour le rayonnement ultraviolet, elles se firent à bord de fusées allemandes *V2* récupérées par les Américains lors de la Seconde Guerre mondiale. À cette date, ils ne détectent qu'une faible émission dans la couronne solaire. Il faut attendre 1962, année où la fusée *Aerobee* découvre une nouvelle source, ScoX-1, située dans la constellation du Scorpion. Les premiers satellites sont lancés en 1970 : *Uhuru*, l'américain, et *Ariel V*, l'anglais, repèrent sans grande précision plusieurs centaines de sources. Celui qui fournira les premières images X est le satellite américain *HEAO 2* (*High energy Astronomy Observatory*) plus connu sous le nom d'*Einstein*. Lancé en 1978, il a été opérationnel pendant 3 années, durant lesquelles il a découvert une grande quantité de nouvelles sources X.
Se succèdent ensuite une armada de satellites plus performants, mais seuls deux d'entre eux apportent une contribution notable à

Famille des High *energy Astronomy Observatory (HEAO)*

GUETTEURS DE LUMIÈRE

LE SAVAIS-TU ?

Chaussures à son pied !
Découverts en 1895, les rayons X ont la propriété de traverser notre corps. Comme les os sont plus opaques que la chair à cette radiation, les rayons X permettent de "cartographier" l'intérieur du corps, et notamment les malformations osseuses. Au début du XXe siècle, les vendeurs de chaussures offraient la possibilité à leurs clients de voir la forme de leur pied pour choisir la chaussure la plus adaptée. Ce "service" cessa à la fin des années 1950, lorsqu'on découvrit les risques qu'il présentait pour la santé.

Des phénomènes violents

Les rayons X sont émis par des sources chauffées à des millions de degrés. Ces sources atteignent ces très hautes températures à la suite d'événements catastrophiques, comme l'explosion de supernovae ou l'effondrement sur eux-mêmes d'astres très denses tels les étoiles à neutrons et les trous noirs.

XMM, *vue d'artiste*

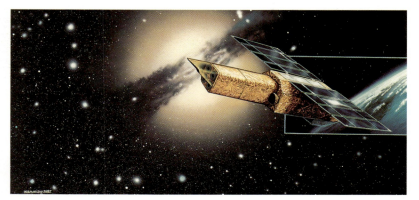

ASTRO-E, *vue d'artiste*

ROSAT, *vue d'artiste*

l'exploration du ciel en X : le satellite international *ROSAT* (Roentgen Satellite), lancé en 1990, qui détient le record de recensement avec plus de 70 000 sources, et le satellite italien *Bepposax*, lancé en 1996. Actuellement, l'exploration se poursuit avec le satellite américain *Chandra*, l'européen *XMM* et le japonais *ASTRO-E*.

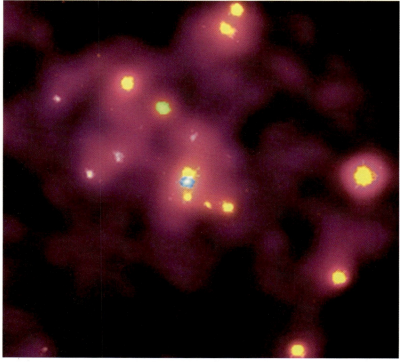

Première image en X *de la galaxie d'Andromède, prise par* Chandra

La dernière lumière

La lumière gamma est la plus énergétique qui soit. En effet, au-delà du rayonnement gamma, la lumière n'existe plus : les photons, particules de lumière, se transforment en particules de matière selon la célèbre découverte d'Einstein, reliant matière et énergie : $E=mc^2$.
Elle est donc associée aux phénomènes les plus violents de la dynamique de notre Univers.

Les lumières du spectre électromagnétique comprises entre l'infrarouge et les rayons X, sont émises en général lors de processus dit thermiques. Pour les rayons gamma, il en va autrement : ils sont produits par des mécanismes comme les collisions de particules, lors desquels la matière peut se transformer en énergie et réciproquement. L'énergie qui peut alors être libérée est considérable.

Détecter le gamma

Les particules de lumière gamma venues de l'espace ne peuvent atteindre le sol : elles réagissent avec la haute atmosphère terrestre. Il faut donc placer en orbite des satellites pour les capter. Une autre difficulté, de taille, a longtemps freiné l'essor de l'astronomie gamma : la détection de ce rayonnement extrêmement énergétique demande une technologie de pointe. La lentille gamma (*voir p. 302*), élaborée très récemment, permet de collecter ce type de radiations et de les diffracter vers le détecteur, comme le font les systèmes optiques classiques. Cette innovation technique ouvre de grandes perspectives et même si les premiers résultats remontent à 1968, l'aventure de l'astronomie gamma est réellement tournée vers demain.

Nébuleuse de la Tarentule, *avant et pendant l'explosion*

GUETTEURS DE LUMIÈRE

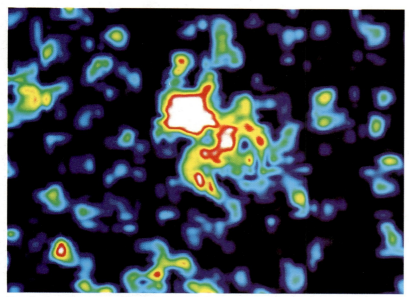

Explosion d'une supernova en rayons gamma (point blanc au centre), *prise par* Hubble

Les émetteurs gamma

La première catégorie d'objets célestes émetteurs de ce rayonnement sont les étoiles. Si on écarte l'exemple du Soleil qui émet un rayonnement gamma lors de ses éruptions, les autres objets émetteurs sont les supernovae. Leur explosion libère la matière générée pendant toute la vie de l'étoile. Cette matière est composée entre autres d'éléments instables qui se transforment très vite après l'explosion de la supernova. Ces transformations produisent des éléments plus stables, et de la lumière gamma. C'est le cas par exemple du cobalt 56 – 56 correspond au nombre de nucléons, celui du cobalt stable étant 58 – qui se désintègre pour donner du fer 56, et des photons gamma très énergétiques. Les trous noirs, phase ultime des étoiles ultra massives, émettent aussi des rayons gamma lorsqu'ils capturent de la matière environnante. Cela explique leur détection dans les noyaux de galaxies actives et les quasars. Enfin, il existe un mystère encore non résolu sur des émissions spontanées gamma : ces sursauts peuvent venir de n'importe quelle direction.

DES UNITÉS GIGAASTRONOMIQUES

L'unité utilisée en astronomie des hautes énergies est l'électronvolt (symbolisé par eV), comme en physique atomique et nucléaire. Il correspond à 0,1 milliardième de milliardième de l'énergie mise en jeu lorsqu'une pomme tombe d'une table sur le sol ; on devine donc que l'électronvolt n'est pas approprié pour les rayonnements très énergétiques. Aussi, pour les rayons gamma, parle-t-on de mégaélectronvolt (1 MeV = 1 000 000 eV), de gigaélectronvolt (1 GeV = 1 000 000 000 eV) et de téraélectronvolt (1 TeV = 1 000 000 000 000 eV).

Explosion d'une étoile

Big Bang : où, quand, comment, pourquoi ?

Le XXe siècle a vu les idées qu'on se faisait de l'Univers passer d'un extrême à l'autre. De l'espace en immobilité absolue, hérité de l'antique Aristote, on est passé à un gigantesque manège cosmique dominé par la violence et le mouvement, lui-même né dans l'incroyable feu d'artifice du Big Bang.

Depuis sa naissance, l'Univers grandit

La découverte par Edwin Hubble de l'expansion de l'Univers posait immédiatement la question d'une origine car, s'il y avait vraiment une expansion, il suffisait d'en inverser le processus pour remonter le temps jusqu'à l'instant où tout l'Univers était concentré en un point. La date de cette origine peut donc être calculée à partir de la mesure de la vitesse d'expansion. Les premières estimations donnaient un âge de l'Univers très faible, inférieur à l'âge de la Terre ! Depuis, on a affiné les mesures, lesquelles convergent actuellement autour de 13 à 15 milliards d'années. Dès la fin des années 1920, les astrophysiciens Friedmann et Lemaître émettaient l'hypothèse de l'explosion initiale d'un "atome primitif" infiniment dense, à partir duquel l'Univers se serait progressivement construit. Ce modèle s'est perfectionné et porte maintenant le nom de "Big Bang".

Les premiers instants

Dès les premiers instants du Big Bang, la substance incroyablement chaude et condensée, qui n'était pas encore de la matière identifiable, a commencé à se dilater et à se refroidir en subissant une succession de transformations comparables aux changements d'état de la vapeur en eau, puis en glace.
D'abord se sont formées les particules les plus élémentaires que nous connaissons, les quarks et les leptons ; puis sont apparus

Champ profond *photographié par* Hubble *(représenté ci-dessous et ci-contre)*

GUETTEURS DE LUMIÈRE

les protons et les neutrons, le tout baigné par un rayonnement porté par des photons.
Une seconde après, la température n'était plus que de 6 milliards de degrés.
Les particules ont alors commencé à se dévorer entre elles, jusqu'à ce qu'il n'en reste qu'un peu pour former, dès le premier quart d'heure, les noyaux atomiques les plus simples, hydrogène et hélium principalement.
L'expansion et le refroidissement se sont poursuivis, amenant la formation des atomes.
Les photons de lumière ont alors entamé une existence autonome, leur baisse de température se traduisant par une perte d'énergie et donc une longueur d'onde de plus en plus grande. Tous les éléments étaient en place pour que l'Univers – avec ses gaz, poussières, étoiles, galaxies, amas et super amas – commence à s'organiser, tout en continuant à se dilater.

Les preuves du Big Bang

Ce modèle théorique n'est acceptable que parce qu'il explique les phénomènes connus, et qu'il reste cohérent avec les nouvelles observations. Ainsi :
- L'expansion de l'Univers se confirme lors d'observations d'objets de plus en plus lointains.
- Les galaxies très lointaines, que nous observons dans leurs premiers stades, sont sensiblement différentes des galaxies actuelles, ce qui montre bien l'existence d'une évolution à l'échelle de l'Univers.
- On a effectivement trouvé dans le domaine énergétique que le modèle prévoyait la trace d'un rayonnement électromagnétique "fossile", bruit de fond datant des premiers moments de l'Univers.
- La proportion des éléments chimiques, telle qu'on la trouve dans les vieilles étoiles et dans la matière interstellaire, est conforme aux modèles de synthèse de noyaux de la théorie du Big Bang.
- Le modèle utilisé pour expliquer la formation de la matière au début de l'Univers est en accord avec les théories actuelles concernant la physique des particules élémentaires et de leurs interactions, théories qui sont en cours de vérification par les expérimentations dans les accélérateurs de particules géants.

Et ensuite ?

L'avenir de l'Univers dépend de sa masse : s'il n'y a "pas assez" de matière, l'expansion se poursuivra indéfiniment, tous les objets s'éloigneront les uns des autres en se refroidissant…
En revanche, s'il y en a "trop", l'expansion s'arrêtera et une contraction s'amorcera pour aboutir à un écrasement final, un "Big Crunch" symétrique du Big Bang. Aujourd'hui, les cosmologistes pensent que nous sommes juste entre les deux.

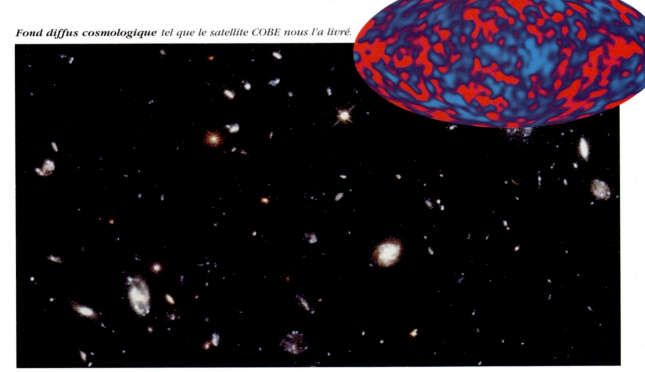

Fond diffus cosmologique tel que le satellite COBE nous l'a livré.

Lexique

Aldébo
Mesure de grandeur qui caractérise la proportion d'énergie lumineuse diffusée ou réfléchie par un objet éclairé.

Alizé
Vent sec tropical soufflant du nord vers l'est dans l'hémisphère Nord, et du sud vers l'est dans l'hémisphère Sud.

Balistique
Science du mouvement des projectiles. On appelle missile balistique un engin autopropulsé muni d'une charge explosive, classique ou nucléaire.

Photovoltaïque
Qui effectue directement la conversion d'une énergie lumineuse en énergie électrique.

Convection
Propagation de la chaleur au travers d'un fluide (un gaz par exemple).

Conduction
Propagation de la chaleur d'une molécule à une autre, par collision.

Conjonction des planètes
Alignement des planètes entre elles et avec la Terre et le Soleil.

Cryotechnique
Technique qui met en œuvre de très basses températures (*cryo* signifie "froid" en grec).

Électron
C'est la plus petite particule constituant un atome ; elle porte une charge électrique négative.

Électroluminescent
Qui produit de la lumière sous le choc des électrons.

Ergol
Substance employée seule ou comme composant d'un mélange pour alimenter un moteur-fusée et lui fournir son énergie propulsive.

Fenêtre de tir (ou fenêtre de lancement)
Période pendant laquelle un lancement spatial permettant de réaliser une mission donnée peut être effectué.

Fibre optique
Filament de verre très pur qui achemine la lumière.

GEO
Geostationary Earth Orbit : orbite géostationnaire.

Géostationnaire
Se dit d'un satellite géosynchrone qui décrit une orbite directe, équatoriale et circulaire. Les satellites géostationnaires gravitent en orbite à 35 787 km de la Terre (on arrondit dans le langage courant à 36 000 km).

Géosynchrone
Se dit d'un satellite de la Terre lorsque sa révolution est très proche des 24 h, période de rotation terrestre.

GTO
Geostationary Transfer Orbit : orbite de transfert géostationnaire.

Héliocentrique
Qui a pour centre le Soleil.

Ion
Atome ou molécule chargé électriquement.

Magnitude
Mesure scientifique de la puissance des tremblements de terre.

Nucléon
Particules composant le noyau d'un atome (qu'il s'agisse de protons ou de photons).

Phytoplancton
Ensemble des micro-organismes végétaux en suspension dans les océans.

Pixel
De l'anglais *picture element*. Petit carré formant l'unité élémentaire d'une image numérique. La plupart des images satellites sont des images numériques.

Précession des équinoxes
Cycle durant lequel l'axe de la Terre effectue un petit cercle autour du Nord géographique, comme l'axe d'une toupie.

Pression atmosphérique
Force qu'exerce l'air de l'atmosphère par unité de surface. Elle est d'environ 1 kg/cm^2 au niveau de la mer.

Propergol
Produit composé d'un ou de plusieurs ergols, capable de fournir l'énergie de propulsion d'un moteur-fusée.

Réseau hertzien
On appelle réseau hertzien – du nom du physicien allemand Heinrich Hertz (1857-1894) – un système de transmission par ondes électromagnétiques utilisé souvent en radiocommunication.

Résolution
La résolution d'une image satellite est la taille réelle au sol d'un pixel de cette image.

Sol
Terme désignant un jour sur la planète Mars.

Sublimation
Passage sans transition d'un corps de l'état solide à l'état gazeux.

Tectonique des plaques
Théorie scientifique qui explique les différents phénomènes géologiques par les mouvements des plaques de l'écorce terrestre.

Utile (charge)
Ensemble des équipements que transporte un véhicule spatial destiné à remplir une mission déterminée.

Index

A

action-réaction (principe) 84-85, 94-95, 96
Aerobee (fusée) 316
aérostats, voir ballons-sondes
agences spatiales 108-109
Aigle (constellation) 47
Aigle (nébuleuse) 310
aires, loi des 135
al-Battani (astronome) 25
al-Biruni (astronome) 24
al-Sufi (astronome) 24
Alcantara (base) 108
Aldébaran (étoile) 24, 73
Aldrin, Edwin (astronaute) 238
Alhazen, Ibn al-Haytham (astronome) 24
Almageste 23, 24
Altaïr (étoile) 24
altimétrie radar 191
amas d'étoiles 72, 79, 303
amas des Pléiades (M 45) 72
aménagement du territoire 199
Ampère, André Marie (physicien) 208
analogique, transmission 219
Andromède (galaxie) 310, 317
année-lumière (al) 295
Antannea (galaxie) 307
antenne 145, 172, 175, 211, 214, 219, 284
    expérience pratique 215
apesanteur, voir impesanteur
apogée 132, 135, 139
Apollo (missions) 62, 101, 108, 153, 165, 238-239, 260, 274, 285
Apollo-Soyouz (mission) 240-241
apsides, ligne des 138
Arabes 24-25, 26
Arabsat (satellite) 142-143
arc-en-ciel 34-35, 70
Archéops (mission ballon) 303
ARD (capsule) 101
Argos 189, 220, 221
Ariane 104, 105, 107, 108, 110-111, 168, 170, 176
Ariane 1, 2 et *3* 110-111
Ariane 4 99, 110-111, 113, 142
Ariane 5 91, 93, 101, 104, 105, 110-111, 112-113, 114-117, 146
Ariel (satellite d'Uranus) 290
Ariel V (satellite) 316
Aristarque de Samos (astronome) 23
Aristote (philosophe) 22, 26, 320
armes de guerre 83, 153
    voir aussi fusées de guerre, missiles, roquettes, satellites-espions
Armstrong, Neil (astronaute) 238
arrimage dans l'espace 146, 175, 240-241, 244-245
Aryabhata (astronome) 17
ascension droite 46, 57, 139
Ashby, Jeffrey (astronaute) 237
assistance gravitationnelle 266, 288
astéroïdes 99, 282-283, 295
Astra 1 H (satellite) 175
ASTRO-E (satellite) 317
astrolabe 25
astronautes, voir spationautes
Atlantis (navette) 100, 244
    voir aussi navette américaine
Atlas (lanceur) 99, 104, 108
atmosphère 130, 160, 194, 197, 298, 301
    dans les vaisseaux 147, 162, 239, 241
atomes 67, 306, 320, 321
atterrisseurs 276, 278, 280
attraction
    champ d' 136, 139, 148, 266
    solaire 149
    terrestre 129, 134, 148, 150
ATV (véhicule de ravitaillement) 146, 257
aurores boréales 268, 273
aurores polaires 131, 157, 166-167
Avdeïev, Sergueï (cosmonaute) 245
avion 298
    spatial 123
Aztèques 20-21

B

Babyloniens 12-13
Bacon, Roger (théologien) 83
Baïkonour (base) 100, 106, 109, 127, 236
Baily, grains de 39
balises 140, 189, 220, 222
balistique 128
ballons-sondes 131, 161, 194, 298, 300-303
baromètre 161
bases de lancement 106-107, 108-109
Bean, Alan (astronaute) 238
Bell, Alexander Graham (inventeur) 207
Bepposax (satellite) 317
Bêta Pictoris (étoile) 307
Bételgeuse (étoile) 24, 45, 71, 73
Big Bang 79, 303, 320-321
Big Crunch 320-321
Bopp, Thomas (astronome) 54
bouées dérivantes 220
Bourane (navette) 101
boussole 156, 159
Bouvier (constellation) 47
Brahe, Tycho (astronome) 27
Brand, Vance (astronaute) 241
Braun, Wernher von (ingénieur) 87, 88-89, 101
Brésil 105, 109, 201, 256
Bunsen, Robert Wilhelm (physicien) 70

C

câble
    coaxial 219
    à fibre optique 219
cadran solaire
    expérience pratique 32
calendriers 12-13, 14-15, 16, 18-19, 20
Californie 188, 193, 259
Callisto (satellite de Jupiter) 287
caloducs 163, 172
caméra CCD 58-59
Canada 256
Canberra (station) 145
cap Canaveral (base) 106, 108, 151, 237
carburant 90-91, 93, 120-121, 149, 168, 266
    voir aussi ergols, moteurs
Carène (constellation) 47
cartographie
    du ciel 46-51, 305
    expérience pratique 187
    spatiale 186, 190, 200, 303
CASC (agence spatiale) 109
Cassini (sonde) 285, 288-289
Cassiopée (constellation) 47, 48
Cassiopée (mission) 252
catalogues d'étoiles 18, 24-25, 77, 304, 305
catastrophes naturelles (prévention des) 188, 193, 197, 199
CCD (imagerie) 58-59
Céphéides (constellation) 310
Cérès (astéroïde) 282
Cerise (satellite) 170

CFHT, télescope franco-canadien d'Hawaii (télescope terrestre) 68-69, 74
chaleur, propagation de la 160, 162
    voir aussi température
Challenger (navette) 100, 265
champ magnétique 156, 158, 164, 166, 216
    expérience pratique 158
    voir aussi Soleil
champ profond 311, 320-321
Chandra (télescope) 175, 317
Chappe, Claude (ingénieur) 206
charge nucléaire 98
charge utile 172, 174, 272, 273
Charon (satellite de Pluton) 291
Chine 18-19, 82, 84, 98, 101, 105, 106, 109, 196
Chrétien, Jean-Loup (spationaute) 243, 254
chromosphère 65, 66, 71
cinéma 86, 153, 211, 229, 238, 260-261
Cité des étoiles 231, 233, 240
Claire (mission ballon) 302
Clarke, Arthur C. (écrivain) 229
Clementine (sonde) 275
climatologie 193
Cluster (satellite) 176
CNES 112, 142, 192, 280
CNSA (agence spatiale) 109
COBE (satellite) 321
Columbia (navette) 100, 259
    voir aussi navette américaine
Columbus (module) 256
coma 55
comburant 90-91
combustion, chambre de 91
comète(s) 19, 54-55, 56, 269, 292-293, 311
    de Hale-Bopp 54
    de Halley 55, 133, 292
Comité de l'espace 152
Congreve, William (colonel) 83
Conrad, Charles (astronaute) 238
constellations 46-53
    de satellites 213, 223
    zodiacales 47
contrôle d'attitude des satellites 144, 172
coopération internationale 110, 112-113, 126, 152, 171, 196, 240-241, 244-245, 256
Copernic, Nicolas (astronome) 23, 25, 26-27
Corée du Sud 109
cornets polaires 157
coronographe 33, 63

cosmonautes, voir spationautes
Cosmos (satellite) 153
courants marins 190
courbure
    de l'espace 137
    terrestre 141, 210
couronne solaire 33, 39, 65, 269, 316
Crabe (nébuleuse) 302
Croix du Sud (constellation) 47
croûte terrestre 188, 191
CRV (véhicule de sauvetage) 257
cultures, suivi des 184, 198
cyclones 196, 197
Cygne (constellation) 47, 75

Dactyl (astéroïde) 282
débris (spatiaux) 153, 168, 170
décélérations 258-259
déchets des stations 146, 246, 257
déclinaison 46, 57
déforestation, suivi de la 183, 201
dégazage 161, 177
Deimos (satellite de Mars) 294-295
Delta (lanceur) 99, 103, 108
Deneb (étoile) 71
dépression atmosphérique 197
désintégration dans l'atmosphère 130, 142, 147, 151, 171, 203
désorbitation 150, 151, 258
Destiny (module) 256
diode électroluminescente 217
Discovery (navette) 100, 171
    voir aussi navette américaine
Doppler, effet 310
dorsales océaniques 191
Dragon (constellation) 47
dragsters 97
DSN 145
Dubhe (étoile) 45
Duke, Charles (astronaute) 165

Early Bird (satellite) 213
eau, ressources en 198
écho radar 191
éclipses 16, 18, 21, 33, 38-39
    artificielles 33, 63
    observation des 39
écliptique 36, 46

Égypte 14-15
Einstein, Albert (physicien) 58, 67, 316, 318
El Niño 192, 193
électrons 59, 65, 157, 166, 217
    canon à 216
électronvolt (eV) 319
Elisa (mission ballon) 302, 303
Endeavour (navette) 100, 104, 237, 242
    voir aussi navette américaine
énergie nucléaire 66-67, 228
environnement, protection de l' 200
Envisat (satellite) 200
éphémérides 54
équateur céleste 18
équinoxes 32, 36, 139
    voir aussi précession
Ératosthène (astronome) 23
ergols 88, 90-91, 93, 112-113, 130-131, 142
    cryotechniques 90-91
    liquides 87, 90-91, 114
    solides 90-91
    voir aussi carburant, comburant, moteurs
Éros (astéroïde) 282-283
ERS (satellite) 186
éruptions solaires 64, 66, 165, 167, 268-269
éruptions volcaniques 188
ESA (agence spatiale) 108, 112
Esnault-Pelterie, Robert (ingénieur) 86
États-Unis 89, 99, 100, 103, 104, 106, 108, 110, 126, 168, 196, 198, 202, 223, 238-239, 240-241, 244-245, 256
étoiles 67, 76, 77
    couleur des 45, 70-71
    diamètre apparent des 44
    évolution des 71, 72-75, 306, 310, 313, 314, 319
    filantes 56
    lumière des 70-71, 310, 315
    masse des 70, 74
    mouvement des 71
    à neutrons 75, 79, 317
    observation des 30, 44-47
    température des 70-71, 315
    variables 315
    voir aussi amas, catalogues, géantes, magnitude, naines, pulsar, scintillation, supergéantes
Eudoxe (astronome) 22
Europa (lanceur) 108, 110
Europa (sonde) 287
Europe 101, 104, 108, 110-111, 112-113, 196, 200, 223, 256

Europe (satellite de Jupiter) 287
Eutelsat (satellites) 215
exosphère 131
Explorer (satellite) 89

F

failles tectoniques 188
fenêtre de lancement 146, 149, 267
FIRST (satellite) 305
fission nucléaire 66-67
Floride, 106, 118, 237, 259
Fontana, Joanes de (inventeur) 83
forêts 183, 185, 200, 201
fosses océaniques 191
Fraunhofer, Joseph von (physicien) 70
freinage, systèmes de 131, 149, 150, 258-259
Friedmann, Aleksandr (astro-physicien) 320
Froissart, Jean 83
frottements
　　dans l'atmosphère 130, 137, 139, 151, 203
　　dans l'espace 134
fusées 82, 84, 86-87, 93, 96-97
　　carburant des 90-91, 93
　　expérience pratique 94-95
　　de guerre 82-83, 88, 98-99
　　lancement des 92-93, 114-117, 236-237
　　propulsion des 84-85, 90-91
　　voir aussi lanceurs
fusion nucléaire 66-67
FY (satellite) 196

G

Gagarine, Youri (cosmonaute) 99, 100-101, 108, 236, 255
Galaxie, notre 31, 76, 79, 299, 303
galaxies 30, 31, 69, 77, 78, 79, 305-308, 310, 321
　　actives 311, 314, 319
Galileo (constellation de satellites) 215, 223
Galileo (sonde) 62, 175, 267, 282, 285, 286, 287, 293
Galilée, Galileo Galilei, dit (astronome) 25, 27, 31, 41, 286

Ganymède (satellite de Jupiter) 287
Gaspra (astéroïde) 267, 282
Gauss, Carl Friedrich (physicien) 156
géantes (étoiles) 71, 73, 74
Geiger, compteur 316
Géminides (étoiles filantes) 57
générateurs électriques 284, 289
GEO 143
géocentrisme 23, 24, 27
géodésie 186, 189
géoïde 187, 191
gigaélectronvolt (GeV) 319
gigaoctet (Go) 218
Giotto (sonde) 292
gisements miniers, exploitation des 187
Globalstar (téléphonie mobile) 213
Glonass (*Global Orbiting Navigation Satellite System*) 223
GMS (satellite) 196
gnomon 17, 32
GNSS (*Global Navigation Spatial System*) 223
Goddard, Robert Hutchings (ingénieur) 86-87
GOES (satellite) 141, 196
Goes (sonde) 268
Golstone (station) 145
GOMS (satellite) 196
GPS (*Global Positioning System*) 222-223
Grand Chien (constellation) 47
Grande Ourse (constellation) 45, 47, 48
gravitation universelle 128, 132, 135
　　voir aussi assistance gravitationnelle
gravité 67, 72, 128, 186, 191
　　expériences pratiques 129, 136
　　lunaire 128
　　puits de 136
Grèce antique 17, 22-23, 156
GTO 102-105, 110, 143
guidage, systèmes de 82, 86, 88, 91, 93, 222
　　expérience pratique 173
Guidoni, Umberto (spationaute) 237

H

H (lanceur) 91, 105
Hadfield, Chris (spationaute) 237
Haise, Fred (astronaute) 238-239
Hale, Alan (astronome) 54

Halley, Edmund (astronome) 55
Hammaguir (base) 107
Hartebeesthoek (station) 142, 145
HEAO, dit *Einstein* (satellite) 316
héliocentrisme 23, 26-27, 135
Hélios (satellite) 99, 141, 203
héliosismologie 269
Hercule (constellation) 79
Hermès (avion spatial) 101
Hertzsprung, Ejnar (astronome) 71
Hertzsprung-Russel (diagramme) 71
heure solaire 32, 33
Hipparque (astronome) 23
Hohmann, Walter (théoricien) 149
horloges atomiques 222
hôtel spatial 123
Houston (centre) 231, 239, 240
HRV (télescopes) 174
HST, Hubble space telescope (télescope spatial) 55, 73, 74, 75, 147, 171, 175, 242-243, 305, 306, 308-311, 314, 319, 320
Hubble, Edwin (astronome) 77, 308, 320
Huygens, Christiaan (astronome) 288
Huygens (sonde) 288-289
Hydre (constellation) 47
hyperbole 132, 133, 136

I

IC 1396 (nébuleuse) 69, 314
Ida (astéroïde) 267, 282
Ikonos (satellite) 202, 203
Image (sonde) 269
images
　　CCD 58-59
　　satellitaires 181, 184, 185, 187, 189, 194, 197-198, 200-201
　　transmission des 209, 210, 216
immatriculation des objets spatiaux 153
impesanteur 226-227, 232-233, 235, 247, 248, 250-253, 255, 256
　　expérience pratique 227
　　voir aussi pesanteur
Incas 21
Inde 16-17, 105, 109, 196
Inmarsat 212
INPE (agence spatiale) 109
INSAT (satellite) 196
instruments d'observation 17, 18, 25, 30, 33, 52, 58, 318
　　voir aussi ballons-sondes,

lunettes astronomiques, télescopes
Intelsat (satellites) 141, 213, 215
interférences 167
interférogramme 189
Internet 212
Io (satellite de Jupiter) 286
IRAS (satellite) 304, 305
Iridium (téléphonie mobile) 213
ISA (agence spatiale) 109
ISAS (agence spatiale) 109
ISO (satellite) 305, 307
Israël 105, 109
ISRO (agence spatiale) 109
ISS voir station spatiale internationale

J

Jiuquan (base) 101, 106, 109, 236
Jupiter 13, 19, 30, 31, 52, 53, 62, 175, 265, 267, 284, 286-287, 293, 294-295, 311
Jupiter (lanceur) 89

K

Kagoshima (base) 109
Kaleri, Alexandre (cosmonaute) 236
Kazakhstan 106, 151, 258
Kelut (volcan) 189
KEO (programme) 272-273
Kepler, Johannes (astronome) 25, 27, 135, 228
    lois de 135
Key Hole (satellites) 202-203
Kibo (module) 256
Kirchhoff, Gustav Robert (physicien) 70
Korolev, Sergueï Pavlovitch (technicien) 99, 127
Kosmos (satellites) 202
Koubassov, Valery (cosmonaute) 241
Kourou (base) 107, 108, 113, 114-117, 142, 146
Krikalev, Sergueï (cosmonaute) 244
Kuiper, Gerard Pieter (astronome) 291
    ceinture de 55, 291, 295

L

laboratoires spatiaux 250-253
Laïka (chienne) 100, 119, 127
lanceurs spatiaux 88, 92-93, 96-97, 99, 100-101, 102-105, 110-113
    voir aussi fusées
Landsat (satellites) 181, 202
Largo (centre) 220-221
laser 121
LDEF (satellite) 161, 170
Leighton (astronome) 304
Lemaître, Georges Henri (astrophysicien) 320
Léonides (étoiles filantes) 56, 57
Leonov, Alexei (cosmonaute) 241, 255
leptons 320
Lion (constellation) 47, 56
livres et BD 118-119, 185, 228, 264
Lonchakov, Youri (cosmonaute) 237
Longue Marche (fusée) 100-101, 105
Lovell, James (astronaute) 238-239
Lucid, Shannon (astronaute) 245
lumière
    énergie de la 298, 299, 318
    invisible 298-299
    nature de la 299
    visible 65, 299
    voir aussi lumière solaire, rayons, spectre, vitesse
lumière solaire 34-35, 58, 65, 66, 67, 70, 160, 249
    expérience pratique 34
    pression de la 121, 139, 293
Luna (sondes) 274
Lunar Prospector (sonde) 275
Lune 128, 134, 137, 152, 274-275
    cartographie 62
    cratères et reliefs lunaires 41
    expéditions sur la 89, 123, 238, 256
    observation de la 13, 16-17, 18-19, 21, 22-23, 25, 30, 31, 38, 39, 40-43
    phases de la 42-43
    révolution, rotation de la 41, 42
    roches 153, 265, 275
lunettes astronomiques 31, 63
Lyre (constellation) 47, 74
Lyrides (étoiles filantes) 57

M

M 1, nébuleuse du Crabe 75, 302
M 13 (amas) 79
M 20, nébuleuse Trifide 72
M 31, galaxie d'Andromède 77, 310, 317
M 33 (galaxie) 314
M 45, amas des Pléiades 72
M 57 (nébuleuse) 74
M 74 (galaxie) 314
M 81 (galaxie) 314
M 102 (galaxie) 77
Madrid (station) 145
Magellan (sonde) 271
magnétisme 156, 208, 269, 294
    voir aussi champ magnétique
magnétomètre 175
magnétosphère 156-157, 269
magnitude
    des étoiles et planètes 45, 52, 53, 71
    d'un séisme 189
Marconi, Guglielmo (physicien) 207, 208
marées 43, 189, 190
Mariner (sondes) 267, 270, 276
Mars 13, 30, 52, 53, 59, 63, 121, 131, 135, 276-281, 283, 294
    voyage vers 122, 148, 165, 256, 267
Mars (sondes américaines) 148, 276, 277, 278, 280
Mars (sondes russes) 276, 281
Mathilde (astéroïde) 282-283
MAV (lanceur) 280
Mayas 20-21
McCandless, Bruce (astronaute), 249
mécanique céleste 136, 141, 290
médecine spatiale 234-235, 250
mégaélectronvolt (MeV) 319
mégaoctet (Mo) 218
Merak (étoile) 45
Mercator, projection de 19
Mercure 13, 53, 270, 283, 295
Mésopotamie 12-13, 17
mésosphère 131
Messenger (sonde) 270
Messier, Charles (astronome) 77
Meteor Crater 57
Météor (satellite) 196
météorites 56-57, 131, 270
    expérience pratique 57
    voir aussi micrométéorites
météorologie 141, 181, 183, 184, 194, 196, 220, 276
Météosat (satellite) 183, 196

Mexique 198, 303
micro-ondes 298
micrométéorites 160
Mir (station) 100, 130, 147, 151, 171, 175, 236-237, 243, 244-245
Miranda (satellite d'Uranus) 290
missiles 86, 88, 91, 98
    balistiques 88, 98-99
MMU (fauteuil volant), 249
modèles
    d'ingénierie 177
    numériques 195
module
    de jonction 241, 244
    lunaire 239
montgolfière 181, 300
monture équatoriale 18
morse, alphabet 207
moteurs 111, 120-121
    combinés 120
    cryotechniques 91, 111
    -fusées 90-91, 97, 144, 258
    ioniques 120
    à liquides 91
    nucléaires 121
    à poudre 91
    de rentrée 151
    voir aussi ergols

N

Nadar, Félix Tournachon dit (photographe) 181
naines (étoiles) 71, 74, 315
NASA (agence spatiale) 89, 108, 192, 242, 270, 276, 278, 280
NASDA (agence spatiale) 109
Nations unies 152
navette américaine 91, 93, 100, 104, 105, 122, 147, 151, 298, 313
    atterrissage de la 100, 151, 258-259
    décollage de la 85, 237
NEAR (sonde) 282-283
nébuleuses 30, 31, 69, 72, 74, 75, 310
NECMOS (instrument) 305, 306
Neptune 52, 53, 55, 284, 291, 295
Neugebauer (astronome) 304
neutrons 321
    voir aussi étoiles à neutrons
Newton, Isaac (savant) 34, 84, 128, 129, 135, 266
NGC 831 (galaxie) 306
NGC 1300 (galaxie) 77
NGC 1820 (galaxie) 311

NGC 2903 (galaxie) 306
NGC 2932, nébuleuse Esquimau 74
NGC 3595 (galaxie) 306
NGC 4697 (galaxie) 77
NGC 4826 (galaxie) 306
NGC 5198, galaxie Centaurus A 79
NGC 5653 (galaxie) 306
NGC 6948 (galaxie) 306
NGC 7293, nébuleuse Hélix 69
NGST (satellite) 305
Nipkow, Paul (ingénieur) 216
NOAA (satellites) 144, 196, 221
nœuds
    ascendant, descendant 138-139
    de jonction d'une station 147
    ligne des 138
novæ 18-19
Navstar (satellites) 223
nuages 197
Nuages de Magellan, Petit et Grand, (galaxies) 47, 74, 77
nuage de Oort, voir Oort
nucléaire, voir énergie, fission, fusion, réacteur
nucléons 319
nucléosynthèse 67, 315
nuit polaire 37
numérique 184-185, 219
    caméra 63
    modèle 195
    télévision 215
    transmission 219

O

Obéron (satellite d'Uranus) 290
Oberth, Hermann (ingénieur) 86, 87, 229
observatoires astronomiques 13, 16-17, 18, 21, 24, 62-63, 68-69, 78
observer le ciel 30, 44, 56, 62-63, 68-69
océans, observation des 190, 191, 192, 220
Oersted, Christian (physicien) 208
Olbers, Heinrich (astronome) 45
Olmèques 20
ondes
    électromagnétiques 167, 208-209, 219
    expérience pratique 209
    longueur d' 299, 302, 321
    radio 78, 208, 210, 212, 298, 299, 300, 302
    sonores 208

    submillimétriques 298, 300, 302
    voir aussi lumière, micro-ondes, rayons
Oort, nuage de 55, 294
Opel, Fritz von (constructeur automobile) 87
Ophiucus (constellation) 47, 303
orbites 138
    cimetières 140, 171
    circulaires 132, 134, 136, 181
    elliptiques 38, 52, 54, 55, 77, 127, 132, 134, 141, 269
    géostationnaires 141, 142, 168, 181
    loi des 135
    mise sur 92-93, 100-101, 117, 127, 129, 131, 142
    polaires 140, 141, 181, 196, 200
    de transfert 142-143
orbiteur 100
orbitogramme 136-137
orbitographie 138-139, 191
ordinateur 195, 198-199, 201, 212, 218-219, 221, 278
    de bord 172
Orion (constellation) 44, 47, 48, 72, 314
Ouragan (satellites) 223
ouragans 196

P

Pacifique, océan 192, 196
Palmachim (base) 109
Pamplemousse (satellite) 275
panneaux solaires 120, 171, 172, 174, 256, 289
pannes sur les engins 161, 163, 168, 172
parabole 133, 136
    antenne 214
parasites électromagnétiques 144, 219, 268
Parazynski, Scott (astronaute) 237
parsec 295
particules 299, 318, 320
    pluie de 164
    solaires 157, 163, 166, 253, 268
    voir aussi photons
Pascal, Blaise (savant) 161
Pégase (constellation) 47
Penzias, Arno A. (astronome) 79
périgée 132, 134-135, 138, 141, 143
Pérou 193
Persée (constellation) 56

Perséides (étoiles filantes) 56-57
pesanteur 134, 187, 226, 232, 235, 259
  voir aussi impesanteur
Petite Ourse (constellation) 47
Philippe, Jean-Marc (artiste, concepteur de KEO) 272
Philippines 193, 196
Phillips, John (astronaute) 237
Phobos (satellite de Mars) 135, 295
photo-interprète 185
photons 58, 59, 66, 67, 167, 299, 315, 319, 321
photorésistance 217
photosphère 63, 64, 65, 66
Piazzi, Giuseppe (astronome) 282
piles nucléaires 172
pilotage, systèmes de 130, 144, 147
Pioneer (sonde) 265, 285
Pistolet (étoile) 73
pixels 59, 184, 201
plan
  équatorial 138, 141, 143
  orbital 138, 139, 143, 146
Planck (satellite) 303
planètes
  conjonction des 17
  mouvement apparent des 52
  naissance des 306, 307
  observation des 30, 52-53, 301
  périodes de révolution des 52, 53
  voir aussi magnitude
planétologie 264
plaques tectoniques 188, 191, 270
Platon (philosophe) 22
Plessetsk (base) 109
Pluton 52, 289, 291, 294-295
point radiant 56
point vernal 46
Poisson austral (constellation) 47
Polaire (étoile) 45, 47, 71
pôles magnétiques 156, 158, 159
pollution
  de l'espace 168
  prévention et suivi de la 183, 185, 271, 275, 304
Polyakov, Valery (cosmonaute) 245
pompe à vide 161
poudre (ergols), voir ergols solides, moteur à poudre
poussières galactiques 303, 306, 307, 314
précession 139
  des équinoxes 21, 23
pression atmosphérique 161
prisme 34-35, 69
Progress (vaisseau-cargo) 245, 256-257

Pronaos (mission ballon) 302, 303
propulseurs voir moteurs
propulsion, voir moteurs, réaction
prospection minière 187
Proton (lanceur) 97, 103, 105
protons 157, 164, 166, 279, 321
protubérances solaires 33, 65, 66
Proxima du Centaure (étoile) 44, 71, 307
Ptolémée (astronome) 23, 24
puce électronique 219
pulsar 79

Q

Qian Luo-zhi (astronome) 19
quadrant 25
Quadrantides (étoiles filantes) 57
quarks 320
quasars 78, 306, 307, 311, 319

R

R 7 (fusée) 99, 127
radars 145, 171, 172, 181, 183, 189, 200, 270, 271
  écho 190, 191
Radarsat (satellite) 183
radio, liaisons 141, 175, 210
  voir aussi ondes
radioastronomie 77, 79
radiogalaxies 77, 78-79
radiomètre 175
radiotélescopes 77, 78, 79
raideur gyroscopique 173
rayon vert 35
rayons, rayonnements
  cosmiques 163, 164
  gamma 66, 70, 298, 299, 300, 302, 318, 319
  infrarouge 34, 69, 70, 73, 76, 77, 190, 201, 298, 299, 300, 304, 305, 306-307, 318
  solaires 35, 37, 62
  sources de 302, 304, 315, 316, 317, 318, 319
  ultraviolets (UV) 35, 163, 167, 171, 249, 298, 299, 300, 314, 315
  X 65, 141, 163, 298, 299, 300, 316

  voir aussi lumière, ondes
réacteur nucléaire 120, 153
réaction, propulsion par 84-85, 94-95, 96, 172
  expériences pratiques 85, 94-95
  voir aussi action-réaction, roues à réaction
réchauffement climatique 191
Redstone (fusée) 89
réflectance 184, 201
réglementation des activités spatiales 152
relief sous-marin 191
résolution d'une image 58-59, 181, 182, 202, 242, 276
retour sur Terre 131, 150, 163, 232-233, 235, 239, 255, 258-259
révolution 53, 54, 55
  sidérale 42
  synodique 42
  voir aussi Lune, planètes, Terre
révolutions, loi des 135
Ricci, Matteo (jésuite) 18
Rigel (étoile) 24, 44, 45, 71
RKA (agence spatiale) 108
Rome antique 26
Rominger, Kent (astronaute) 237
roquettes 98
ROSAT (satellite) 316-317
Rosetta (sonde) 292-293
Roton (lanceur) 122
rotondité de la Terre 39, 210, 211
roues à inertie 144
roues à réaction 144, 172-173
Russel, Henry Norris (astronome) 71
Russie 102-103, 106, 127, 147, 151, 171, 186, 196, 202, 223, 244-245, 256
  voir aussi URSS

S

Sablier (nébuleuse) 311
SAFER (fauteuil volant) 249
Sagittaire (constellation) 47, 72, 77
saisons 23, 27, 36
Saliout (station) 100, 151
salle blanche 177
satellisation 127, 129, 134, 135, 150, 282
satellites
  alimentation en énergie des 172
  altimétriques 190
  d'astronomie 141
  attitude des 144, 172
  -cibles 168

en constellation 213, 223
construction des 176, 177
-espions 99, 153, 202, 203
fonctionnement des 172
géostationnaires 121, 140-141, 142-143, 168, 171, 175, 196, 212, 213, 214
héliosynchrones 141
-laboratoires 127
lancement des 92-93, 114-117, 134
météorologiques 141, 181, 194, 221
militaires 153, 168, 181, 182, 202, 203
d'observation 174, 176, 180, 181-185, 192, 197, 198, 200
optiques 183
premiers 126
protection des 131, 151, 162, 171, 177, 272
radar 183
de télécommunications 141, 144, 175, 176, 210, 214
trajectoire des 138, 140, 172
voir aussi débris, température, vitesse de satellisation
Saturn (fusées) 89, 101, 238, 241, 260
Saturne 13, 30, 31, 52, 53, 284, 288-289, 294-295, 310, 311
scaphandre 162, 163, 165, 171, 248-249
Schiaparelli, Giovanni (astronome) 228
Schmidlap, Johann (inventeur) 83
science-fiction 118-119, 228-229, 260-261
scintillation 44, 52, 308
Scorpion (constellation) 47, 316
séismes 188, 269
séquence principale (d'une étoile) 71, 73
Shavit (lanceur) 105
Shenzhou (capsule) 101, 236
Shoemaker, Eugène (astrophysicien) 282, 293
Sirius (étoile) 15, 45, 53, 71
Skybridge (constellation de satellites) 213
Skylab (station) 101, 151
Slayton, Donald (astronaute) 241
SLV (lanceur) 105
SN 1987A (supernova) 74
Soho (sonde) 268-269
Sojourner (robot) 276, 278-279
Soleil 45, 64-67, 71, 73, 266, 268-269, 294
caractéristiques du 67

champ magnétique du 64-65
disque solaire 33
éruptions 163-165, 167, 268, 269, 319
jets de gaz 33, 65
de minuit 37
observation du 12, 16-17, 18-19, 21-23, 25, 32-33, 39, 64-65
taches 19, 31, 33, 64, 66, 269
voir aussi chromosphère, couronne, Baily (grains de), lumière, orages, particules, photosphère, protubérances, spicules, vent
sols, analyse des 183, 198
solstices 32, 36-37
sondes spatiales 131, 134, 144, 145, 148, 172, 175, 265, 267, 285
Soyouz (fusées et capsules) 90, 99, 100, 102, 146, 147, 150, 151, 163, 233, 241, 256-257
atterrissage de 258-259
décollage de 236-237
spatiocartes 187
spationautes
équipement des 162, 171, 241, 248-249
missions des 238-239, 240-241, 242-243, 244-245, 248-249, 250-253
préparation des 230-231, 232-233, 234, 240
protection et sécurité des 151, 163, 165, 171, 177
sauvetage des 153
sorties dans l'espace des 162, 165, 171, 242-243, 248-249, 255, 256
spectrographe 69, 70
spectromètre 175, 275, 278, 279
spectre 34-35, 69, 70, 71, 78, 299
électromagnétique 299, 318
spectroscopie 70, 71
Spektr (module), 245
sphère armillaire 17, 18, 25
spicules 65
SPOT (satellites) 141, 144, 145, 174, 181, 184, 187, 198, 199, 201, 202
SPOT'Art 185
Spoutnik (satellite) 97, 99, 100, 108, 126, 127, 146, 168, 186, 202, 264
voir aussi *Soyouz*
Sriharikota (base) 109
Stafford, Thomas (astronaute) 241
Stardust (sonde) 293
Starlette (satellite) 186
station spatiale internationale (*ISS*) 100, 146, 175, 237, 246-247, 256-257
stations
de contrôle au sol 130, 142, 143, 145, 172

météorologiques 62, 194
stations spatiales 130, 146, 171, 175, 208
expérience scientifiques à bord des 227, 250-253
vie à bord des 235, 246-247, 256
voir aussi déchets, *Mir*, station spatiale internationale
statoréacteurs 120
sténopé 33
stéréoscopique, vision 185
stratosphère 131, 301
Sunyaev-Zeldovich, effet 303
supergéantes, étoiles 71, 73, 74
supernovæ 18-19, 74, 75, 313, 315, 317, 319
Svobodny (base) 109
Swigert, John (astronaute) 238-239
système solaire 126, 129, 131, 133, 135, 136, 264-293
origine du 54, 55, 57

T

T Tauri (étoiles du type) 79
tables astronomiques 15, 24-25
Taiyuan (base) 109
Tanegashima (base) 109
Tarentule (nébuleuse) 318
Taureau (constellation) 47
Taurides (étoiles filantes) 57
tectonique des plaques 188, 271
télécommunications 78, 198, 206, 210, 218
télégraphe 206, 207
téléphone 141, 175, 207, 208, 210, 212, 219
télescopes 31, 45, 63, 79, 171, 174, 177, 242-243, 275, 301, 302, 304, 316
télétroscope, expérience pratique 217
télévision 141, 167, 175, 208, 210, 214, 215, 216, 217, 219
Telstar (satellite) 211
température
dans l'espace 160, 162, 248, 304, 317, 320
dans un satellite 163, 172
voir aussi étoiles
téraélectronvolt 319
Terre 17, 23, 36, 39, 137, 186, 187, 188, 190, 210, 283, 294
révolution, rotation de la 17, 36, 45
Thabit ibn Qurra (mathématicien) 24

Thagart, Norman (cosmonaute) 244
Thalès de Milet (savant) 156
Themis (navette) 123
thermosphère 131
Thomas d'Aquin (théologien) 26
Tintin (BD) 118-119
Titan (satellite de Saturne) 284, 289
Titan (lanceur) 91, 99, 103, 284
Titania (satellite d'Uranus) 290
Topex-Poséidon (satellite) 191, 192, 193
Torricelli, Evangelista (physicien) 161
Toulouse (centre) 142, 143, 220
Trace (sonde) 269
traité de l'espace 152
trajectoires
    des corps célestes 132, 136, 148
    des objets spatiaux 134, 138
    expériences pratiques 133, 136
Trapèze (amas) 307, 314
tremblements de terre, voir séismes
Triangle austral (constellation) 47
triangulation, expérience pratique de 223
Triton (satellite de Neptune) 291
troposphère 131
trous noirs 75, 77, 78, 79, 311, 317, 319
TSF (télégraphie sans fil) 207, 208
Tsiolkovski, Konstantin (ingénieur) 85, 229
tube cathodique 216
turbopompes 88, 91
tuyères 88, 91, 96, 249
Twin Jet Nebula, The (nébuleuse) 310
typhon 196

U

Uhuru (satellite) 316
Ulysse (sonde) 266, 269
Umbriel (satellite d'Uranus) 290
union internationale des télécommunications 153
unité astronomique (ua) 294, 295

Unity (module) 256
Univers
    conception de l' 12, 14, 17, 18, 22-23, 24, 26-27, 320
    expansion de l' 71, 310, 320
    formation de l' 79, 307, 310, 320
    voir aussi vie dans l'Univers
Uranus 52, 53, 284, 266, 290, 294-295
Ursides (étoiles filantes) 57
URSS 89, 99, 108, 126, 127, 146, 153, 168, 202, 240-241
    voir aussi Russie

V

V 2 (fusée) 87, 88-89, 98, 119, 313, 316
Valier, Max (inventeur) 87
Van Allen, ceinture de 157
Vandenberg (base) 108
végétation, étude de la 185, 198, 200
Vela, La (supernova) 315
Venera (sonde) 271
vent 193
    solaire 65, 121, 157, 164, 166, 176, 265, 269, 293
Vénus 13, 20, 30, 39, 52, 72, 267, 270, 271, 283, 288, 294, 311
Verne, Jules (écrivain) 118, 228
vide spatial 134, 138, 160, 162
vie dans l'Univers 78, 264, 276, 280, 284, 285, 287, 289
Viking (sondes) 276
vitesse
    d'injection 134, 149, 168
    de libération 134, 149
    de la lumière 191, 208, 212, 222, 307
    des objets spatiaux 130, 134, 148
    de satellisation 134, 135
    du son 120
VLS (lanceur) 105
VLT, *Very large telescope* (télescope terrestre) 75
Voie Lactée 30, 31, 76, 77, 79, 299, 304, 308
volants cinétiques 144

volcans 68, 153, 188, 189, 191, 276
    dans le système solaire 271, 286, 291
Volgograd (base) 109
Volkov, Alexandre (cosmonaute) 243
vols paraboliques 227, 233, 261
Voyager (sondes) 73, 145, 267, 284-285, 286, 288, 290, 291

W

Wallops Island (base) 108
Wilson, Robert W. (astronome) 79

X

Xichang (base) 109
XMM (télescope) 105, 114, 117, 141, 175, 317

Y

Young, John (astronaute) 165

Z

Zaletine, Serguei (cosmonaute) 236
Zarya (module) 256
Zemiorka (lanceur) 99, 100, 102, 127, 236, 241
Zenith (lanceur) 102, 105, 106
zodiaque 13, 22, 47
Zvezda (module) 256

Crédit photographique

Couverture

1re de couverture :
Grande photo : montage de trois photos NASA.
Titraille (de g à d) : NASA / SPACEPHOTOS.COM ;
CIEL & ESPACE ; NASA ; NASA ; CIEL & ESPACE ; NASA ;
J. Ware / NASA.

Dos :
Titraille : voir ci-dessus.

4e de couverture :
Titraille : voir ci-dessus.
hg : D. Ducros / CNES ; mg : ESA ; bg : NASA ; hd : RIA-NOVOSTI ; mg : col. Part. S. Gracieux ; bd : NASA.

Sommaire

p. 6 hg : W. Forman / AKG Paris ; bg : R. et S. Michaud / RAPHO ; mm : NASA ; bd : J. Ware / NASA. p. 7 : bd : AKG Paris ; hd : D. Ducros / CNES ; bd : ESA. p. 8 hd : CNES ; mm : Collection KHARBINE-TAPABOR ; hd : NASA ; bd : D. Ducros / CNES ; bg : NASA. p. 9 : mm : NASA ; hm : NASA ; md : Hubble Space Telescope / NASA ; bd : NASA / SPACEPHOTOS.COM.

Pages de fin :

p. 322, 331, 334, 335 : Collection ROGER-VIOLLET.

Histoires d'univers

p. 10-11 : AKG Paris. p. 12 hd : Arnaudet, J. Scho / RMN ; bd : Ch. Larrieu / RMN. p. 13 hm : F. Raux / RMN ; b : M. E. Boucher / ARTEPHOT. p. 14 h : H. Lewandowski / RMN ; b : G. Blot / RMN. p. 15 h : F. Maruéjol ; mm : EXPLORER-ARCHIVES ; bd : A. Le Toquin / EXPLORER. p. 16 h : Kumasegawa / ARTEPHOT ; b : Nimatallah / ARTEPHOT. p. 17 m : S. Fiore / ARTEPHOT ; bd : W. Forman / AKG Paris. p. 18-19 : R. et S. Michaud / RAPHO. p. 20 h : W. Forman / AKG Paris ; b : S. Sprague / MEXICOLORE. p. 21 h : collection privée / BRIDGEMAN GIRAUDON ; b : A. Meyer / BRIDGEMAN ART LIBRARY. p. 22 hg : E. Lessing / AKG Paris ; md : BNF ; bg : H. Lewandowski / RMN. p. 23 h : ES / EXPLORER ; b : Arnaudet / RMN. p. 24 : R. et S. Michaud / RAPHO. p. 25 h : R. et S. Michaud / RAPHO ; bm : G. Mandel / ARTEPHOT. p. 26 : BNF. p. 27 hd : AKG Paris ; mg : E. Lessing / AKG Paris ; bg : AKG Paris.

Observateurs amateurs

p. 28-29 : CIEL & ESPACE ; p. 30 h : Collection VIOLLET ; m : C. Lehenaff / CIEL & ESPACE. p. 31 h : Collection VIOLLET ; mg : A. Fujii / CIEL & ESPACE ; md : Sauzereau / CIEL & ESPACE. p. 32 h : Ch. Vaisse / HOA-QUI. p. 33 b : Observatoire du Pic du Midi de Bigorre. p. 34 h : Ziesler / JACANA. p. 35 h : Parviainen / CIEL & ESPACE ; b : Parviainen / SPL / COSMOS. p. 36 b : HOA-QUI. p. 37 bg et bd : HOA-QUI. p. 38 h : C. Casanova / HOA-QUI. p. 39 h : F. Espenak / CIEL & ESPACE ; b : C. Lehenaff / CIEL & ESPACE. p. 40 h : JSC / NASA ; m : Kennedy Space Center / NASA ; b : JSC / NASA. p. 41 h : JPL / NASA ; m : JPL / NASA ; b : MSFC / NASA. p. 42-43 : A. Fujii / CIEL & ESPACE. p. 44 h : Mauritius / HOA-QUI ; m : CIEL & ESPACE. p. 45 h : F. Espenak / SPL / COSMOS ; m et b : CIEL & ESPACE. p. 46 : CIEL & ESPACE. p. 48 : CIEL & ESPACE. p. 52 h : Y. Delaye / CIEL & ESPACE ; b : P. Pelletier / CIEL & ESPACE. p. 53 hg : Y. Watabe / CIEL & ESPACE ; hd : Ch. Ichkanian / CIEL & ESPACE ; m : R. Royer / SPL / COSMOS ; b : Ch. Ichkanian / CIEL & ESPACE. p 54 h : Tapisserie de Bayeux, coll. ES / EXPLORER ARCHIVES ; b : D. Nunuk / SPL / COSMOS. p. 55 m : A. Fujii / CIEL & ESPACE. p 56 h : J. Lodriguss / CIEL & ESPACE ; b : J.-C. Casado / CIEL & ESPACE. p. 57 : F. Gohier / EXPLORER. p. 58 h : avec l'aimable autorisation de Planète Sciences ; b : Dumoutier / CIEL & ESPACE. p. 59 h : image CCD, F. Colas / P. Laques / Observatoire du Pic du Midi de Bigorre / CIEL & ESPACE ; m : avec l'aimable autorisation de Planète Sciences.

L'univers des observatoires

p. 60-61 : S. Brunier / CIEL & ESPACE.
p. 62-63 : Observatoire du Pic du Midi de Bigorre.
p. 64-65 : Observatoire du Pic du Midi de Bigorre.
p. 68 h : GALAXY CONTACT / EXPLORER ;
bg : *Royal Observatory*, Edinburgh / SPL / COSMOS ; bd : S. Brunier / CIEL & ESPACE. p. 69 hg : S. Brunier / CIEL & ESPACE ; hd : J.-C. Cuillandre / CFHT / CIEL & ESPACE ; bg : S. Brunier / CIEL & ESPACE ; bd : J.-C. Cuillandre / CFHT / CIEL & ESPACE. p. 70 h : B & S. Fletcher / CIEL & ESPACE. p. 72 : *Hubble Space Telescope* / NASA. p. 73 h : JPL / NASA ; bg : DR ; bd : CIEL & ESPACE. p. 74 hg : *Hubble Space Telescope* / NASA ; hd : CFHT / CIEL & ESPACE ; b : *Hubble Space Telescope* / NASA. p. 75 hg : CIEL & ESPACE ;

hd : *Hubble Space Telescope* / NASA ; b : HEAO 2 / MSFC / NASA. p. 76 h : S. Numazawa / CIEL & ESPACE. p. 77 : NASA. p. 78 h : S. Brunier / CIEL & ESPACE ; m : CIEL & ESPACE ; b : DR. p. 79 : CIEL & ESPACE.

Des fusées et des hommes

p. 80-81 : NASA. p. 82 h : ZEFA-FREYTAG ; mb : J.-L. Princelle / Encyclopædia Universalis (Bibliothèque de l'Institut des hautes études chinoises, Collège de France). p. 83 h : NASA ; b : BNF. p. 84 : ESA / CNES. p. 85 md : RIA-NOVOSTI ; b : NASA / SPACEPHOTOS.COM. p. 86 hg : Rue des Archives / *The Granger Collection* ; md : Rue des Archives ; bd : AKG Paris. p. 87 h : Rue des Archives ; b : AKG Paris. p. 88 d : AKG Paris ; mb : *Imperial War Museum* (HU 49503). p. 89 h : W. Frentz / ULLSTEIN ; m : AKG Paris ; b : NASA. p. 90 h : NASA ; b : RIA-NOVOSTI. p. 95 bd : ANSTJ. p. 96 h : Ex-Roy / EXPLORER ; bg : ZEFA-MADISON / HOA-QUI ; bd : CORBIS SYGMA. p. 97 d : NASA ; b : Le Floc'h / DPPI. p. 98 hd : EADS ; bg : J.-L. Princelle / Encyclopædia Universalis (Bibliothèque de l'Institut des hautes études chinoises, Collège de France). p. 99 h : SYGMA / PHOTRI ; md : CNES / ESA / ARIANESPACE ; b : D.R. p. 100 h : CNES ; md : NASA ; mb : RIA-NOVOSTI. p. 101 hg : NASA / SPACEPHOTOS.COM ; mb : NASA ; bd : CNES / ESA / ARIANESPACE. p. 102 m : A. Cirou / CIEL & ESPACE ; d : NASA / SPACEPHOTOS.COM. p. 103 : NASA. p. 104 g et m : NASA ; d : CNES / ESA/ ARIANESPACE. p. 105 g : NASA / SPACEPHOTOS.COM ; mg : NASA ; mm, md et d : ASD / SPACEPHOTOS.COM. p. 106-107 : CNES / SPOT IMAGE / EXPLORER. p. 110 bg : CNES. p. 110-111 : ESA / CNES /ARIANESPACE. p. 113 d : AFP. p. 114 mm et md : ESA / CNES / ARIANESPACE ; bg : CNES / ESA. p 115 h : ESA / CNES / ARIANESPACE ; b : ARIANESPACE. p. 116 h : ARIANESPACE ; d : ARIANESPACE / DO. p. 117 md : ESA ; bg : D. Ducros / CNES ; bd : ARIANESPACE. p. 118 h et bd : Hergé / MOULINSART 2002 ; mg : Collection ROGER-VIOLLET. p. 119 : Hergé / MOULINSART 2002. p. 120-121 : NASA. p. 122 : NASA. p. 123 hg : P. Carril / CIEL & ESPACE ; hd, md et bd : NASA.

En orbite toute

p. 124-125 : D. Ducros / CNES. p. 126 hd : RIA-NOVOSTI ; bg : RIA-NOVOSTI. p. 127 hg : collection privée S. Gracieux ; bd : RIA-NOVOSTI. p. 128 hd : M. S. Yamashita / RAPHO ; mb : E. Lessing / AKG Paris. p. 129 bd : S. Numazawa / CIEL & ESPACE / APB. p. 130 h : Hanel / ZEPHA / HOA-QUI ; bg : NASA / SPACEPHOTOS.COM ; p. 131 bd : D. Ducros / CNES p. 132 hd : J. Klemaszewski / ARIZONA STATE UNIVERSITY / NASA-JPL. p. 134 hd : NASA / SPACEPHOTOS.COM. p.135 mh : AKG Paris. p. 136 hd : P. Dumas / CITÉ DE L'ESPACE. p. 140 hd : A. Cerceuil / CNES. p. 141 : GOES Project / NASA-GSFC. p. 142 mg : CNES / ESA / ARIANESPACE ; mm : CNES ; hd : CNES ; md : CNES. p. 143 bg : F. De Mulder / Collection ROGER-VIOLLET. p. 144 hd : J. Mac Nally / THE IMAGE BANK. p. 145 bd : S. Brunier / CIEL & ESPACE. p. 146 hg : D. Ducros / CNES. p. 147 bd : D. Ducros / ESA. p. 148 h : CINÉSTAR / LES ARCHIVES DU 7ᵉ ART ; bd : D. Ducros / ESA. p. 150 h : NASA. p. 151 hm : D.R. ; bg : NASA ; md : L. Bret / CIEL & ESPACE. p. 152 hd : NASA ; b : Halebian-Liaison / GAMMA. p. 154 md : MSC-NASA ; bd : CINÉSTAR / LES ARCHIVES DU 7ᵉ ART.

Au pays des satellites

p. 154-155 : NASA. p. 156 hd : J. Reed / PHOTODISC. p. 157 : J. Finch / SPL / COSMOS. p. 160 : CNES. p. 161 hg : PALAIS DE LA DÉCOUVERTE ; hd : NASA / CIEL & ESPACE ; mg : PALAIS DE LA DÉCOUVERTE. p. 162 hd : CIEL & ESPACE / NASA ; bg : ESA / NASA. p. 163 hd : CNES ; mg : EADS LAUNCH VEHICLES. p. 164 hg : Collection ROGER-VIOLLET ; bd : Y. Arthus-Bertrand / HOA-QUI. p. 165 hg : D.R. ; md : F. Jocker / HOA-QUI ; bd : NASA. p. 166-167 : Parviainen / SPL / COSMOS. p. 169 : D. Ducros / CNES. p. 170 h : D. Ducros / CNES ; mb : D. Ducros / CNES. p. 171 mm : NASA / CIEL & ESPACE ; bg : ESOC / E. Graeff / CIEL & ESPACE. p. 174 d : D. Ducros / CNES. p. 175 hg : SES / ASTRA ; hd : JSC / NASA ; bg : CNES ; bd : NASA. p. 176 hd : ESA. p. 177 hg : ESA ; mb : ESA.

Objectif Terre

p. 178-179 : NASA. p. 180 h : AKG Paris ; md : CNES. p. 181 mh : BOYER-VIOLLET ; bg : LANDSAT. p. 182 : D. Ducros / CNES. p. 183 hg : EUMETSAT ; bd : AGENCE SPATIALE CANADIENNE. p. 185 hd : SPOT IMAGE / EXPLORER ; bd : SPOT IMAGE / EXPLORER ; bd : CNES p. 186 hd : Collection VIOLLET ; mg : CNES ; mb : NASA. p. 187 hd : ESA ; bd : SPOT IMAGE / EXPLORER. p. 188 hg : G. Planchenault / ZEFA-APL / HOA-QUI. p. 189 hg : F. Gohier / EXPLORER ; bd : CNES. p. 190 h : D. Carrière / ZEFA / ARMSTRONG-ROBERTS ; mb : Kid Kervella / HOA-QUI. p. 191 mm : CNES. p. 192 hd : B. Marty / IRD ; mb : CNES. p. 193 bd : CNES. p. 194 h : D. Ducros / CNES ; mb : A. Lapujade / MÉTÉO FRANCE. p. 195 hd : J-M. Destruel / MÉTÉO France ; bd : J-M. Destruel / MÉTÉO FRANCE. p. 196 h : T. Ives-Liaisd / GAMMA. p. 197 b : MÉTEO FRANCE. p. 198 hd : EXPLORER. p. 199 hm : SPOT IMAGE / EXPLORER ; mg : SPOT IMAGE / EXPLORER ; md : SPOT IMAGE / EXPLORER ; bd : SPOT IMAGE / EXPLORER. p. 200 md : A. Carey / SYGMA ; bd : Denman Production / ESA. p. 201 hd : SPOT IMAGE / EXPLORER ; hg : SPOT IMAGE / EXPLORER ; bg : SPOT IMAGE / EXPLORER ; bd : SPOT

IMAGE / EXPLORER. p. 202 hg : Z. Kaluzny / GETTY IMAGES ; bg : SPACE IMAGING. p. 203 hd : JANE'S AEROSPACE ; mg : D.R. ; bg : D. Ducros / CNES.

Des satellites pour communiquer

p. 204-205 : D. Ducros / CIEL & ESPACE. p. 206 mm : Collection KHARBINE-TAPABOR ; bg : Collection KHARBINE-TAPABOR ; bd : C. Ruoso / BIOS. p. 207 hg : Collection KHARBINE-TAPABOR ; bg : BOYER-VIOLLET ; bd : Collection KHARBINE-TAPABOR. p. 208 hd : C. Bardou / CNES ; bd : Collection ROGER-VIOLLET. p. 212 hg : Collection KHARBINE-TAPABOR ; bd : P. de Wilde / HOA-QUI ; md : INMARSAT. p. 213 : hd : ALCATEL ESPACE ; mg : GLOBALSTAR ; bd : INTELSAT. p. 214 hd : Baldev / CORBIS ; bd : Limier / JERRICAN. p. 215 bd : ESA. p. 216 hd : A. Vracin / PIX ; md ; bd : Holledge / JERRICAN. p. 218 hd : L. Kalfus / STONE ; md : Collection ROGER-VIOLLET ; bd : Bramaz / JERRICAN. p. 219 hd : Bramaz / JERRICAN. p. 220 mg : CNES / CLS ARGOS ; md : CNES / CLS ARGOS. p. 221 hg : CNES / CLS ARGOS ; hd : J. L. Amos / P. Arnold / BIOS ; md : Jobard / SIPA ; bd : J.-N. de Soye / RAPHO. p. 222 h : T. Perrin / HOA-QUI ; md : P. Durand / SYGMA ; p. 223 hd : ESA ; mm : J. Marshall / CORBIS.

Les aventuriers de l'espace

p. 224-225 : NASA. p. 226-227 : NASA. p. 228 h : AKG Paris ; md : Collection ROGER-VIOLLET ; bg : BRIDGEMAN GIRAUDON / LAUROS ; bd : Les Archives du 7e art. p. 229 : Collection ROGER-VIOLLET. p. 230 : CNES. p. 231 hg : ESA ; md et b : CNES. p. 232 hg : NASA ; md et b : CNES / ESA. p. 233 : NASA. p. 234 : CNES. p. 235 h : CNES / GAMMA ; b : NASA. p. 236-237 : NASA. p. 238-239 : NASA. p. 240-241 : NASA. p. 242-243 : NASA. p. 244-245 : NASA. p. 246 g et m : NASA / CIEL & ESPACE ; d : NASA. p. 247 : NASA / CIEL & ESPACE. p. 248-249 : NASA. p. 250 mg et b : CNES ; md : NASA / CIEL & ESPACE. p. 251 h : CNES ; md : NASA ; b : NASA / SPACEPHOTOS.COM. p. 252 h : CNES ; bg et bd : NASA. p. 253 : NASA. p. 254 : NASA. p. 255 hg, hd, mg et bm : NASA ; md : APN. p. 256-257 : CNES. p. 258 h : NASA ; mg : CNES ; bd : CNES / GAMMA. p. 259 : h NASA ; mg et bd : CNES.

Destination système solaire

p. 262-263 : NASA. p. 264 : Getty Images. p. 265 hg : NASA ; hd : NASA ; b : CIEL & ESPACE. p. 266 h : Getty Images ; b : ESA / CIEL & ESPACE. p. 268-269 : ESA ; sauf p. 268 m : COSMOS. p. 270 h : S. Domingis / AKG Paris ; m et b : NASA. p. 271 : NASA. p. 272-273 : avec l'aimable autorisation de KEO / R. Locicéro. p. 274 hd : Getty Images ; bg et bd : NASA. p. 275 : NASA. p. 276 h : NASA ; mg : APN / Novosti ; md : JPL / NASA ; b : Numazawa / CIEL & ESPACE. p. 277 h : NASA / CIEL & ESPACE ; m : NASA. p. 278-279 : JPL / NASA. p. 280 h : D. Brian / CIEL & ESPACE ; m : J.-M. Joly / CIEL & ESPACE ; b : M. Carroll / CIEL & ESPACE. p. 281 h : Mars Gallery / NASA ; b : L. Bret / CIEL & ESPACE. p. 282 mg : AKG Paris ; md et b : JPL / NASA. p. 283 : JPL / NASA. p. 284/285 : JPL / NASA. p. 286 h : Numazawa / APB / CIEL & ESPACE ; bg : CIEL & ESPACE ; md et b : DLR / JPL / NASA. p. 287 : DLR / JPL / NASA. p. 288-289 : JPL / NASA. p. 290/291 : JPL / NASA. p. 292 h : A. Fujii / CIEL & ESPACE ; m : ESA / CIEL & ESPACE ; b : ESA / CIEL & ESPACE. p. 293 h : MSSSO / O. Hodasawa / CIEL & ESPACE ; b : NASA / Spacephotos.

Guetteurs de lumière

p. 296-297 : J.-M. Joly / CIEL & ESPACE. p. 300-301 : CNES. p. 302-303 : CNES. p. 304 h : SIPA ; b : NASA. p. 305 hg : ESA /CIEL & ESPACE ; hd : NASA ; b : Manchu / CIEL & ESPACE. p. 306 : *Hubble Space Telescope* / NASA. p. 307 hg : ISO / ESA ; hd : *Hubble Space Telescope* / NASA ; b : NASA /CIEL & ESPACE. p. 308-309 : NASA. p. 310-311 : *Hubble Space Telescope* / NASA. p. 312 h : Collection ROGER-VIOLLET ; b : NASA. p. 313 m : DR ; bg et bd : NASA. p. 314 h : JPL / NASA ; bg : JPL / NASA ; bd : CIEL & ESPACE. p. 315 h : NASA ; b : CIEL & ESPACE. p. 316 h : Geilert / SIPA ; b : *High Energy Astronomy Observatory* / NASA. p. 317 h : ESA / D. Ducros / CIEL & ESPACE ; m : ISAS / CIEL & ESPACE ; bg : J. Baum / SPL / COSMOS ; bd : NASA / CXC / SAO / S. Murray, M. Garcia. p. 318 h : SIPA ; b : CIEL & ESPACE. p. 319 h : STSI / NASA / SPL / COSMOS ; b : G. Bacon / SPL / COSMOS. p. 320 : *Hubble Space Telescope* / NASA. p. 321 h : COBE /NASA ; b : *Hubble Space Telescope* / NASA.

Table des illustrateurs

Les rubriques "Le savais-tu ?" sont illustrées par Barbe.

Les pictos des pages "activité" et des pages "catalogue" ont été réalisés par Killiwatch.

30-31 : G. Macé ; 32-33 : L. Blondel ; 34 : J.-L. Guérin ;
36-37 : R. Sinier ; 38 : R. Sinier ; 40-41 : R. Sinier ;
42-43 : R. Sinier ; 45 : R. Sinier ; 46-47 : L. Blondel ;
48-49 : G. Macé ; 50-51 : G. Macé ; 52 : J.-L. Guérin ;
55 : J.-L. Guérin ; 57 : R. Sinier ; 58-59 : R. Sinier ;
63 : R. Sinier ; 64 : J.-L. Guérin ; 66 : C. Jegou ;
67 : R. Sinier ; 70-71 : R. Sinier ; 76-77 : J.-L. Guérin ;
82 : J.-L. Guérin ; 85 : J.-L. Guérin ; 86-87 : P. Cresp ;
91 : R. Sinier ; 92-93 : P. Cresp ; 94-95 : J.-L. Guérin ;
108-109 : J.-L. Guérin ; 112-113 : L. Favreau ;
117 : R. Sinier ; 122-123 : R. Rougeron ; 129 : L. Blondel ;
131 : L. Blondel ; 132-133 : L. Blondel ;
134-135 : J.-L. Guérin ; 137 : J.-L. Guérin ;
138-139 : R. Sinier ; 140-141 : R. Sinier ; 143 : R. Sinier ;
144-145 : R. Sinier ; 146-147 : J.-L. Guérin ; 148 : R. Sinier ;
150 : R. Sinier ; 156-157 : R. Sinier ; 158-159 : J.-L. Guérin ;
163 : J.-L. Guérin ; 172-173 : L. Favreau ; md J.-L. Guérin ;
176-177 : J.-L. Guérin ; 184 : J.-L. Guérin ;
188 : L. Schlosser ; 191 : J.-L. Guérin ; 193 : R. Sinier ;
195 : P. Cresp ; 196 : J.-L. Guérin ; 198 : J.-L. Guérin ;
209 : L. Blondel ; 210-211 : L. Blondel ; 215 : J.-L. Guérin ;
216-217 : R. Sinier ; 222 : J.-L. Guérin ; 226 : R. Sinier ;
266-267 : R. Sinier ; 268-269 : R. Sinier ;
276-277 : R. Rougeron ; 278-279 : J.-L. Guérin ;
281 : J.-L. Guérin ; 282-283 : R. Sinier ;
284-285 : L. Favreau ; 288-289 : R. Sinier ;
290-291 : J.-L. Guérin ; 294-295 : L. Favreau ;
298-299 : R. Sinier ; 301 : R. Sinier.

Couverture, de haut en bas : J.-L. Guérin, L. Schlosser,
L. Favreau, C. Jegou, L. Blondel, L. Blondel, G. Macé.
Dos, en haut : L. Blondel.
4ᵉ de couverture : planètes par J.-L. Guérin.
Page de titre : R. Sinier.
Sommaire : p. 6 hd : G. Macé ; mm : L. Schlosser.